建筑装饰装修职业技能岗位培训教材

建筑装饰装修木工

（高级工　技师　高级技师）

中国建筑装饰协会培训中心组织编写

中国建筑工业出版社

图书在版编目（CIP）数据

建筑装饰装修木工（高级工　技师　高级技师）/中国建筑装饰协会培训中心组织编写.—北京：中国建筑工业出版社，2003

建筑装饰装修职业技能岗位培训教材

ISBN 7-112-05733-7

Ⅰ.建… Ⅱ.中… Ⅲ.木工-技术培训-教材 Ⅳ.TU759.1

中国版本图书馆 CIP 数据核字（2003）第 021065 号

建筑装饰装修职业技能岗位培训教材

建筑装饰装修木工

（高级工　技师　高级技师）

中国建筑装饰协会培训中心组织编写

*

中国建筑工业出版社出版、发行（北京西郊百万庄）

新　华　书　店　经　销

北京市兴顺印刷厂印刷

*

开本：850×1168 毫米　1/32　印张：8⅞　字数：236 千字

2003 年 7 月第一版　　2006 年 6 月第二次印刷

印数：5,001—8,000 册　　定价：**13.00** 元

ISBN 7－112－05733－7

TU·5032（11372）

本社网址：http://www.cabp.com.cn

网上书店：http://www.china－building.com.cn

本教材考虑建筑装饰装修木工的特点以及高级工、技师、高级技师“应知应会”的内容，根据建筑装饰装修职业技能岗位标准和鉴定规范进行编写。全书由绪论、识图、材料、机具，施工工艺和施工管理六章组成，以材料和施工工艺为主线。

本书可作为木工技术培训教材，也适用于上岗培训以及读者自学参考

出版说明

为了不断提高建筑装饰装修行业一线操作人员的整体素质,根据中国建筑装饰协会2003年颁发的《建筑装饰装修职业技能岗位标准》要求,结合全国建设行业实行持证上岗、培训与鉴定的实际,中国建筑装饰协会培训中心组织编写了本套“建筑装饰装修职业技能岗位培训教材”。

本套教材包括建筑装饰装修木工、镶贴工、涂裱工、金属工、幕墙工五个职业(工种),各职业(工种)教材分初级工、中级工和高级工、技师、高级技师两本,全套教材共计10本。

本套教材在编写时,以《建筑装饰装修职业技能鉴定规范》为依据,注重理论与实践相结合,突出实践技能的训练,加强了新技术、新设备、新工艺、新材料方面知识的介绍,并根据岗位的职业要求,增加了安全生产、文明施工、产品保护和职业道德等内容。本套教材经教材编审委员会审定,由中国建筑工业出版社出版。

为保证全国开展建筑装饰装修职业技能岗位培训的统一性,本套教材作为全国开展建筑装饰装修职业技能岗位培训的统一教材。在使用过程中,如发现问题,请及时函告我会培训部,以便修正。

中国建筑装饰协会

2003年6月

建筑装饰装修职业技能岗位标准、鉴定规范、习题集及培训教材编审委员会

前　言

本书是中国建筑装饰协会规定的“建筑装饰装修职业技能岗位培训统一教材”之一，是根据中国建筑装饰协会颁发的《建筑装饰装修职业技能岗位标准》和《建筑装饰装修职业技能鉴定规范》编写的。本书内容包括工木高级工、技师、高级技师的基本知识、识图、机具、材料、施工工艺及施工管理等。通过系统的学习培训，可分别达到高级工、技师、高级技师的标准。

本书根据建筑装饰装修木工的特点，以材料和工艺为主线，突出了针对性、实用性和先进性，力求作到图文并茂、通俗易懂。

本书由山西建工集团培训中心徐延凯主编，由李平主审，主要参编人员成军、李尤瑞、缪俊。在编写过程中得到了有关领导和同行的支持及帮助，参考了一些专著书刊，在此一并表示感谢。

本书除作为业内木工岗位培训教材外，也适用于中等职业学校建筑装饰专业、职业高中教学及读者自学参考。

本教材与《建筑装饰装修木工职业技能岗位标准、技能鉴定规范、习题集》配套使用。

由于时间紧迫，经验不足，书中难免存在缺点和错漏，恳请广大读者指正。

目　录

第一章 绪 论

建筑装饰工程是建筑装饰工程和建筑装修工程的总称。装饰是指为满足人们的视觉要求和对建筑物主体结构的保护需要而进行的某种加工和艺术处理；装修则是指在建筑物的主体结构完成之后，为满足其使用功能要求而进行的对建筑物的装饰与修饰。从完善建筑物的使用功能和提高现代建筑艺术的意义上看，建筑装饰与装修已构成不能截然分开的具有实体性的系统工程。

就建筑工程而言，传统上一般将其分为基础工程、主体结构工程和装饰工程。因此，建筑装饰工程是现代建筑工程的有机组成部分。

一、建筑装饰木工的作用

建筑装饰木工按施工所在部位不同可分为外部装饰工程施工和内部装饰工程施工两大部分。

1. 建筑外部装饰的作用

建筑物的外部装饰包括外墙面、阳台、外墙门窗、雨篷等。

外部装饰的作用首先是保护建筑物的主体结构，延长建筑物的使用寿命。主体结构借助于装饰材料进行包覆，直接避免了风吹、雨淋、湿气的侵蚀和有害气体的腐蚀，同时可以有效的增强建筑物的保温、隔热、隔声、防火和防潮的功能。外部装饰是构成建筑艺术和优化环境、美化城市的重要手段。作为装饰木工对建筑物整体造型的美化，色彩的华丽或典雅，装饰材料或饰面的质感、纹理，装饰线条与花纹图案的巧妙处理，以及体形、尺度与比例的掌握等，都会使建筑物获得更高的艺术价值。

2. 建筑内部装饰的作用

建筑物的内部装饰包括墙面、顶棚、楼地面、内门窗和楼梯等。

内部装饰同样有保护主体结构的作用，还可以起到改善室内的使用条件，美化空间，创造一个整洁、舒适的工作、生活环境的作用。内墙、顶棚经过装饰后，可以调节室内光线，增加室内的亮度。对于有音响效果要求的建筑，如影剧院、音乐厅、大型演播室等，通过装饰可以大大改善墙体和顶棚的声学功能。装饰材料选用的得当，还可改善室内的热工功能，实现建筑节能。楼地面的装饰不仅保护了楼板、使地坪不受损坏，而且使其强度、耐磨性以及平整、光滑、易清洁等要求也得到了满足。一些特殊的地面，如浴室、卫生间、厨房、车间等，通过装饰还可满足防渗、防火、防静电以及耐油、耐酸碱腐蚀等要求。以上这些都离不开装饰木工的辛勤工作与精雕细琢。

二、建筑装饰工程施工的主要特点

建筑装饰工程施工是建筑产品的再创造，从本质上看是完善建筑物的使用功能和提高建筑艺术的美学功能。建筑装饰工程施工是一项极其复杂的生产过程，在我国长期以来装饰施工一直存在着工程量大、施工工序多、施工工期长、耗费劳动力多和占建筑物总造价高等特点。近年来，随着建筑装饰材料生产技术的发展和装饰施工机械化程度的提高，装饰工程施工的状况有了较大改进。如大量的干法作业和装配式施工有效地克服了传统的装饰施工中湿作业量大、劳动条件差和费工、费料的缺点；膨胀螺栓的固定技术、射钉技术，自攻螺钉、拉铆钉连接技术，新型高强度胶粘剂的粘结技术，型材骨件与配套板材的安装技术以及大量的装饰施工机械和手持电动、气动机具的应用等，都使装饰工程施工的工序和工艺得到了不同程度的简化，并且提高了装饰工程质量和生产效率，减轻了装饰木工的劳动强度，降低了装饰工程的工程成本和造价。随着建筑科学技术的不断发展，新型装饰材料的逐渐增多，新工艺、新装饰机具的广泛应用，使得装饰木工在贯彻“适用、安全、经济、美观”的装饰工程八字方针时，必须认真做好装饰材料选用的合理性、施工工艺和设备机具的经济性以及装饰工程质量的耐久性等要素，正确使用基本建设投资，严格控制装饰工程成本，使投资发挥最大的效益，以促进我国基本建设事业和建筑装饰行业的健康发展。

三、建筑装饰等级及装饰施工标准

1.建筑装饰等级标准

将建筑装饰笼统地分为高级装饰或普通装饰很不确切，应该有一个标准来限定。一般情况是建筑物的等级越高，其各部位的装饰标准也越高。考虑到不同建筑类型对装饰的不同要求，建设部划出三个建筑装饰等级（见表1-1)。有了这三个装饰等级便可以限定各个等级所使用的装饰材料及装饰标准。

建筑装饰等级表 表1-1

建筑装饰等级	建筑物类型
一级	高级宾馆、别墅、纪念性建筑、交通、体育建筑、一级行政机关办公楼、高级商场
二级	科研建筑、高级建筑、交通、体育建筑、广播通讯建筑、医疗建筑、商业建筑、旅馆建筑、局级以上的行政办公大楼
三级	中小学、托幼建筑、生活服务性建筑、普通行政办公楼、普通居民建筑

2.建筑装饰施工标准

我国现行的《建筑装饰工程施工及验收规范》(GB 5021—2001)为国家标准。其中对木工有关的门窗工程、吊顶工程、隔断工程、饰面板工程、裱糊工程等作了详细的规定，对材料的配合比、施工程序和质量标准等作了说明，使装饰工程施工具有法规性。在进行装饰施工时，应认真按上述标准中规定的各项条款操作与验收、评定。

装饰施工的安全技术、劳动保护、防火、防毒等要求，也要按国家现有的有关规定执行。

四、建筑装饰木工施工的基本条件

为了保证装饰工程施工能顺利进行，装饰工程质量达到设计的要求，必须具备以下几个条件：

（1）建筑物的主体结构工程业已完成，屋面封顶后不渗漏，经过检查、验收合格，装饰施工时不受雨水的影响。

（2）建筑物的围护墙、室内隔墙已砌筑完毕，主体结构施工时各预留孔洞也已经处理并验收合格。

（3）门窗框安装完毕，经校正各排门窗框的平面、立面以及各框垂直度偏差均在规定的安装偏差以内。

（4）给水、排水、电器系统，采暖、通风、空调系统等暗线或管道系统已安装完毕，所有的管道接口，暗线接头已预埋好，隐蔽设备管道的打压试验已验收完毕并合格，未留隐患。

（5）建筑装饰设计经论证、优选、审核、批准业已定案。

（6）装饰材料按设计方案要求已经落实了品种、规格、生产厂家、供货日期，并且已部分到位入库，不会影响施工，不会停工待料。

（7）装饰工程施工所用机械设备，手持电、气动机具已运至现场，安装、试运转正常，可随时投入施工使用。

（8）木作装饰施工作业层的操作技术和工艺已向操作人员进行了交底，包括口头的、书面的和实物类的各种形式。

以上各项条件是确保装饰施工质量和工期的前提，要求要细并且准确，如装饰材料的选用必须符合设计要求，材料本身的质量要符合标准，使用前要抽样进行检测，确认合格后方可发料。一些易损的材料在运输、入库、出库以及施工过程中要防止变形和破损。有些木做工程预先做出样板，经设计和质检部门检查，确认合格后再投入使用。

五、建筑装饰工程施工技术的发展

长期以来，我国的建筑装饰施工技术一直处于落后状态，20

世纪70年代以后，随着国民经济建设的发展和人民生活水平的提高，建筑装饰施工技术及建筑装饰材料的研制、推广、应用日益得到重视。改革开放以来，国外一些先进的装饰材料和装饰施工工艺引入国内，加速了装饰施工技术的革命。随着旅游事业的蓬勃发展，大、中城市和沿海地区兴建了大量的高级宾馆、饭店和各种娱乐设施，使用了繁多的新型装饰材料和新技术、新工艺，进行高档次的装饰工程施工，取得了较好的技术经济效果。

例如板材类如胶合板、塑料板、纤维板、钙塑板以及各种金属板材作为墙面和顶棚罩面是近年来发展较快的一种饰面（罩面）装饰做法。这些新型板材和新工艺的应用，取代了原来的抹灰，摒弃了湿法作业，同时提高了保护建筑物主体结构的功能，提高了工效，增强了建筑装饰的效果。

用纯棉织物、锦缎、纸张裱糊墙面、顶棚是我国的传统做法，具有悠久的历史。这些有机物不仅造价高，而且阻燃性和耐用度较差。20世纪70年代我国开始生产塑料壁纸和无机纤维贴墙布并用于墙面和顶棚的装饰工程，不仅有效地解决了造价高、阻燃性差等问题，而且简化了施工工艺。此外，又因为这些贴面材料具有美丽的花色、纹理、质感，因而提高了装饰效果。

对于混凝土结构的建筑物，对其表面直接处理而形成装饰混凝土是国外装饰施工中的新工艺，而且具有极好的装饰效果。清水装饰混凝土采取“反打”工艺成型，不仅可以显示出不同的线型和花饰，还可表现出混凝土本身所特有的质感，又因饰面施工随主体结构施工同时一次完成，因而省工、省料，减少了施工现场装饰作业的环节，并且大大缩短了工程的施工工期。

随着装饰技术的发展，装饰木工在装饰工程上也愈来愈显示出它的重要作用，这就需要装饰木工不但要具有一定的基础知识，还要具备新的施工材料、施工机具、施工工艺、施工组织设计、施工质量通病防治措施的新知识、新思维，要掌握装饰装修环境保护方面的问题。如：室内环境保护问题、自然资源保护问题、材料是否可回收利用以及对自然环境的影响问题等，装饰木工都要掌握这些技术知识与操作技能。在未来的建筑装饰技术中装饰木工和装饰技术将更加紧密地联系在一起，在装饰施工技术中占重要地位。

第二章 建筑识图

建筑装饰工程的主要工作内容就是对建筑基本结构进行装饰，以期满足不同的使用和审美要求。装饰内容包括建筑物内外墙面、顶棚、地面的造型与饰面，以及家具、灯光、植物、饰品等的配置。为了便于读者更清楚、快捷地识读建筑装饰施工图，下面就建筑装饰施工图的主要图类一一加以介绍。

第一节 建筑装饰平面图

一、装饰平面图的形式

假想用一剖切平面，将建筑物沿门、窗、洞口水平方向切开，移去上面部分，所得到的正投影，就是装饰平面图。一般地，剖切面距地面高 1.5m 左右，其目的是为了把门窗以及室内家具、摆设物品清楚地表现出来。如图 2-1 图所示，是某接待室装饰平面图。

1. 装饰平面图的种类

装饰平面图的种类有俯视平面图、仰视平面图两种。

(1) 俯视平面图

通常所见的平面图大多是以俯视的方式来表现的，所以俯视平面图也简称平面图。在了解了平面图如何形成之后，我们就知道了建筑的不同层面，平面布置的不同，标准层与非标准层的不同，它们所显示的俯视平面图也各异，在其平面图示上也各有不同的要求。

例如，建筑底层装饰平面图除了要图示室内平面布置外，室外环境、入口、台阶等也都能反映出来。底层平面往往是一套图

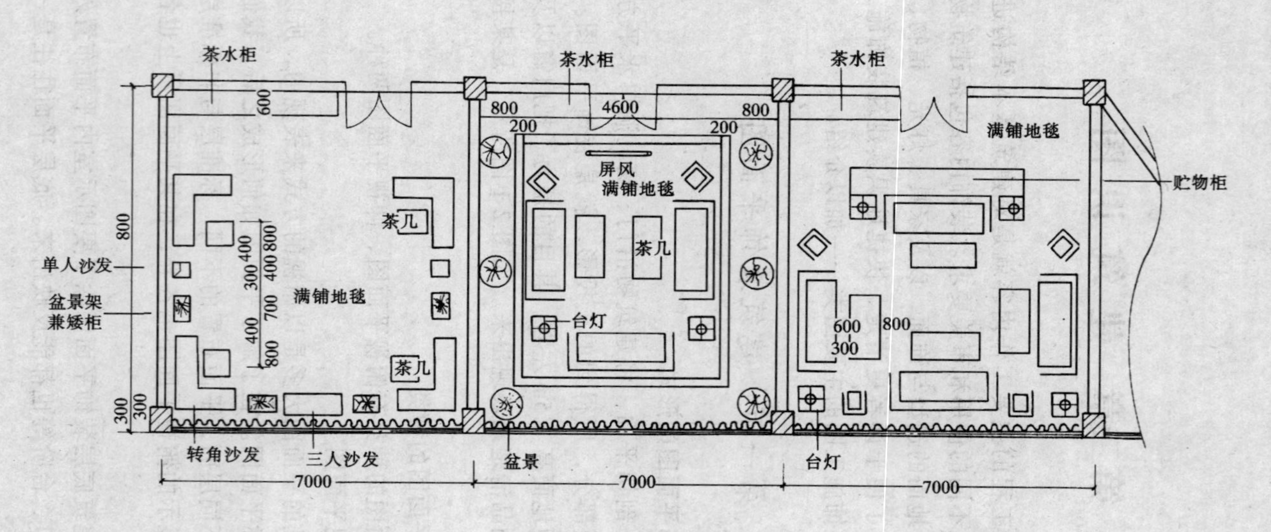
茶水柜
茶水柜
茶水柜
600
800
4600
800
200
200
满铺地毯
贮物柜
屏风
满铺地毯
茶几
茶几
800
400
300
400
700
400
800
单人沙发
满铺地毯
盆景架
兼矮柜
台灯
600
300
800
茶几
300
300
转角沙发
三人沙发
盆景
台灯
7000
7000
7000

图 2-1　接待室平面图

纸的基础，除轴线与尺寸标注都较完善外，剖面剖切符号也只有在底层平面图上标出。另外，室内平面若无地下室，室内外楼梯则在底层平面图上的图示就只有起步，折断线以上的梯段也就被隐去了。

建筑楼层装饰平面图除了要图示室内平面布置外，一般要同时表示楼梯上下梯段，若出现夹层、跑马廊或共享空间，均应在其楼面的空缺部位示以洞口符号，并标注“××上空”。楼层若聚集着多层完全相同的平面，则可代表性地只画一个平面，在图名上标注“标准层平面图”即可。

建筑装饰平面图还应表达地面铺装材料的工艺要求，对于拼花造型的地面应标注造型的尺寸、材料名称等；对于块状地面材料应用细密实线画出块材的分格线，以表示地面铺装方向（非整砖应安排在较隐蔽的位置）。

在尺寸标注方面，可省去与装饰无关的尺寸，加入有关拼花造型的尺寸，并注明地面铺装材料的名称和规格。

（2）仰视平面图

为了表达顶棚的设计做法，我们就要仰面向上看，对顶棚作正投影，这就是仰视平面图。这种图在建筑室内装饰上用得很多。

仰视平面图与俯视平面图虽表现的是顶棚与楼地面的不同，而其上下轴线都是相对应的。仰视平面图的横向轴线排列是与俯视平面图相一致的，但其纵向轴线的排列与之相反，看图时似乎感觉不够习惯，容易产生错觉，这个视图还不是理想的。

还有一种视图法，就是把与顶棚相对的地面视作整片的镜面，顶棚的所有形象都可以如实地照在镜面上。这镜面就是投影面。镜面的图像就是顶棚的正投影，把仰视转换成了俯视图照在镜面上。这镜面就是投影面。镜面的图像就是顶棚的正投影，把仰视转换成了俯视，这就是镜像视图法。

镜像视图所显示的图像的纵横轴线排列与俯视平面图完全相同，只是所表现的图像是顶棚。现在一般的“顶棚平面图”都是用这种镜像视图法绘制的。如图 2-2 所示。

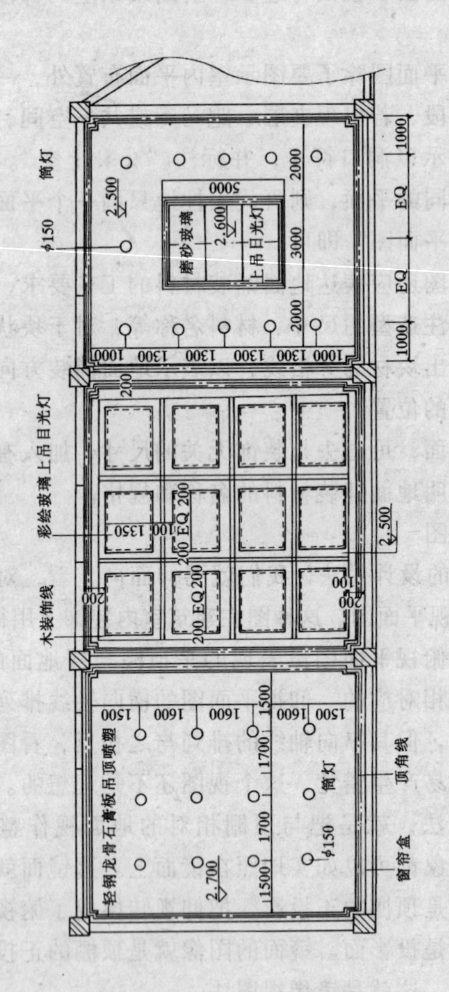
轻钢龙骨石膏板吊顶喷塑
2.700
1500
1700
1700
1500
1500
1600
1600
1600
1500
筒灯
φ150
窗帘盒
顶角线
木装饰线
200 EQ 200
200 EQ 200
100 1350
200
100
200
彩绘玻璃上吊日光灯
2.500
200
1000
1300
1300
1300
1000
φ150
2.500
筒灯
磨砂玻璃
2.600
上吊日光灯
5000
2000
3000
2000
1000
EQ
EQ
1000

图 2-2 接待室顶棚图

顶棚平面图所表现的内容如下：

1）表现顶棚装饰造型式样与尺寸；

2）说明顶棚用的装饰材料及规格；

3）表明灯具式样、规格及位置；

4）表明空调风口位置、消防报警系统及音响系统的位置；

5）表明顶棚吊顶剖面图的剖切位置和剖切的编号。

看顶棚平面图的要点同平面图一样，需要抓住面积、功能、装饰面以及顶面设施位置等关系尺寸。此外，要注意顶棚上设备与顶棚面的衔接方式，还应结合施工现场看平面图。

二、建筑装饰平面图的识图内容

装饰平面图所表现的内容主要有三大类。第一类是建筑结构及尺寸；第二类是装饰布局和装饰结构的尺寸关系；第三类是设备、家具安放位置及尺寸关系。概括起来有如下八点：

(1) 表明建筑物的平面形状与尺寸。建筑物在装饰平面图中的平面尺寸常分为三个层次。最外一层是外包尺寸，表明建筑物的总长、总宽。有的装饰施工平面图为了与建筑图对应，而标明建筑的轴线编号。但装饰施工平面图一般不标注建筑物的轴线尺寸。第二层是房间的净空尺寸。第三层是表示门窗、墙垛、柱等的结构尺寸。

(2) 表明装修装饰结构在建筑内的平面位置，以及与建筑结构的相互关系尺寸。表明装饰结构的具体形状及尺寸，饰面的材料和工艺要求。

(3) 表明空间设备、家具安放的位置及与装饰布局的关系尺寸，表明设备及家具的数量、规格和要求。

(4) 表明各立面图的视图关系和视图位置编号。

(5) 表明各剖面图的剖切位置、详图和通用配件等的位置及编号。

(6) 表明各种房间的位置及功能，走道、楼梯、防火通道、安全门、防火门等人员流动空间的位置与尺寸。

(7) 表明门、窗的开启方向与位置尺寸。

(8) 表明台阶、水池、组景、踏步、雨篷、阳台及绿化设施的位置及关系尺寸。

三、建筑装饰平面图的识读要点

看平面图应抓住面积、功能、装饰面、设施以及与建筑结构的关系这五个要点。具体有:

(1) 平面图在装饰施工图中是主要图纸，其他图纸都以平面而定。所以，看平面图时，首先看标识栏，弄清是什么平面图，把各个房间的名称、面积及门窗、走道等主要尺寸记住。

(2) 通过房间名称了解各个房间的功能以及满足该功能对装饰面的要求，对设施的要求。并根据此要求来制定设施、家具的外购单。

(3) 通过装饰面的文字说明来了解施工图对材料规格、品种的要求，对工艺的要求，并结合装饰面的面积来作材料计划和施工安排计划。

(4) 通过装饰面的文字说明了解各饰面的色彩要求，对室内装饰色调及风格有一个明确概念，以便进行配色准备工作。

(5) 通过装饰面的文字说明了解各装饰的结构材料与饰面材料的衔接关系与固定方式。

(6) 面对众多的尺寸，要能区分出建筑尺寸和装修装饰尺寸。在装修装饰尺寸中，要能分清其中的定位尺寸、外形尺寸和结构尺寸。

定位尺寸——确定装饰面或装饰物体在平面图上位置的尺寸。在平面图上，要有两个定位尺寸才能确定一物体的位置。定位尺寸的基准往往是建筑结构图。

外形尺寸——装饰面或装饰物的外轮廓尺寸，由此可看出并确定装饰面或装饰物在平面上的形状。

结构尺寸——组成装饰面或装饰物各构件之间的连接固定的方法。

(7) 连接的同样尺寸常常不一段段地都标出来，断面尺寸相同的建筑断面常只标注一个。

(8) 为了不使图纸过于繁杂，在平面图上剖切到的装饰面层，一般都用两条细实线表示，并加以文字说明。而细部结构则在局部剖面图或大样节点图中表示清楚。

(9) 装饰施工平面图一般都采用简化建筑结构、实出装饰结构和装饰布局的画图方式。通常对结构用粗线条或涂黑来表示。

第二节 建筑装饰立面图

(一) 装饰立面图的形成

用正投影原理来反映建筑物外观墙面或建筑内部墙面的图像就是立面图。建筑装饰立面图表示建筑外观形状、材料、色彩、尺寸等和建筑室内各墙身、墙面以及各种设置的相关尺寸、相关位置。

通常表现建筑内部墙面的装饰立面图都是剖面图，即建筑物竖向剖切平面的正立面投影图、剖切图的位置可在平面上找出。

(二) 装饰立面图的种类

(1) 外视装饰立面图

新建建筑物由于建设周期较长，在土建施工完成后进行外装饰施工时，常常会对建筑物外观进行装饰设计；原有建筑物由于使用功能、使用要求的改变，也会对建筑外观进行重新装饰设计。因此，外观装饰立面图在建筑外装饰设计、施工中，有着举足轻重的意义。

(2) 内视装饰立面图

内视装饰立面图在建筑室内装饰设计施工中也非常重要。它不仅要图示建筑室内墙的布置和工程内容，还须把空间可见的家具、陈设物的投影都表现出来。

此外，内视装饰立面图还应标明视图轴线编号、控制标高、必要的尺寸数据、详图索引符号等。同时，内视装饰立面图的图名应同时标明房间名称和视图轴线编号，从而可便捷地与装饰平面图相对照，清晰明了。

(3) 装饰立面展开图

装饰立面图应对建筑立面图的每个局部都能清晰表达。当立面上有前后凹凸或墙面之间有衔接关系时，一个单独的立面难以完整表达整体装饰效果和制作要求时，装饰立面展开图就会发挥独特的作用。

设想把构成室内空间所环绕的各墙面给以拉平在一个连续的立面上，像是一条横幅的画卷，这就是装饰立面展开图。利用它可以研究各墙面装饰之间的相关衔接关系，统一和反差效果，可以了解各墙面的相关装饰做法。它对于室内装饰设计与施工有着独特的作用。

室内立面展开图的图示法，首先是用粗实线把连续的墙面外轮廓线和面与面转折的阴角线表示出来，然后用中、细实线作主次区别，画出各墙面上的正投影图像。如若仅作墙面施工用，只需图示墙面布置内容。若作为表现设计效果用，可在各墙面布置家具陈设等活动物品，可能一物品在图上将要出现数次。

为了区别墙面位置，要在图的两端和阴角处的下方标注与平面图相一致的轴线编号。对施工图而言，还要标注各种有用的尺寸数据和标高、详图索引号、引出线上的文字注释和材料图例等。

(三) 装饰立面图的识读内容

1. 外视装饰立面图的识读内容

(1) 外视装饰立面图应反映建筑物的基本外观，如外墙檐口、门窗、阳台、雨篷、花台、勒脚、台阶等的构造形状。

(2) 外视装饰立面图应反映各部位构造、材料及做法，如墙面是干挂花岗岩还是玻璃幕墙、玻璃幕墙是明框还是隐框、窗玻璃是透明玻璃还是镀膜玻璃等等。

(3) 外视装饰立面图应标注外墙装饰构件的基本尺寸（细部节点可用详图另外表示），同时应注明主要部位的相对标高，如各层建筑标高、层数、房屋总高度、突出部分最高点的标高尺寸以及室外地坪、勒脚、窗台、门窗顶、檐顶的标高等等。

2. 内视装饰立面图的识读内容

(1) 在立面图上用相对标高，即以室内地坪为标高零点，并以此为基准点来标明地台、踏步的标高。

(2) 表明装饰吊顶顶棚的高度尺寸、建筑楼层底面高度尺寸、装饰天花吊顶的叠级造型互相关系尺寸。

(3) 表明墙面装饰造型的式样，用文字说明所需装饰材料及工艺要求。

(4) 表明墙面所用设备的位置尺寸、规格尺寸。

(5) 表明墙面与吊顶的衔接收口方式。

(6) 表示门、窗、隔墙、装饰隔物等设施的高度尺寸和安装尺寸。表明绿化、组景设置的高低错落位置尺寸。

(7) 表明楼梯中踏步的高度和扶手高度以及所用装饰材料和工艺要求。

(8) 表明建筑结构装饰结构的连接方式，衔接方法和相关尺寸。

(四) 立面图的识图要点

1. 外观装饰立面图的识图要点

(1) 要根据建筑平面图上的指针和定位轴线编号查看立面图的朝向，要注意立面图的凹凸变化。

(2) 看标高、层数、竖向尺寸。如室内外高差、勒脚、窗台、门窗的高度、总高度以及总高尺寸等。

(3) 查看门窗的位置及数量与门窗表相核对。

(4) 看外墙装饰做法。如有无出檐、墙面是清水墙还是抹灰、台阶的立面形式以及所选用的材料、颜色和施工要求等。

(5) 注意水管位置、外墙爬梯位置，如超过 55m 长的砖砌房屋还有伸缩缝位置等。

2. 内视装饰立面图的识图要点

(1) 弄清楚地面标高，装饰立面图一般都以首层室内地坪为零标高，用 ± 0.00 表示。低于室内基准点的地面用负号，高于者用正号表示。

(2) 搞清楚每个立面上有几种不同的装饰面，这些装饰面所用材料以及施工工艺要求。

(3) 立面上各不同材料饰面之间的衔接收口较多，要注意收口方式、工艺和所用材料。这些收口方法的详图，可在立面剖视图或节点详图上找出。

(4) 装饰结构与建筑结构的衔接、装饰结构之间的连接方法和固定方式应搞清楚，以便提前准备预埋件和紧固件。

(5) 要注意设施的安装位置、电源开关、插座的安装位置和安装方式，以便在施工中留位。

(6) 要结合施工现场看施工立面图，如果发现现场实地情况与立面不符时，应及时反映给设计单位，以便尽早修改。

第三节　建筑装饰剖面图与节点图

装饰剖面图是将整个剖切或局部剖切，以表达其内部结构的视图。节点图是将两个或多个装饰面的交汇点按垂直或水平方向切开，并以放大的形式绘出的视图。如图 2-3 所示。

(一) 剖面图、节点图的识读内容

(1) 表示装饰面或装饰形成体本身的结构形式，材料情况与主要支承构件的互相关系。

(2) 表示某些构件、配件局部的详细尺寸、做法及施工要求。

(3) 表示装饰结构与建筑结构之间详细的衔接尺寸与连接形式。

(4) 表示装饰面之间的对接方式，详细表现出装饰面的收口，封边材料与尺寸。

(5) 表示装饰面上的设备安装方式固定方法，装饰面与设备间的收口边方式。

(二) 剖面图、节点图的识读要点

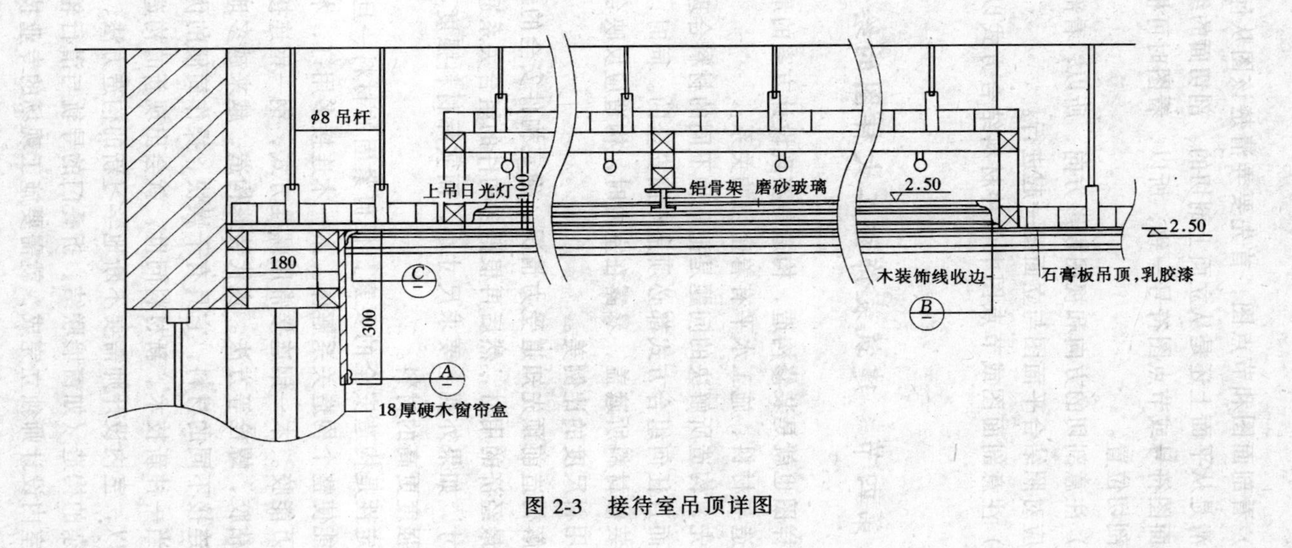

φ8 吊杆
上吊日光灯
100
铝骨架
磨砂玻璃
2.50
2.50
180
C
300
A
18厚硬木窗帘盒
木装饰线收边
B
石膏板吊顶，乳胶漆

图 2-3 接待室吊顶详图

(1) 看剖面图和节点图，首先要弄清楚该图从何处剖切而来。分清是从平面上还是从立面上剖切的。剖切面的编号或字母应与剖面图符号或节点图符号一致，所以，看图时可根据这一点来找到剖切位置。

(2) 注意剖切的方向和视图投影方向，所以，看剖面图、节点图时应对照结合平面图与立面图一起进行。

(3) 注意剖面图或节点图中各种材料结合方式以及工艺要求。

第四节　建筑装饰施工大样图的绘制

大样图也就是装修构造，构造是实现设计方案的最本质的内容，构造与材料、施工水平有着密切的关系。

首先，构造所解决的问题是把几种不同的材料合理的组合为一体，而且任何组合方式都必须是牢固安全的。同时，当构造情况未被装修材料所遮盖，暴露在室内时，构造应反映合理的力学原理和用料尺度的比例美。

了解构造前预先知道受力情况，确定构件安全的最小尺寸，也就是最经济的用材，然后再根据多构件的组合关系适当调整构件的尺寸，如果外观上要求尺寸小，而实际材料强度不允许时，则选择强度更高的材料。

稳定性是构造安全的要素，任何紧固的材料一旦失去稳定性，可能使整个构造关系解体。木—木连接多用钉、木螺钉和白乳胶、万能胶。木—钢连接常用螺栓方式，钢—钢连接多用焊接铆合、粘胶、螺栓等方法。现代装修构造，越来越多地使用各种胶水来连接不同的材料，它具有干燥快、操作简便的优点。

每当一种新技术、新材料问世，就会出现新的构造方式与方法，所以，室内设计师需要不断地学习新的构造方法，对于一些比较复杂的构造（如窗墙联结、折叠门的导轨与滑行轮）不可能完全由室内设计师独立完成，就需要施工现场的专业技工或专业技师来完成构造图。

构造主要以详图来表示，详图通常为重要位置的剖面放大图，材料的转折和两种以上的材料交接处都是构造重点要解决的位置。图2-4所示为通长窗帘槽的构造图。

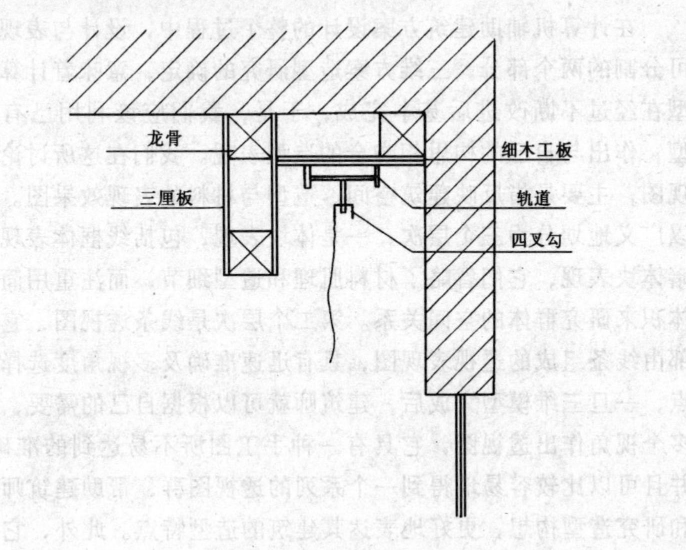

图 2-4 窗帘槽构造图

构造设计除了要了解材料结合方法之外，还要知道每一种装修材料的物理化学性能。温度、湿度、通风情况都可能对材料产生影响。构造设计重在了解几种重要、典型的联结方式方法之后，举一反三地应用于变化后的材料连接中，机械地背熟几十种构造详图比理解地掌握几种乃至十几种构造方法更为困难，而实际设计过程中，后者更容易适应可能遇到的方案、材料的改动。

遇到复杂的构造，不要独自闭门苦思，应选择一些优秀的设计作品详图集来进行参阅，这样才可能避免走弯路，也能省下精力和时间去花在追求室内设计的新创意上。考虑到实际建筑尺寸的出入和装修材料选择的灵活性，构造应保证外形不变、施工方便而不必拘泥于某一内部构造细节的处理。有时省料却费工，有时省工却费料，两者的利弊权衡后还得与施工人员、业主共同商定。

第五节 计算机绘图

（一）计算机建筑表现图绘制的基本方法与步骤

在计算机辅助建筑方案设计的整个过程中，设计与表现是不可分割的两个部分，三维方案造型研究的确定，意味着计算机模型在经过不断改进后基本完成，于是，我们应该利用已有的模型，作出与自己的构思相吻合的造型表现。我们在这所讨论的表现图，主要是指反映建筑空间、造型与材料的表现效果图。它可以广义地划分为三个层次，一是体块表现，包括线框体表现和明暗体块表现，它们省略了材料肌理和造型细节，而注重用简单的体积来研究群体的空间关系。第二个层次是线条透视图，它是全部由线条组成的透视表现图，具有迅速准确及多视角度选择等特点，一旦三维模型完成后，建筑师就可以根据自己的需要，选择多个视角作出透视图，它具有一种手工图所不易达到的准确性，并且可以比较容易地得到一个系列的透视图群，帮助建筑师验证和研究造型构想，更好地表达其建筑的造型特点。此外，它还可以成为其他画种透视表现图的底稿，应用范围较为广泛。最后是模拟真实效果的表现图，它通过建立表现物的三维计算机模型，针对不同的材料，设定不同材料参数，在确定光源位置后，用光线追踪（Raytrace）的方法，计算出材料在特定光线状态中的真实效果及光影关系，使计算机表现图几乎可以乱真。我们通常所说的计算机表现图，在很大程度上指的是这类真实效果图及由此派生出的立面渲染两个步骤，绝大部分图最终通过影像处理来调整画面的色调与明暗，增加建筑配景，增强退晕效果，使画面显得更生动。计算机建筑表现效果图的制作过程大致分为建模、渲染、图像处理三个部分。

（二）建模（Modellng）建模应用软件：Autocad 14.0

建筑方案的三维建模是计算机表现的基础，计算机模型的好坏是计算机表现成败的基本条件。Autocad 作为得到广泛使用的应用软件，其三维运算功能已基本满足建筑建模的需要，熟练的掌握它的三维操作，有助于我们作出精而巧的模型。所谓精，就是模型必须真实地反映建筑师设计构思，画出所有的造型细节，包括窗的凹凸及墙面的划分线等，这对建筑立面形成丰富的阴影效果，充分显示建筑细部的造型质量是大有帮助的。渲染中材料的设定主要是根据图形的属性来区分的，故不同要求的材料设置在三维建模时，要让它们在不同的"层"（layer）上，要在同一层上但是颜色（color）不一样。在对材料的设定没有把握时，宁愿多设几"层"，将它们区别开来，待渲染时再做比较；所谓巧，就是在不影响效果的前提下，尽量将文件做小。要作到这一点，一是要合理的运用"图块"，二是首先确定好主要的视点方向，大部分的模型并不需要"面面俱到"，而是根据表现的需要作出能看见的二至三个表面。精巧的模型能大大地提高计算机的运算速度，为下一阶段的工作带来许多方便。

计算机三维建模首先象我们画平面图一样，要用 limits 定义模型空间，进模型空间后，开始画目标的平面视图，如目标为多层或高层建筑，可选择标准层或其他任意一层作为基层，画出其平面视图。我们如果假设主要视点方向已经定在画面的某一侧，那平面视图并不需要画出象标准平面图那样的所有细节，而只需要画出今后可以看到的部分。完成平面视图后，通过 view-setview-viewpoint-axes 将平面视图转换成轴测状态的三维俯视图，这时从视图左下角的图标就可以知道画面已处于三维空间状态中，我们通常应将这一视图储存起来。

建立三维目标最简单的方法之一是画出平面目标，然后通过给定高度将它伸到三维空间中。这是我们在三维建模中通常使用的方法，而我们在画平面图中所常用的几乎所有命令，在轴测俯视状态均可正常使用，只不过必须注意它是在三维空间里运用，除了通常的（x，y）坐标外，还必须同时给定（z）坐标的参数。

在从平面到三维的过程中，我们最常用的是 change 这一命令，用它可以改变目标的颜色（color）、高度（elevation）、图层

(layer)、线型（ltype）及厚度（thickness）。在这里，高度是指模型离绘图平面的高度，它有些象我们建筑中的标高，而厚度则可以沿 z 方向将二维实体如线段、弧、多义线或圆扩展成三维实体，可见，厚度的设定使我们从二维图中得到了一张三维图。

在用 change 的命令使图形从二维到三维的转换中，我们应同时注意将今后不同的材料或者转到不同的图层上，或者在同一图层上用不同的颜色区别。同时，将不同的部分置于不同的层总是很有用的。它能帮助我们更容易安排视图，可以显示你想要看的任何东西。当我们看到三维图的效果时，可以用 hide 浏览去掉了消影线的模型，或用 shade 命令来生成三维模型的阴影图。

一般来说，我们最后的表现图除了看到 z 方向的两个面外，还会看到如屋顶、顶棚或是窗台等在（x、y）平面上的面。刚才我们在作图时仅仅解决了两个竖直方向的面，另外的两个面我们一般用 3dface 来完成。我们一般用 osnap 命令来选择 3dface 的四个角坐标，由于 3dface 只能建立三角形或矩形的平面，故遇到复杂的图形时可以用几个 3dface 拼接起来。

到目前为止，我们在三维状态下画出的所有图都将显示在地面上，例如，当我们试图在房子的墙面上绘图，Autocad 会将这些轮廓画置于地面之上。为了能在墙面上画图必须用 ucs 命令定义要在其上作图的平面。ucs 最常用的选项就是 3points。从高中几何回忆起来，三个点可以确定一个平面。当我们选择 ucs 后，Autocad 提示我们输入下列三个点：

origin：要让它成为新的（0，0）点

point on positive x：位于新图形平面的 x 上的任意一点。

point on positive y：位于新图形平面的 y 上的任意一点。

通过输入这三个点，我们定义了新的做图平面，可以在这个平面上进行我们所熟悉的所有工作。如果我们想回到刚才的 ucs 状态，只需键入 ucs 并回车两次就行了，我们还可以用 plan 命令显示模型在平面上的正面投影图。

以上我们简单介绍了三维建模的基本过程，任何复杂的建模都是在这个基础上进行，每个人也可根据自己习惯的工作方法进行工作。例如，很多人喜欢用一个目标的多个视图来创建三维图，即运用多视窗的方式进行三维建模，这样能同时观察到几个面的变化，更容易形成精确的图形。

最后是“块”的合理运用有助于创造更精巧的模型，首先它可以用于重复部分，如门、窗等标准构件，这样我们在修改时，只要修改一个块并进行重新定义，所有的同名块将自动更新，避免了重复操作。在多层或高层建筑的建模中，通过我们每一层做一个块，这样既有利于修改，又大大地减小了文件量，加快了电脑的运算速度。

（三）渲染（Rendering）渲染应用软件：Modelveiw

在建模完成以后，计算机建筑表现的第二个步骤是对三维模型在选择透视角度及赋设材料后进行渲染。Modelview 是较常用的渲染软件。它主要以美国 Intergraph 公司的工作站和微机作为支撑平台，也有 PC 机 Windows 环境下的微机版。虽然它表现的艺术性不如 3DStudio，但用它做的渲染图体积感比较好，且光影关系清晰而强烈，比较适合于表现建筑。Modelview 主要接受的是 Microstation 上的 dgn 文件，如果需要的话也可以再加上从 Microstation 图库里调出的汽车和树木。关掉 Microstation 我们也就有了一个 dgn 文件的三维模型，并且它保留了 dwe 文件的属性。

在 Modelview 的 viewfind 中打开 dgn 文件后，我们首先运用图上给定的“相机”选择合适的表现角度，然后将已经选择的表现角度储存下来。下一个步骤是从 asign material 中选择合适的材料给模型赋设材料，材料的定义可以是通过色彩确定后参数的调整来设定。与材料特性有关的参数有：漫射（diffuse）、光泽（specular）、抛光（finish）、环境光（AmbReflect）、反射（Reflect）、透明（Transmit）和折射（Refract）等。我们可以通过这些参数的调整，创造出类似金属、玻璃等不同的材料质感。此外，还可以在此基础上通过增加一些特殊的机理（bump map），使材料表面形成一定的质感，以达到特殊的效果。另一种更形象的表现材料质感的方法是直接应用已有的材料样式（pattern），贴到建筑所需部分的表面，以达到仿真的效果。Modelview 里随软件带有一些如石料等材料样式。如感觉不能满足需要，我们也可以自己将所需的样式通过扫描仪读进电脑，在表现中加以应用。材料的赋设是渲染表现中很重要的一环，材料的明暗效果应是我们首先要考虑的。过分追求材料的透明、反光等艺术效果而忽视了画面的明暗关系。

光源的设定是表现材料质感和明暗关系的重要因素，在 Modelview 中我们一般直接用太阳作为光源作建筑渲染。太阳的设定由经度、纬度及日期甚至精确到分钟组成。也就是说，我们可以通过计算算出某时某地精确的光影关系。这不仅有助于我们更真实的进行建筑表现，而且在诸如形象的表现居住区的阴影遮挡的研究等方面也有一定的使用价值。为了得到比较强烈的光影效果，我们一般选择早上和下午的光线。而不是我们想象中的中午前后。中午的光线高度角比较大，其效果是屋面等朝上的面比较亮，而一般我们人眼视点所观察到的竖直的面却反而比较灰面。用 Modelview 作出的渲染图虽然体积效果比较强烈，但每个面上下左右明暗一样，没有我们所希望的退晕表现效果。为了增加画面的表现力，我们经常在画面上再加一些灯做辅助光源。光源的形式有点光源（point）、射灯（spot）及平行光（directional），可以根据画面的实际需要，增加如暗部的反光等合理配置。不过要注意，光源的增加会影响微机的运算速度。

在 Modelview 里，模型的画面实际上是三维的，建筑被放在一个有六个面的方盒子中间，而这个立体的盒子则始终处于我们视点的外侧。因此，我们在 Modelview 里设置建筑背景实际上可以在六个面上均贴上相应的画面，使它们作为环境对画面中的建筑起作用，比如可以使建筑的玻璃反映四周的环境，甚至是实际的环境等。当然我们可以用某种单纯的颜色作为背景进行渲染，然后在后期影象处理时加上相应的背景画面。

在所有这些步骤完成后，我们即可以运用光线追踪（ray-trace）来完成画面的渲染。渲染的精度和最后想打印的表现图的大小有关，Modelview 的缺省渲染精度是 1184 × 884 点（pixels），如果做到其 1.5 倍率即 1776 × 1326 点（pixels），最后的表现图即使打印到零号图大小，也不会出现明显的锯齿波现象，通常我们在正式渲染以前应该作些 0.3 倍左右小比例的“小样”看一看效果，发现问题及时调整，以避免不必要的时间浪费。

（四）图像处理（Image Processing）

随着 photoshop，photostyle 等图像处理软件的广泛应用，很多人更愿意将渲染后期效果的处理转换到它们上面完成，而不追求在渲染软件中一次性完成画面的所有表现，甚至有时只是用渲染软件作出一个“毛坯”，而留待 photoshop 中精雕细琢。

Modelview 上渲染出来的图像是 rgb 格式的文件，必须将它转换 tif 或 tga 格式，才能在 photoshop 上打开。我们在 Modelview 上完成的图像画面背景是深蓝色，故首先可以将深蓝色的背景转换成合适的画面。其步骤是选取全部深蓝色的背景，然后打开所需的画面选择后进行 copy，然后回到原图用 paste into 的命令将选择的画面复制进去，并通过 effects-scale 命令，将画面按照比例放缩到与图面相配合的大小。刚刚开始做图即首先将所需的背景转换进去，是由于它在画面上占了比较大的面积，其明暗对整个画面的效果有着直接的影响。通常我们会将背景的选择集贮存起来，以有利于今后的修改。改变背景以后，整个画面的效果会有所变化，我们可以通过调整画面的明暗度（brightness）和对比度（contrast）改善其色调与对比。

下面的步骤是针对 Modelview 在渲染中的某些不足进行画面各部分的调整。主要是增加局部的对比，增强主次效果，对画面比较死板的部分进行退晕处理。这是二维图像中比较费时的工作，有时需要一个局部一个局部的处理。在这一操作过程中，我们所使用的主要是渐变工具（gradient）和喷笔（air brush）等。其目的是为了增强画面的艺术性，创造计算机表现图的“画意”。

增加配景也是后期图像处理的一个很重要的方面。实际上背景切换也应该是增加配景的一个方面。我们经常运用的建筑配景有建筑、树木、远山、汽车及人物等，它们根据画面的需要进行配置，以增强画面的表现力。增加配景本身比较简单，是需要将这些画面打开，拷贝后拼贴到画面上，具体操作起来主要须注意配景的透视关系和比例尺度必须和画面吻合，其次是注意画面远近虚实关系。

我们前面所提到的实景化处理主要指配景是真实的环境，它首先受我们所能拍摄到的配景角度的限制，拍摄视点和建筑渲染时的视点应基本保持一致。其次是照片的色调应和建筑渲染的色调相协调，以保证画面的统一性。当然，在渲染时直接建模增加配景确实比较复杂，却能获得更精确的光影及反光倒影等效果，而通过 photoshop 则显得方便、自由且可选择的素材多，应该说两者各有利弊。

以上简单介绍了计算机表现图制作的基本方法和步骤，具体的操作细节，可参照有关应用软件的使用手册。建筑表现应根据设计方案的特点选择合适的方法，技巧本身总是次要而比较容易掌握的。

第六节 图纸审核

图纸审核，是在施工前必须准备的工作程序。领到图纸后，首先要看图纸说明，再仔细核对总平面图与实际的施工现场有无差异。如有要认真的记录下来。然后再核对分平面图和总平面图有无矛盾之处。如有，要进行记录，并记录清楚图号、部位。如无矛盾，继续审核立面图，核对立面图的尺寸，看是否与实际墙面有误差，如有误差要标注清楚误差的原因。

施工图与实际的施工现场有误差，是难免的。因为，装饰过程中，有好多种工种要进行交叉施工。往往设计师之间在设计时不能很好的配合，各工种设计各工种的方案，而到施工时问题就会一一出现。这就需要我们现场施工人员针对图纸上的问题同各工种的设计师们进行协商解决，调整设计图纸。

施工图中的有些节点，在图纸上很难表达清楚，这就需要现场施工专业技术人员，根据具体情况来完成。

第七节 识图方法

施工图纸是建造房屋的依据，它明确规定了要建造一幢什么样的建筑，并且具体规定了形状、尺寸、做法和技术要求。装饰木工除了较多的接触木工种的图纸外，有时还要结合整个工程图纸看图，才能交圈配合，不出差错。为此必须学会识图方法，才能收到事半功倍的效果。本书仅就识图方法，提出以下十点，供装饰木工参考。

（一）循序渐进

拿到一份图纸后，先看什么图，后看什么图，应该有主有次。一般是：

（1）首先仔细阅读设计说明，了解建筑物的概况、位置、标高、材料要求、质量标准、施工注意事项以及一些特殊的技术要求，在思想上形成一个初步印象；

（2）接着要看平面图，了解房屋的平面形状、开间、进深、柱网尺寸、各种房间的安排和交通布置，以及门窗位置，对建筑物形成一个平面概念，为看立面图、剖面图打好基础；

（3）看立面图，以了解建筑物的朝向、层数和层高的变化，以及门窗外装饰的要求等；

（4）看剖面图，以大体了解剖面部分的各部位标高变化和室内情况；

（5）最后看结构图，以了解平、立、剖面图等建筑图与结构图之间的关系，加深对整个工程的理解；

（6）另外，还必须根据平面图、立面图、剖面图等中的索引符号，详细阅读所指的大样图或节点图，做到粗细结合，大小交圈。只有循序渐进，才能理解设计意图，看懂设计图纸，也就是说一般应做到“先看说明后看图；顺序最好平、立、剖；查对节点和大样；建筑结构对照读”。这样才能收到事半功倍的效果。

（二）记住尺寸

建筑工程虽然各式各样，但都是通过各部尺寸的改变而出现各种不同的造型和效果。图上如果没有长、宽、高、直径等具体尺寸，施工人员就没法按图施工。

但是图纸上的尺寸很多，作为具体的施工和操作人员来说，不需要，也不可能将图上所有尺寸都记住。但是，对建筑物的一些主要尺寸，主要构配件的规格、型号、位置、数量等，则是必须牢牢记住的。这样可以加深对设计图纸的理解，有利于施工操作，减少或避免施工错误。

一般说，要牢记以下一些尺寸：

开间进深要记牢，长宽尺寸莫忘掉；

纵横轴线心中记，层高总高很重要；

结构尺寸要记住，构件型号别错了；

基础尺寸是关键，结构强度不能少；

梁、柱断面记牢靠，门窗洞口要留好。

（三）弄清关系

看图时必须弄清每张图纸之间的相互关系。因为一张图纸无法详细表达一项工程各部位具体尺寸、做法和要求。必须用很多张图纸，从不同的方面表达某一个部位的做法和要求，这些不同部位的做法和要求，就是一个完整的建筑物的全貌。所以在一份施工图纸的各张图纸之间，都有着密切的联系。

在看图时，必须以平面图中的轴线编号、位置为基准，做到：“手中有图纸，心中有轴线，千头又万绪，处处不离线”。

图纸之间的主要关系，一般来说主要是：

轴线是基准，编号要相吻，

标高要交圈，高低要相等，

剖面看位置，详图见索引，

如用标准图，引出线标明，
要求和做法，快把说明拿，
土建和安装，对清洞、沟、槽，
材料和标准，有关图中查，
建筑和结构，前后要对照。

所以，弄清各张图纸之间的关系，是看图的重要环节，是发现问题，减少或避免差错的基本措施。

（四）抓住关键

在看施工图时，必须抓住每张图纸中的关键。只有掌握住关键，才能抓住要害，少出差错。一般应抓住以下几个关键：

（1）平面图中的关键：在施工中常出现的一些差错有一定的共性。如“门是里开外开，轴线是正中偏中，朝向是东南西北，墙厚是一砖几砖”。门在平面图中有开启方向，而窗则没有开启方向，必须查大样图才能确定。轴线在墙上是正中还是偏中，哪一层是正中，哪一层是偏中，必须弄清，才不会造成轴线错误，以免错把所有的轴线都当成中线。房屋的朝向，必须搞清楚，图上有指北针的以指北针为准。一般建筑物的平面图中，应符合上北下南，左西右东的规律。对在每一轴线，每一部位的墙厚也要仔细查对清楚，如哪道墙是一砖厚，哪道是半砖墙，绝对不能弄错；

（2）在立面图中，必须掌握门窗洞口的标高尺寸，以便在立皮数杆和预留窗台时不致发生错误；

（3）在剖面图中，主要应掌握楼层标高、屋顶标高。有的还要通过剖面图掌握室内洞口、内门标高、楼地面做法、屋面保温和防水做法等；

（4）在结构图中，主要应掌握基础、墙、梁、柱、板、屋盖系统的设计要求、具体尺寸、位置、相互间的衔接关系以及所用的材料等。

（五）了解特点

民用建筑由于使用功能不同，也有不同的特点，如影剧院，由于对声学有特殊要求，故在顶棚、墙面有不同的处理方法和技术要求。因此在熟悉每一份施工图纸时，必须了解该工程的特点和要求，包括以下几方面：

(1) 地基基础的处理方案和要求达到的技术标准；

(2) 对特殊部位的处理要求；

(3) 对材料的质量标准或对特殊材料的技术要求；

(4) 施工注意之点或容易出问题的部位；

(5) 新工艺、新结构、新材料等的特殊施工工艺；

(6) 设计中提出的一些技术指标和特殊要求；

(7) 在结构上的关键部位；

(8) 室内外装修的要求和材料。

只有了解一个工程项目的特点，才能更好地、全面地理解设计图纸，保证工程的特殊需要。

(六) 图表对照

一份完整的施工图纸,除了包括各种图纸外,还包括各种表格,这些表格具体归纳了各分项工程的做法、尺寸、规格、型号,是施工图纸的组成部分。在施工图纸中常见的表有以下一些：

(1) 室内、外做法表：主要说明室内外各部分的具体做法，如室外勒脚怎样做，某房间的地面怎样做等；

(2) 门、窗表：表明一幢建筑全部所需的门、窗型号、高宽尺寸（或洞口尺寸），以及各种型号门、窗的需用数量；

(3) 构件表：根据工程所需的梁、柱、板的编号、名称，列出各类构件的规格、尺寸、型号、需要数量；

(4) 钢筋表：在各种钢筋混凝土梁、柱、板、基础等结构中，所需钢筋的品种、直径、规格、尺寸、形状、根数和重量。

在看施工图时，最好先将自己看图时理解到的各种数据，与有关表中的数据进行核对，如完全一致，证明图纸及理解均无错误，如发现型号不对、规格不符、数量不等时，应再次认真核对，进一步加深理解，提高对设计图纸的认识，同时也能及时发现图、表中的错误。

（七）一丝不苟

看施工图纸必须认真、仔细、一丝不苟。对施工图中的每个数据、尺寸，每一个图例、符号，每一条文字说明，都不能随意放过。对图纸中表述不清或尺寸短缺的部分，绝不能凭自己的想象、估计、猜测来施工，否则就会差之毫厘，失之千里。

另外，一份比较复杂的设计图纸，常常是由若干专业设计人员共同完成的，由于种种原因，在尺寸上可能出现某些矛盾。如总尺寸与细部尺寸不符；大样、小样尺寸两样；建筑图上的墙、梁位置与结构图错位；总标高或楼层标高与细部或结构图中的标注不符等。还可能由于设计人员的疏忽，出现某些漏标、漏注部位。因此施工人员在看图时必须一丝不苟，才能发现此类问题，然后与设计人员共同解决，避免错误的发生。

（八）三个结合

在学习土建施工图时，必须注意结合学习其他专业图纸，才能全面地、正确地了解工程的全貌。尤其是对大型工程，有总平面布置图，有土方平衡图，有水、暖、电、卫生设备安装图，有设备基础施工图，有室内外的管道、管沟、电缆图等。这些各个专业的图纸，组成了一个工程项目完整的总体。所以，这些专业图纸之间必须互相呼应，相辅相成，因此在看土建图时要注意做到三个结合，即：

（1）建筑与结构结合：即在看建筑图时，必须与结构图互相对照着看；

（2）室内与室外结合：在看单位工程施工图时，必须相应地看总平面图，了解本工程在建筑区域内的具体位置、方向、环境以及绝对高程；同时要了解室外各种管线布置情况，以及对本工程在施工中的影响，了解现场的防洪、排水问题应如何处理等；

（3）土建与安装结合：在看土建图时，必须结合看本工程的安装图，一定要做到：

预留洞、预留槽，弄清位置和大小，施工当中要留好；

预埋件、预埋管，规格数量核对好，及时安上别忘掉。

就是要求在看土建图时，一定要注意各种进口的位置、大小、标高与安装图是否交圈；设备预留洞口要多大，留在什么部位，哪些地方要预埋铁件或预埋管等。

（九）掌握技巧

看图纸和从事其他操作一样，除了熟练以外，还有个技巧问题。看图的技艺因人而异，各不相同，现介绍几点如下：

（1）随看随记：看图时，应随手记下主要部位的做法和尺寸，记下需要解决的问题，并逐张看，逐张记，逐个解决疑难问题，以加深印象；

（2）先粗后细：先将全部图纸粗看一遍，大体形成一个主体概念，然后再逐张细看二至三遍。细看时，主要是了解详细的做法，逐个解决粗看中提出的一些疑问，从而加深理解，加深记忆；

（3）反复对照，找出规律：对图纸大体看到一遍后，再将有关图纸摆在一起，反复对照，找出内在的规律和联系，从而巩固对图纸的理解；

（4）图上标注，加强记忆：为了看图方便，加深记忆，可把某些图纸上的尺寸、说明、型号等标注到常用图纸上，如标注到平面图上等。这样可以加深记忆，有利于发现问题。

（十）形成整体概念

通过以上几个步骤的学习，对拟建工程就可以形成一个整体概念，对建筑物的特点、形状、尺寸、布置和要求已十分清楚。有了这个整体概念，在施工中就胸有成竹，可减少或避免错误。

因此，在学习图纸时，绝不能只看单张，不看整体，就忙于开工。只有对建筑物形成了一个整体概念，才可以加深对工程的记忆和理解。

第八节 建筑装饰施工图实例

建筑装饰施工图内容包含平面布置图、立面图、剖面图及大样图等，以下是几种图的类型仅供参考（图 2-5 ~ 图 2-15）。

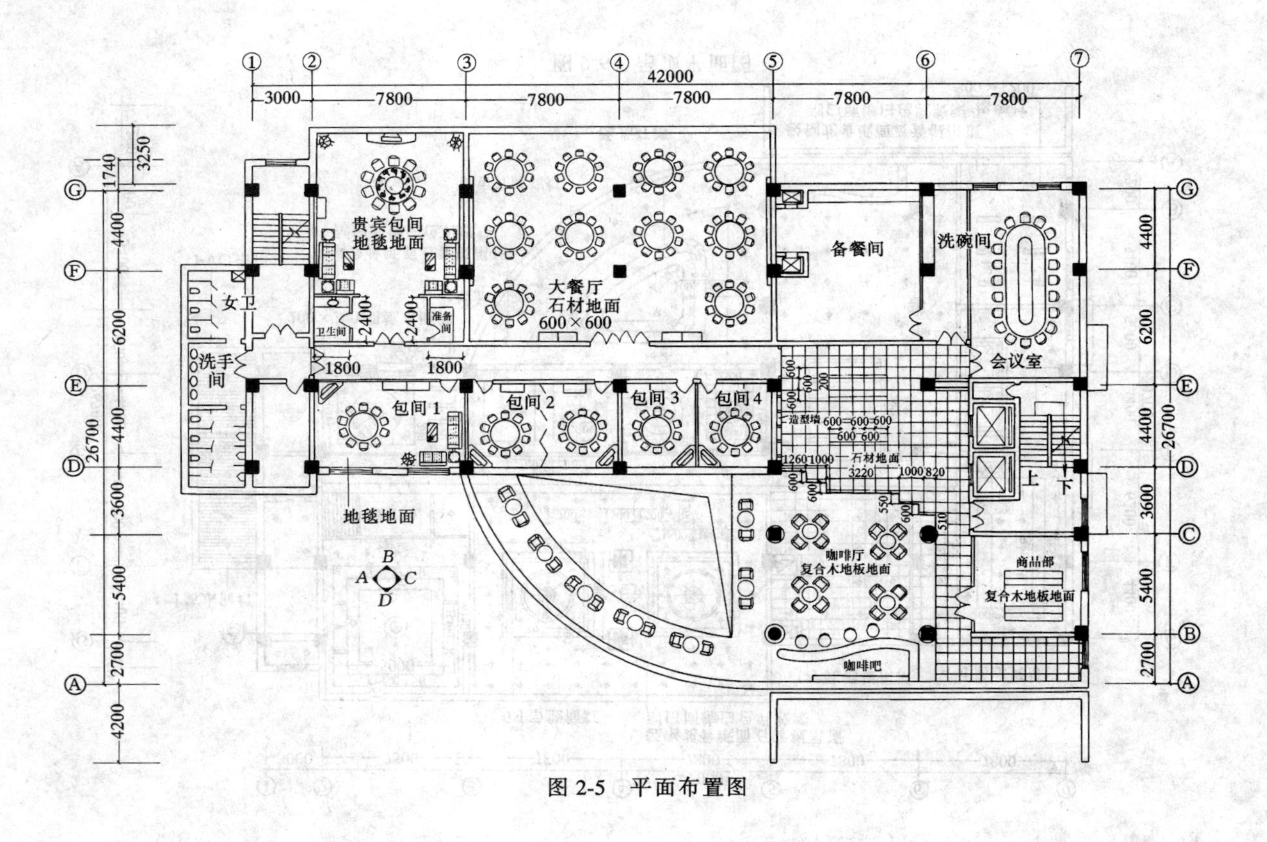

42000
3000
7800
贵宾包间
地毯地面
大餐厅
石材地面
600×600
备餐间
洗碗间
会议室
女卫
洗手间
卫生间
准备间
2400
1800
包间 1
包间 2
包间 3
包间 4
地毯地面
造型墙
石材地面
咖啡厅
复合木地板地面
咖啡吧
商品部
复合木地板地面
上
下
26700

图 2-5 平面布置图

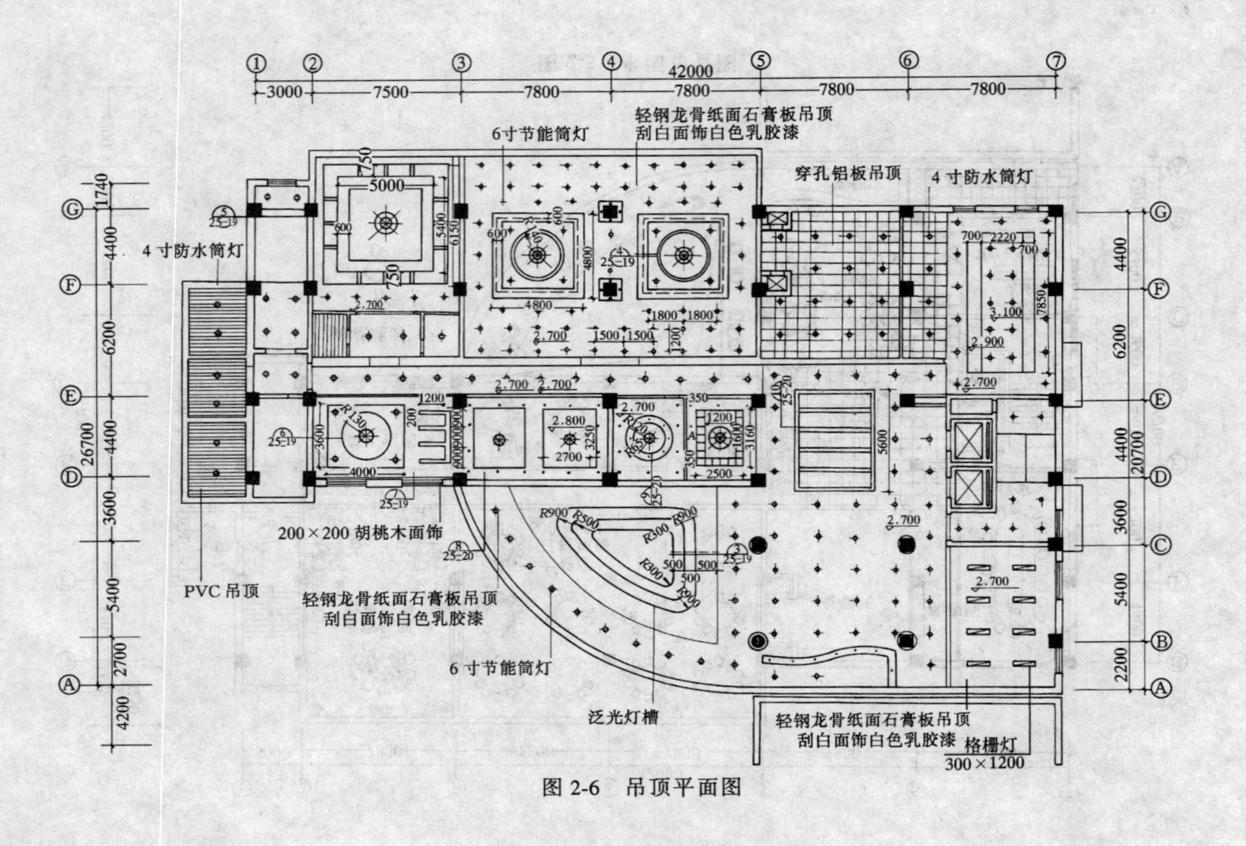

轻钢龙骨纸面石膏板吊顶
刮白面饰白色乳胶漆
6寸节能筒灯
穿孔铝板吊顶
4 寸防水筒灯
4 寸防水筒灯
PVC 吊顶
200×200 胡桃木面饰
轻钢龙骨纸面石膏板吊顶
刮白面饰白色乳胶漆
6 寸节能筒灯
泛光灯槽
轻钢龙骨纸面石膏板吊顶
刮白面饰白色乳胶漆
格栅灯
300×1200

图 2-6　吊顶平面图

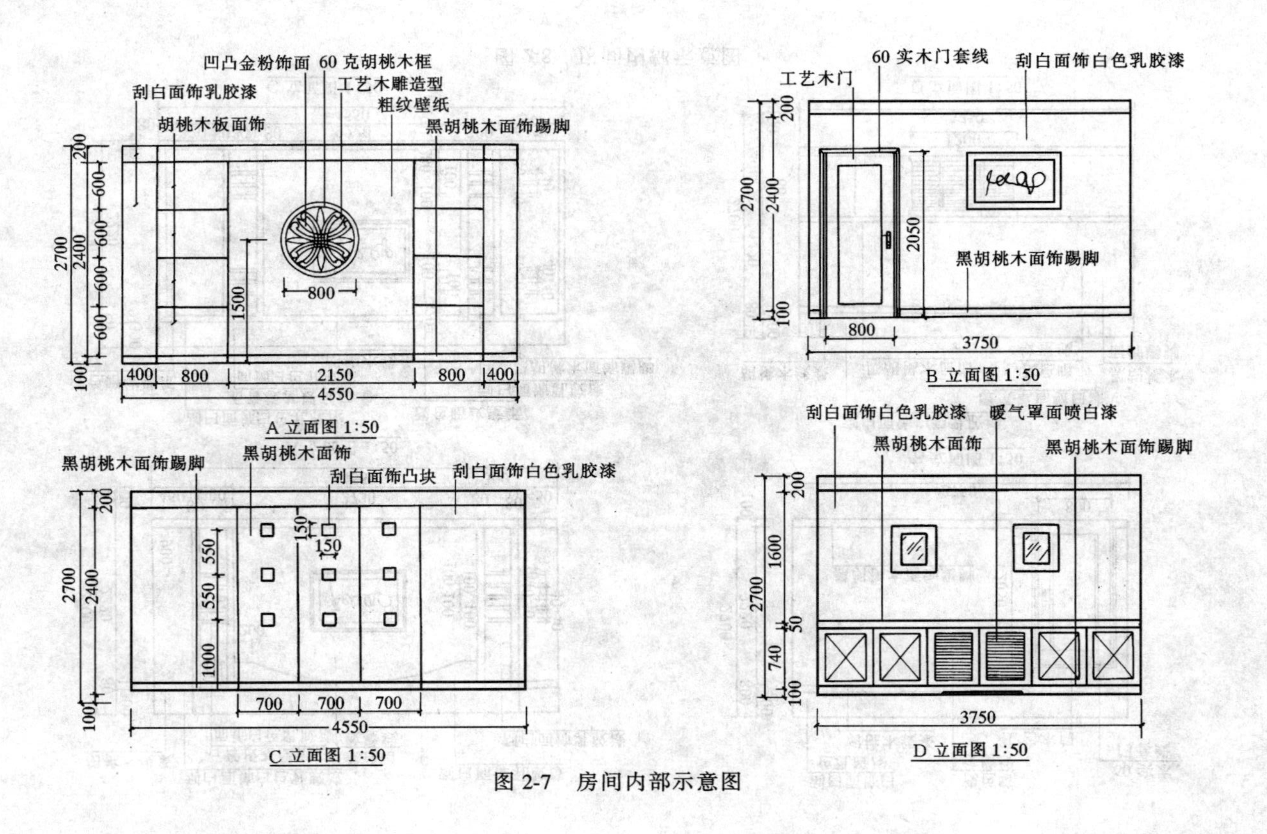

凹凸金粉饰面
60 克胡桃木框
工艺木雕造型
粗纹壁纸
刮白面饰乳胶漆
胡桃木板面饰
黑胡桃木面饰踢脚
200
600
600
600
600
2700
2400
100
1500
800
400
800
2150
800
400
4550
A 立面图 1:50
工艺木门
60 实木门套线
刮白面饰白色乳胶漆
黑胡桃木面饰踢脚
200
2700
2400
100
2050
800
3750
B 立面图 1:50
黑胡桃木面饰踢脚
黑胡桃木面饰
刮白面饰凸块
刮白面饰白色乳胶漆
200
2700
2400
100
150
150
550
550
1000
700
700
700
4550
C 立面图 1:50
刮白面饰白色乳胶漆
暖气罩面喷白漆
黑胡桃木面饰
黑胡桃木面饰踢脚
200
1600
2700
50
740
100
3750
D 立面图 1:50

图 2-7 房间内部示意图

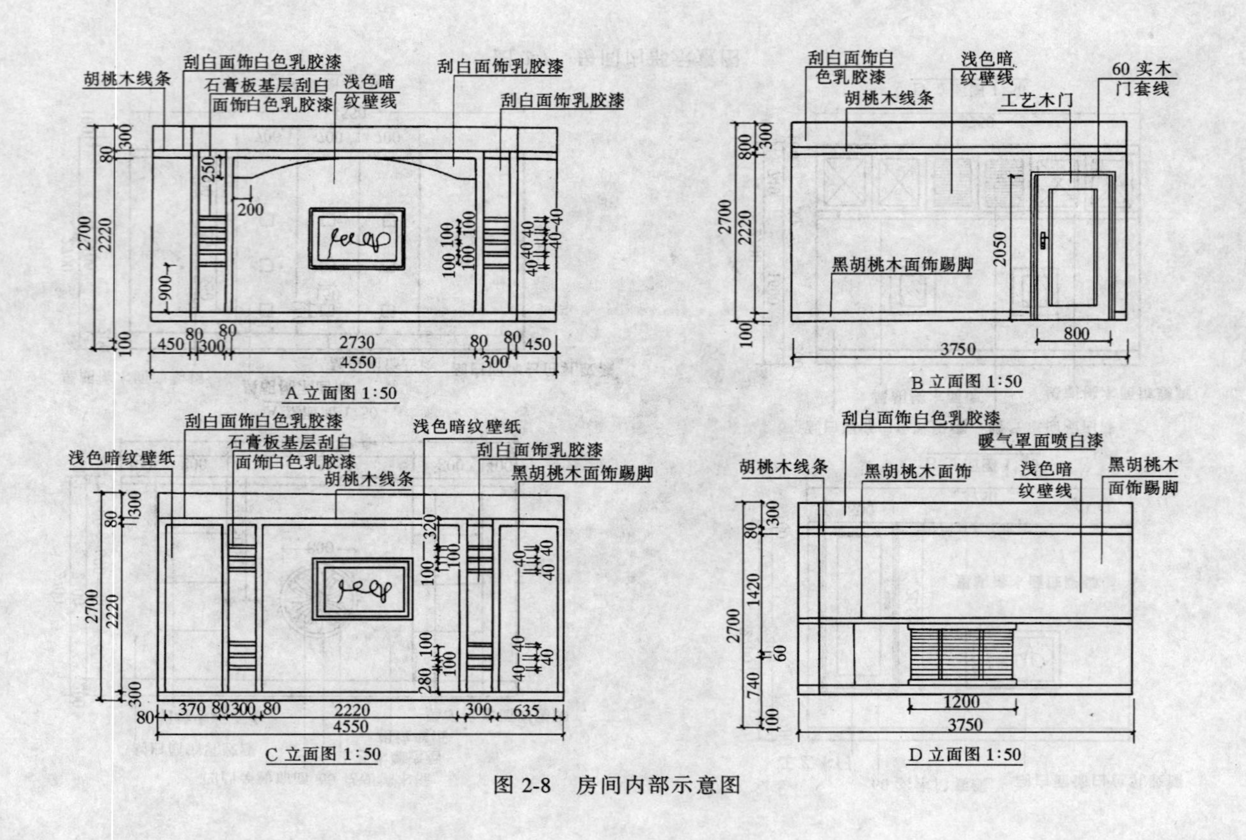
胡桃木线条
刮白面饰白色乳胶漆
石膏板基层刮白
面饰白色乳胶漆
浅色暗
纹壁线
刮白面饰乳胶漆
刮白面饰乳胶漆
A 立面图 1:50
刮白面饰白
色乳胶漆
胡桃木线条
浅色暗
纹壁线
60 实木
门套线
工艺木门
黑胡桃木面饰踢脚
B 立面图 1:50
浅色暗纹壁纸
刮白面饰白色乳胶漆
石膏板基层刮白
面饰白色乳胶漆
胡桃木线条
浅色暗纹壁纸
刮白面饰乳胶漆
黑胡桃木面饰踢脚
C 立面图 1:50
刮白面饰白色乳胶漆
暖气罩面喷白漆
胡桃木线条
黑胡桃木面饰
浅色暗
纹壁线
黑胡桃木
面饰踢脚
D 立面图 1:50

图 2-8　房间内部示意图

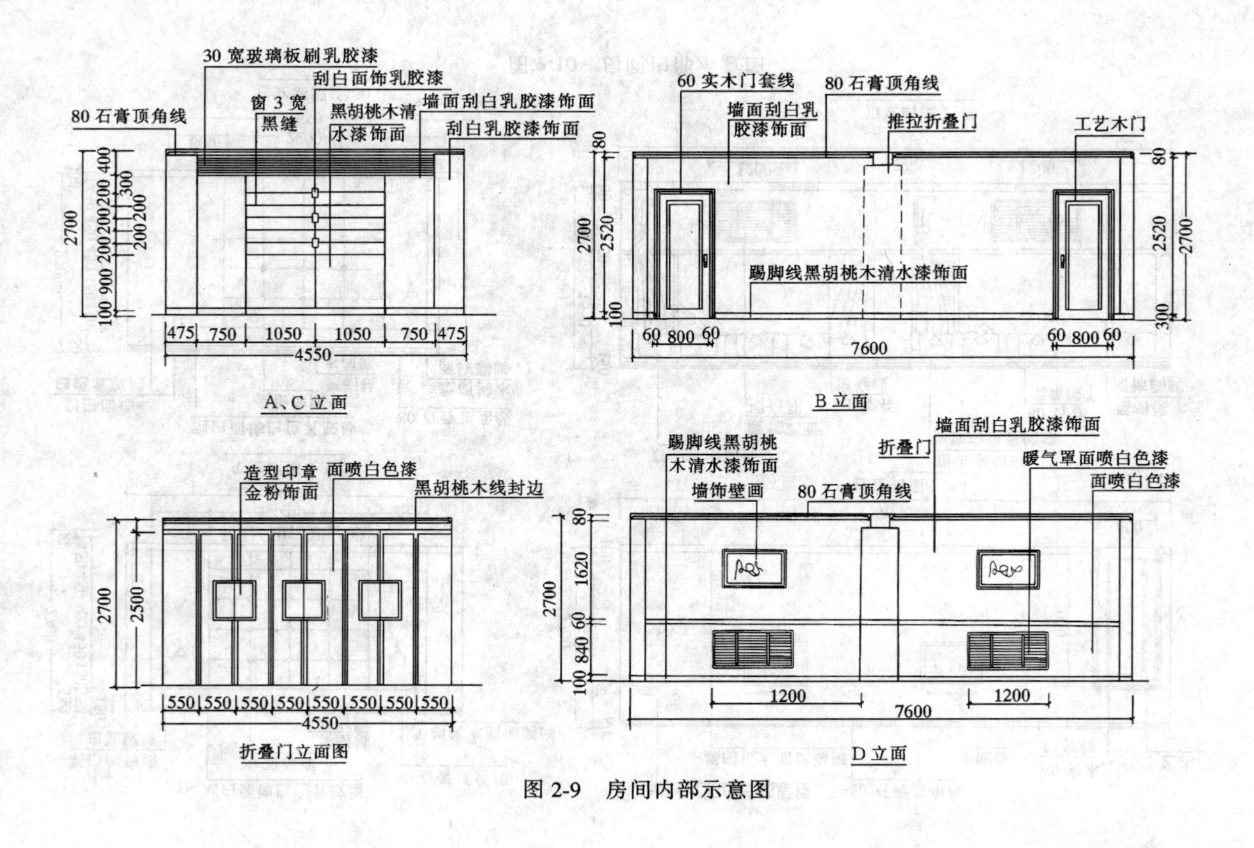
30 宽玻璃板刷乳胶漆
刮白面饰乳胶漆
窗 3 宽
黑缝
黑胡桃木清
水漆饰面
墙面刮白乳胶漆饰面
刮白乳胶漆饰面
80 石膏顶角线
2700
100 900 200200200200 400
200200 300
475 750 1050 1050 750 475
4550
A、C 立面
60 实木门套线
墙面刮白乳
胶漆饰面
80 石膏顶角线
推拉折叠门
工艺木门
踢脚线黑胡桃木清水漆饰面
80
2700
2520
100
60 800 60
7600
300
B 立面
造型印章
金粉饰面
面喷白色漆
黑胡桃木线封边
2700
2500
550 550 550 550 550 550 550 550
4550
折叠门立面图
踢脚线黑胡桃
木清水漆饰面
墙饰壁画
80 石膏顶角线
折叠门
墙面刮白乳胶漆饰面
暖气罩面喷白色漆
面喷白色漆
80
1620
60
840
100
1200
1200
7600
D 立面
图 2-9　房间内部示意图

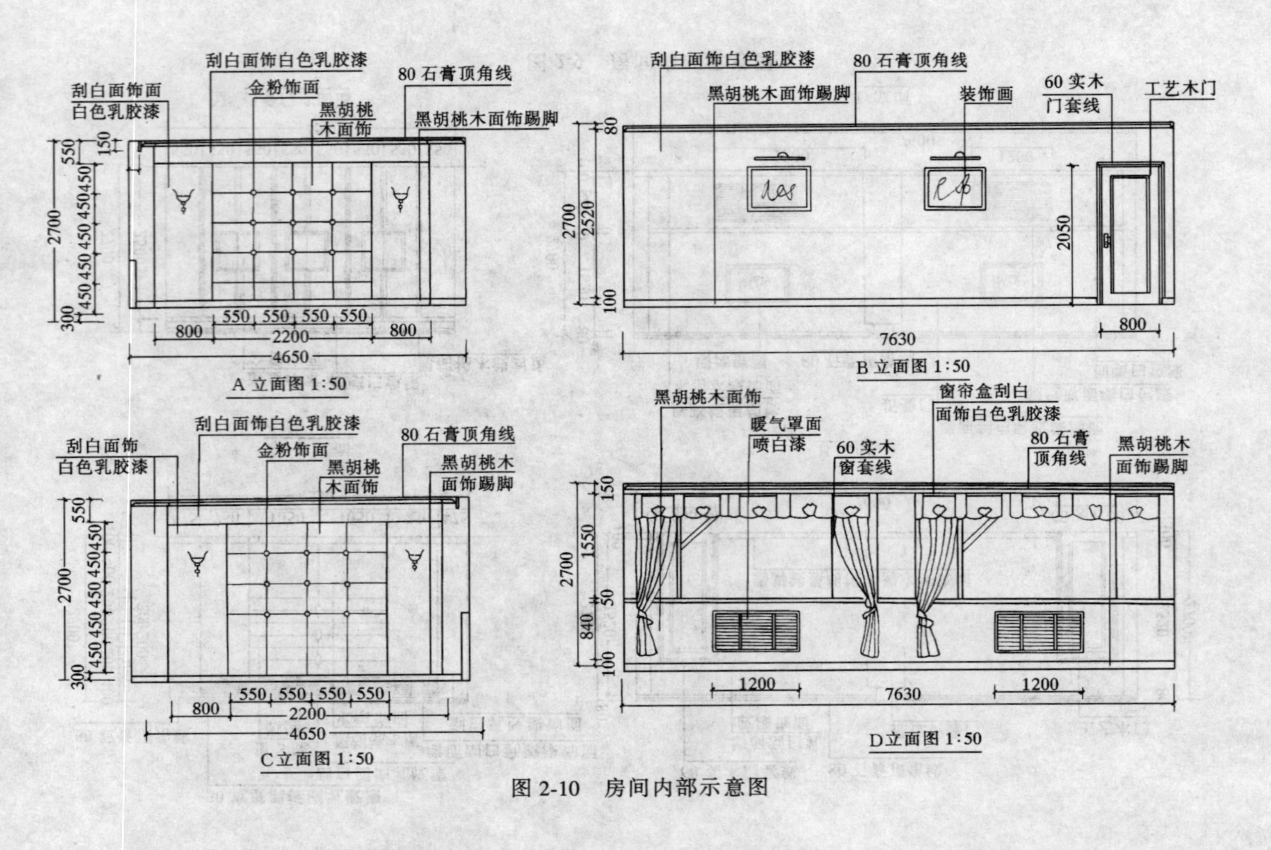
刮白面饰面
白色乳胶漆
刮白面饰白色乳胶漆
金粉饰面
黑胡桃
木面饰
80 石膏顶角线
黑胡桃木面饰踢脚
A 立面图 1:50
刮白面饰
白色乳胶漆
刮白面饰白色乳胶漆
金粉饰面
黑胡桃
木面饰
80 石膏顶角线
黑胡桃木
面饰踢脚
C 立面图 1:50
刮白面饰白色乳胶漆
黑胡桃木面饰踢脚
80 石膏顶角线
装饰画
60 实木
门套线
工艺木门
B 立面图 1:50
黑胡桃木面饰
暖气罩面
喷白漆
60 实木
窗套线
窗帘盒刮白
面饰白色乳胶漆
80 石膏
顶角线
黑胡桃木
面饰踢脚
D 立面图 1:50

图 2-10 房间内部示意图

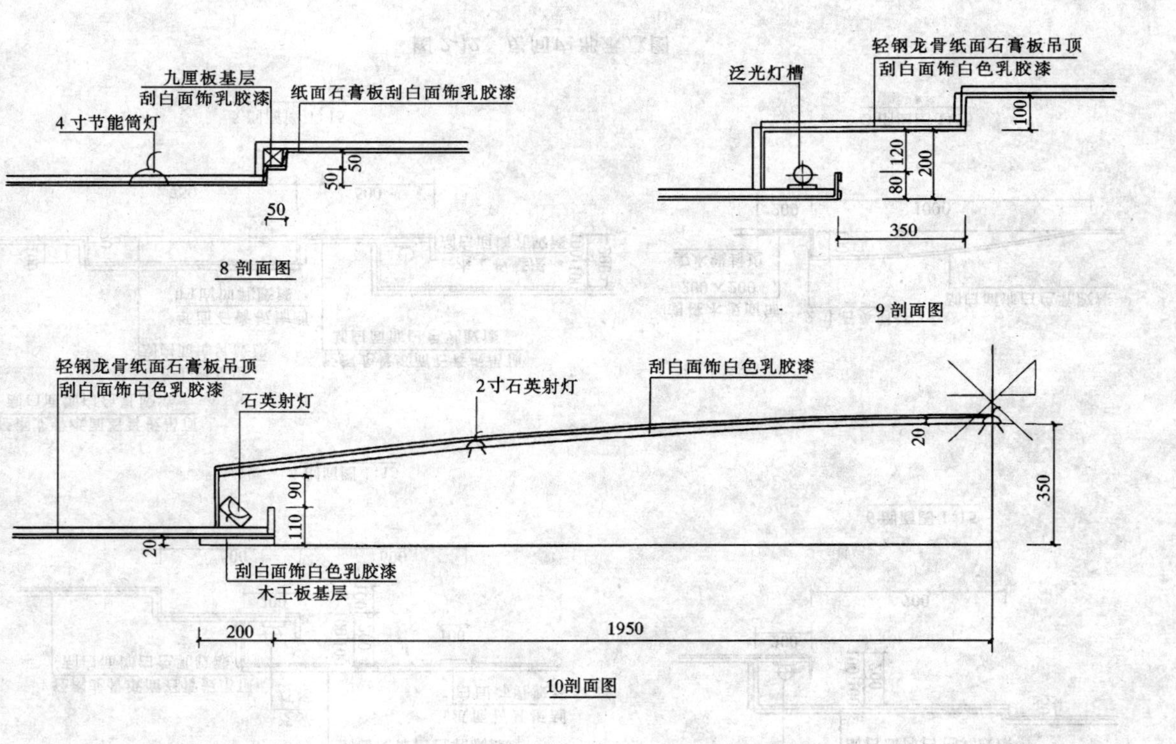

图 2-11 房间内部示意图

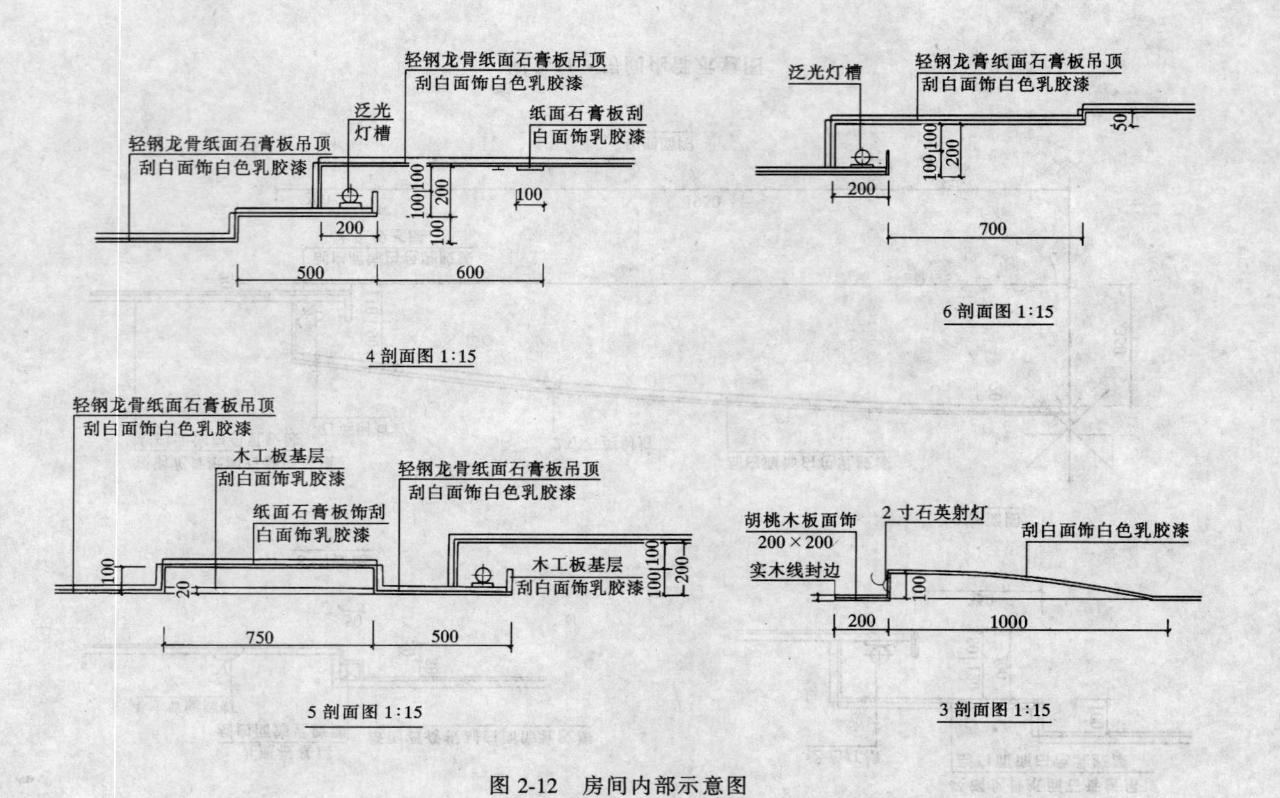

图 2-12　房间内部示意图

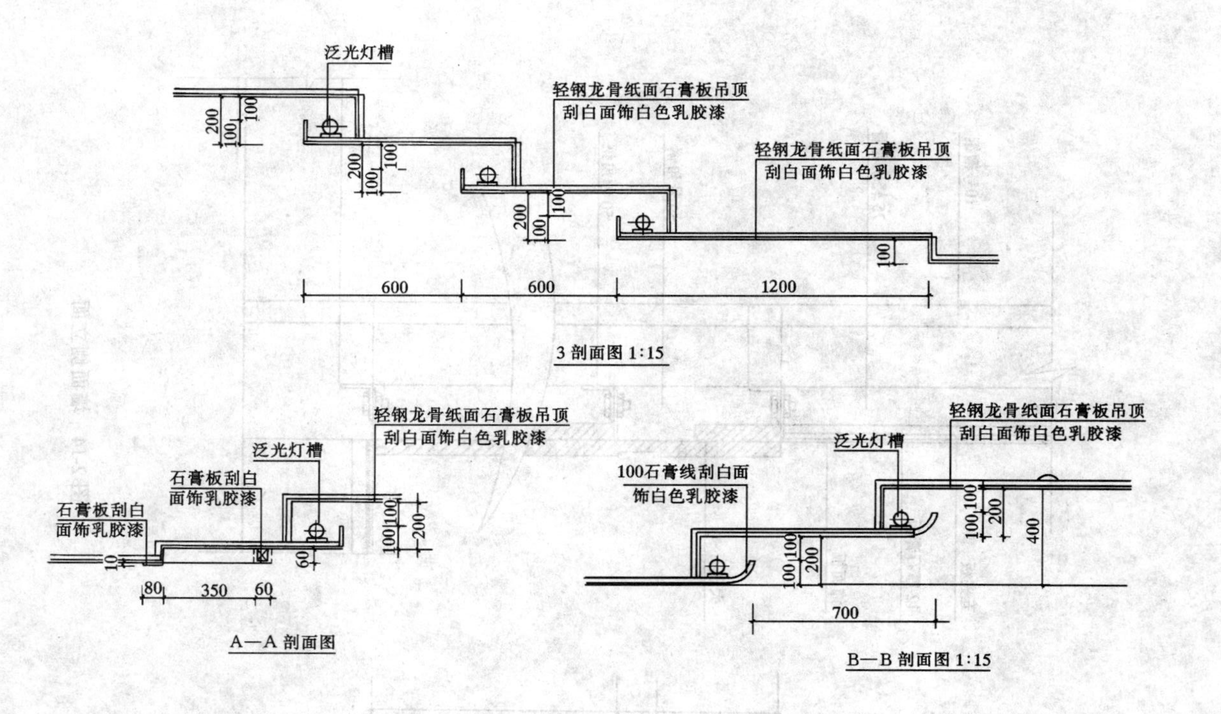

泛光灯槽
轻钢龙骨纸面石膏板吊顶
刮白面饰白色乳胶漆
轻钢龙骨纸面石膏板吊顶
刮白面饰白色乳胶漆
200
100
100
600
600
1200
3 剖面图 1:15
轻钢龙骨纸面石膏板吊顶
刮白面饰白色乳胶漆
泛光灯槽
石膏板刮白
面饰乳胶漆
石膏板刮白
面饰乳胶漆
10
60
80
350
A—A 剖面图
轻钢龙骨纸面石膏板吊顶
刮白面饰白色乳胶漆
泛光灯槽
100石膏线刮白面
饰白色乳胶漆
400
700
B—B 剖面图 1:15

图 2-13　房间内部节点详图

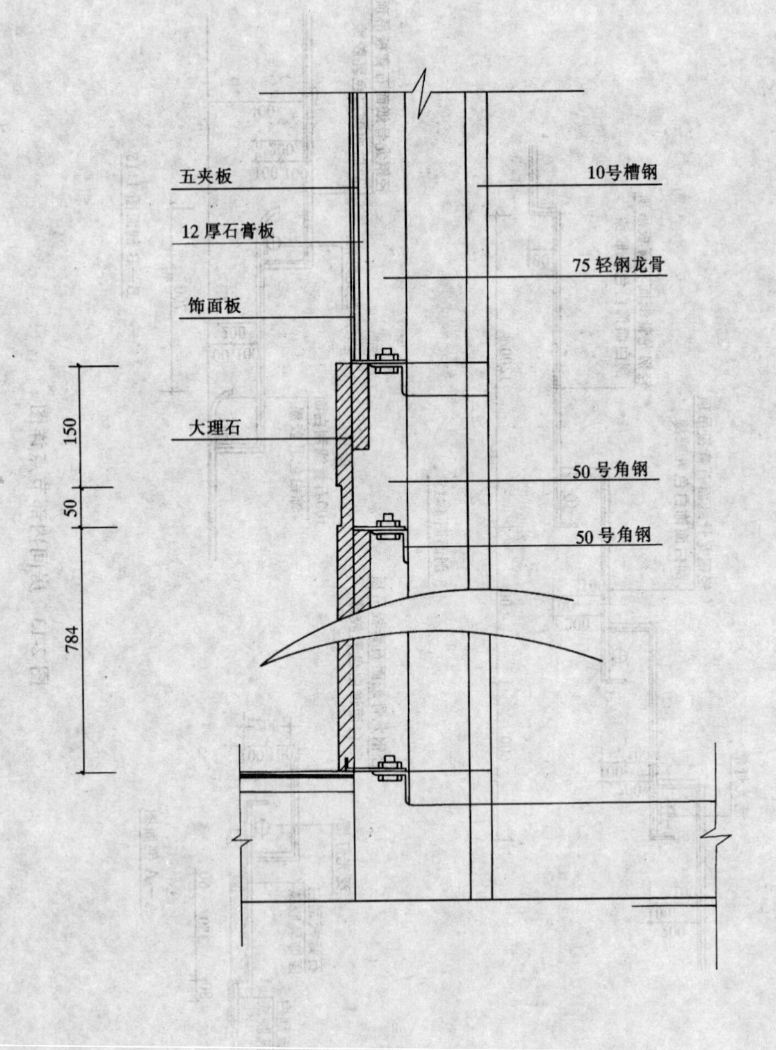
五夹板
12 厚石膏板
饰面板
大理石
10号槽钢
75 轻钢龙骨
50 号角钢
50 号角钢
150
50
784

图 2-14　墙面侧立面

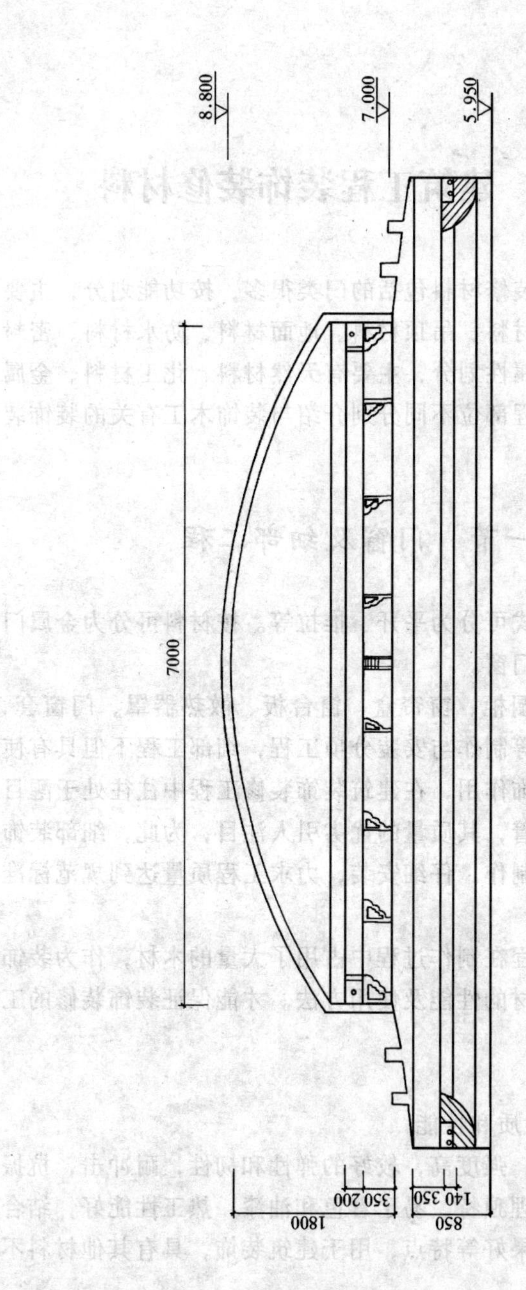

图 2-15 穹顶大样图

第三章 建筑工程装饰装修材料

建筑工程装饰装修材料包括的门类很多，按功能划分，主要有墙体材料、门窗材料、吊顶材料、地面材料、防水材料、密封材料等；按材料的属性划分，主要有天然材料、化工材料、金属材料等。本章按工程部位不同分别介绍与装饰木工有关的装饰装修材料性能和特点。

第一节 门窗及细部工程

门窗按开启形式可分为平开、推拉等。按材料可分为金属门窗、塑料门窗及木门窗。

细部工程系指橱柜、窗帘盒、窗台板、散热器罩、门窗套、护栏和扶手、花饰等制作与安装分项工程，细部工程不但具有使用功能，还兼有装饰作用，在建筑装饰装修工程中往往处于醒目位置，看得见摸得着，其质量的优劣引人注目，为此，细部装饰应严格选材，精心制作，仔细安装，力求工程质量达到规范标准的要求。

门窗及细部工程在制作过程中占用了大量的木材，作为装饰木工首先要掌握木材的性能及使用方法。才能保证装饰装修的工程质量。

一、木材

（一）木材的性质和性能

木材具有质轻，强度高，较好的弹性和韧性，耐冲击，抗振动，易于加工，纹理独特，易于着色和油漆，热工性能好，结合构造简单，装饰效果好等特点，用于建筑装饰，具有其他材料不可比拟的艺术效果。

木材的缺点是容易变形，易腐，易燃，质地不均匀，各方向强度不一致，并且常有天然缺陷。

1. 木材的相对密度

木材的相对密度因树种、产地、砍伐部位不同而发生变化，约为 3.3～1.0，构成木材实质物质部分的相对密度与树种无关，约为 1.55，较轻的木材其空隙部分自然较多。

2. 木材的强度

木材沿树干方向（习惯叫做顺纹）的强度比垂直与树干的横向（横纹）强度大得多。木材的强度及弹性模量与相对密度有密切关系，气干木材的抗压强度（顺纹方向）约 69～78MPa×相对密度，新鲜木材的强度为气干木材强度的 60%～70%。

木材的抗拉、抗弯强度高于抗压强度，而抗剪、抗冲切强度明显偏低，见表 3-1。

木材相对密度、强度标准值 **表 3-1**

树种			相对密度	抗压强度 kgf/cm^2	抗弯强度 kgf/cm^2	抗剪强度 kgf/cm^2	弹性模量 tf/cm^2
针叶树		杉	0.38	370	580	48	71
		扁柏	0.41	410	740	60	104
		松	0.52	400	690	60	80
阔叶树		椴木	0.40	410	660	59	80
		白蜡	0.50	420	880	82	110
		榉木	0.67	450	910	78	116
进口材	针叶树	美国杉	0.34	310	350	39	50
		美国松	0.53	420	780	57	100
	阔叶树	柳桉木	0.42	400	720	57	90

3. 木材的容许应力

不同的材料其强度差异性较大，考虑木节、蠕变现象（在载荷长期作用下变形逐渐加大）等，与标准值相比容许应力值则较小，见表 3-2。

顺纹方向的长期容许应力（kgf/cm^2） **表 3-2**

树种		抗压	抗拉弯曲	剪切
针叶树	杉、美国松、美国铁杉	60	70	5
	松、扁柏、铁杉、美国松、美国扁柏	80	90	7
阔叶树	栗树、桴树、榉树	70	100	10

4. 木材的含水率

影响木材含水率的因素很多，如不同树种、木材的不同部分、树干采伐时间、保存和干燥方式等，因此木材含水率的差别是很大的，木材中的水分是由结合水（细胞实质部分所含的水）和自由水（细胞间隙处的水）组成。

(1) 树木的含水率为 30% ~ 100%，新鲜木材的含水率约为 45%。

(2) 若将新鲜木材进行干燥，首先是自由水被蒸发，自由水被完全蒸发后结合水才开始蒸发。

其临界点（亦称纤维饱和点）处的含水率约为 25% ~ 30%。

(3) 新鲜木材若放置于大气中干燥就能达到自然干燥状态，也称气干状态。气干木材的含水率在 15%左右。

(4) 木材随结合水的增减，其收缩、膨胀、强度亦发生变化。自由水的增减与这些变化无关。

(5) 收缩率：当含水率为 1% 时，年轮方向的收缩率为 (0.55 × 相对密度)%。普通木材的相对密度为 0.4 ~ 0.5，故收缩率约为 0.25%。

(6) 强度：若木材中含有水分，其强度会显著降低。含水率每变化 1%所对应的抗压强度、抗弯强度会变化 5%。

(7) 必须使用经干燥的木材。干燥不充分的木材容易产生干燥翘曲、腐朽，并严重影响强度。

(8) 木材的含水率可利用含水率测定器测定。

5. 木材的干燥法

木材的干燥法有自然干燥法和人工干燥法。

(1) 自然干燥法。建筑用木材几乎均以自然干燥。因此，应尽早将木材筹备齐全，用垫木隔开堆置法或×型垂直堆积法进行干燥。

若气候条件，通风状态良好，厚度 3cm 以下的杉木板需要 1~2 个月，方材需要 6~12 个月就可大致干燥。

(2) 人工干燥法。在工厂用蒸汽，边调整湿度边使之干燥。干燥新鲜杉厚板约需 10d，硬木厚板约需 30d。

将木材长期（约半个月以上）置于流动水中，木材中的液体被溶解流出，此后将其干燥就变得很容易。人们把它称为浸水法。

（二）木材的树种和分类

我国地域辽阔，树种繁多，国产木材在装饰装修施工中仍占主导地位，如东北各省所产水曲柳、柞木、白皮榆、桦木、核桃楸等因材质密实，质量上乘而被广泛用于室内装修，但引起供不应求，故价格偏高。随着我国经济建设规模的扩大，进口木材所占比重有逐年上升的趋势，进口木材中以南洋材、西伯利亚材、美洲材（加拿大、美国产）为主。树木的种类很多，但一般分为两大类，即针叶树类和阔叶树类。

针叶树树干通直而高大，易得大材，纹理平直，材质均匀，木质轻，较软，易加工，强度较高，表现密度及胀缩变形小，耐腐蚀性强，为建筑装饰工程中主要用材，广泛用作承重构件。常用的树种有松、杉、柏等。

阔叶树树干通直部分一般较短，材质较硬，难加工，较重，强度大，胀缩、翘曲变形大，易开裂，建筑上常用作尺寸较小的构件。有些树种具有美丽的纹理，适用于做室内装修、家具及胶合板等。常用的树种有榆木、柞木、水曲柳等。木材的树种和分类见表 3-3。

1. 建筑装饰工程常用树种及性能（见表 3-4）

2. 国外几种木材性能（见表 3-5）

（三）胶合板

木材的树种和分类　　表 3-3

分类标准	分类名称	说　明	主要用途
按树种分类	针叶树	树叶细长如针，多为常绿树。材质一般较软，有的含树脂，故又称软材。如：红松、落叶松、云杉、冷杉、杉木、柏木都属此类	建筑工程、桥梁、家具、造船、电杆、坑木、枕木、桩木、机械模型等
	阔叶树	树叶宽大，叶脉成网状，大多为落叶树，树枝较坚硬，故称硬材。如樟木、榉木、水曲柳、青冈、柚木、山毛榉、色木等，都属此类。也有少数质地较软的，如桦木，椴木、山杨、青杨等，也属此类	建筑工程、机械制造、造船、车辆、桥梁、枕木、家具、坑木及胶合板等
按材种分类	原条	系指已经除去皮、根、树梢的木料，但尚未按一定尺寸加工成规定的材料	建筑工程的脚手架、建筑用材、家具等
	原木	系指定已经除去皮、根、树梢的木料，并已按一定尺寸加工成规定直径和长度的材料	(1) 直接使用的原木：用于建筑工程（如屋架、檩、椽等）、桩木、电杆、坑木等 (2) 加工原木：用于胶合板、造船、车辆、机械模型及一般加工用材等
	板方材	系指已经加工锯解成材的木料。凡宽度为厚度的 3 倍或 3 倍以上的，称为板材，不足 3 倍的称为方材	建筑工程、桥梁、家具、装饰等
	枕木	系指按枕木断面和长度加工而成的材料	铁道工程

注：目前原木、原条，有的去皮，有的不去皮。但不去皮者，其皮不计在木材材积以内。

建筑装饰工程常用树种及性能 表 3-4

树种	硬度	性　能
		针　叶　树　类
杉木	软	纹理直、结构细、质轻、耐腐朽
白松	软	纹理直、质轻、耐腐朽
鱼鳞云	略软	纹理直、结构细、质轻
杉	软	纹理直、结构细密、有弹性
臭冷杉	软	纹理直、结构细、易加工
泡杉	甚软	纹理直、结构细、质轻
红松	略硬	纹理直、耐水、耐腐、易加工
马尾松	略硬	结构略粗、不耐油漆
柏杉	略软	纹理直、结构细、耐腐坚韧
油杉	略软	纹理粗而不匀
铁坚杉	软	纹量粗而不匀
落叶松	软	纹理粗而不匀、质坚、耐水
樟子松	软	纹理直、结构细、易加工
杉木	软	纹理直、韧而耐久、易加工
银杏		纹理直、结构细、易加工
		阔　叶　树　类
水曲柳	略硬	纹理直、花纹美、结构细
黄菠萝	略软	纹理直、花纹美、收缩小
柞木	硬	纹理斜行、结构粗、有光泽、花纹美
色木	硬	纹理直、结构细密、质坚
桦木	硬	纹理斜、有花纹、易变形
椴木	软	纹理直、质坚耐磨、易裂
樟木	略软	纹理斜或交错、质坚实
山杨	甚软	纹理直、质轻、易加工
木荷	硬	纹理斜或直、结构细、易加工
楠木	略软	纹理斜、质细、有香气
榉木	硬	纹理直、结构细、花纹美
黄杨木	硬	纹理直、结构细、材质有光泽
泡桐	硬	纹理直、质轻、易加工
麻栎	硬	纹理直、质坚耐磨、易裂

国外几种木材性能 表 3-5

树种	产地	性能
洋松	美国	纹理直、结构致密、易干燥
柚木	南亚	纹理直含油质、花纹美、耐久
柳桉	东南亚	纹理直、有带状花纹、易加工
红檀木	东南亚	纹理斜、质坚有光泽不易加工
紫檀	南亚	纹理斜、极细密不易加工
花梨木	南亚	纹理直、质细密、花纹美
乌木	南亚	纹理细密、质坚硬耐磨损
桃花心木	中美洲	纹理斜、花纹美、易加工

1. 胶合板的特点

普通胶合板有国产材胶合板和进口胶合板（柳桉胶合板），是把多层薄木片（厚1mm）胶合而成的，薄木片是旋刨树干切削而成的，胶合板中相邻层木片的纹理互相垂直，以一定奇数层数的薄片涂胶后在常温下加压胶合。三层的叫三夹板，也可以做五、七、九、十一层。胶合板的特点是面积大，可弯曲，两个方向的强度收缩接近，变形小，不易翘曲，纹理美观。胶合板可分为阔叶树胶合板和针叶树胶合板两种。

2. 胶合板的各种类型及规格

衡量胶合板的最重要指标是粘结强度，可分为Ⅰ类（完全耐水性，采用苯酚树脂等强力胶粘剂）、Ⅱ类（耐水性）、Ⅲ类（耐潮性）、Ⅳ类（非耐潮性），见表3-6。

胶合板的分类、特性及适用范围 表 3-6

种类	分类	名称	胶种	特性	适用范围
阔叶树材胶合板	Ⅰ类	NQF（耐气侯、耐沸水胶合板）	酚醛树脂胶或其他性能相当的胶	耐久、耐煮沸或蒸汽处理，耐干热抗菌	室内、外工程
	Ⅱ类	NS（耐水胶合板）	脲醛树脂胶或其他性能相当的胶	耐冷水浸泡极短时间热水浸泡，抗菌，但不耐煮沸	室内、外工程
	Ⅲ类	NC（耐潮胶合板）	血胶、低树脂含量的脲醛树脂胶或其他性能相当的胶	耐短期冷水浸泡	室内工程（一般常态下使用）
	Ⅳ类	BNC（不耐潮胶合板）	豆胶或其他性能相当的胶	有一定的胶合强度，但不耐潮	室内工程（一般常态下使用）

续表

种类	分类	名称	胶种	特性	适用范围
针叶树材胶合板	Ⅰ类	NQF（耐气侯、耐沸水胶合板）	酚醛树脂胶或其他性能相当的胶	耐久、耐煮沸或蒸汽处理，耐干热抗菌	室内、外工程
	Ⅱ类	NS（耐水胶合板）	脲醛树脂胶或其他性能相当的胶	耐冷水浸泡极短时间热水浸泡，抗菌，但不耐煮沸	室内、外工程
	Ⅲ类	NC（耐潮胶合板）	血胶、低树脂含量的脲醛树脂胶或其他性能相当的胶	耐短期冷水浸泡	室内工程（一般常态下使用）
	Ⅳ类	BNC（不耐潮胶合板）	豆胶或其他性能相当的胶	有一定的胶合强度，但不耐潮	室内工程（一般常态下使用）

(1) 胶合板出厂的含水率应符合表 3-7 的规定。

胶合板的含水率值 **表 3-7**

类别 / 胶合板材种	含水率（%）	
	Ⅰ类、Ⅱ类	Ⅲ类、Ⅳ类
阔叶树林	6 ~ 14	8 ~ 16
针叶树材		

(2) 胶合板的胶合强度指标值按表 3-8。

胶合强度指标值 **表 3-8**

类别 / 胶合板树种	单个试件的胶合强度（MPa）	
	Ⅰ类、Ⅱ类	Ⅲ类、Ⅳ类
椴木、杨木、拟赤杨	≥0.70	≥0.70
水曲柳、荷木、枫香、榆木、槭木、柞木	≥0.80	
桦木	≥1.00	
马尾松、云南松、落叶松、云杉	≥0.80	

(3) 胶合板的品种规格，见表 3-9。

胶合板的品种及规格 **表 3-9**

种类	厚度（mm）	宽度（mm）	长度（mm）					
			915	1220	1525	1830	2135	2440
阔叶树种胶合板	2.5、2.7、3、3.5、4.5、6…自 4mm 起，按每 mm 递增	915	915	—	—	1830	2135	
		1220	—	1220	—	1830	2135	—
针叶树种胶合板	3、3.5、4、5、6…自 4mm 起，按每 mm 递增	1525	—	—	1525	1830	—	2440 —

二、木门窗材料的技术性能要求（见表3-10、表3-11）

普通木门窗材料的质量要求　　表3-10

木材缺陷		门窗扇的立梃、冒头、中冒头	窗棂、压条、门窗及气窗的线脚、通风窗立梃	门心板	门窗框
活节	不计个数，直径(mm)	<15	<5	<15	<15
	计算个数，直径	≤材宽的1/3	≤材宽的1/3	≤30mm	≤材宽的1/3
	任1延米个数	≤3	≤2	≤3	≤5
死节		允许，计入活节总数	不允许	允许，计入活节总数	
髓心		不露出表面的，允许	不允许	不露出表面的，允许	
裂缝		深度及长度≤厚度及材长的1/5	不允许	允许可见裂缝	深度及长度≤厚度及材长的1/4
斜纹的斜率（%）		≤7	≤5	不限	≤12
油眼		非正面，允许			
其他		浪形纹理、圆形纹理、偏心及化学变色，允许			

高级木门窗用木材的质量要求　　表3-11

木材缺陷		木门扇的立梃、冒头、中冒头	窗棂、压条、门窗及气窗的线脚、通风窗立梃	门心板	门窗框
活节	不计个数，直径(mm)	<10	<5	<10	<10
	计算个数，直径	≤材宽的1/4	≤材宽的1/4	≤30mm	≤材宽的1/3
	任1延米个数	≤2	≤0	≤2	≤3
死节		允许，包括在活节总数中	不允许	允许，包括在活节总数中	不允许
髓心		不露出表面的，允许	不允许	不露出表面的，允许	
裂缝		深度及长度≤厚度及材长的1/6	不允许	允许可见裂缝	深度及长度≤厚度及材长的1/5
斜纹的斜率（%）		≤6	≤4	≤15	≤10
油眼		非正面，允许			
其他		浪行纹理、圆形纹理、偏心及化学变色，允许			

第二节 吊顶工程

建筑顶棚是室内空间最重要的部位之一，用悬吊方式形成的顶棚即称为吊顶。近年来，随着人民生活水平的提高和新型装饰材料的发展，人们对吊顶的装饰要求越来越重视和讲究。现在吊顶不但要有保温、隔热、隔声和吸声作用的多重功能，同时又增加室内整体装饰艺术美感。

吊顶形式多种多样，按照施工工艺不同，分为暗龙骨吊顶和明龙骨吊顶；按吊顶结构形式分有：整体式吊顶、活动式吊顶、隐蔽式装配吊顶、开敞式吊顶；按吊顶骨架材料分有：木龙骨吊顶、轻钢龙骨吊顶、铝合金龙骨吊顶；按吊顶面层装饰材料分有：木质类、金属类、石膏板类、无机纤维板类、塑料类等；按住宅装饰部位分类有：起居室吊顶、餐厅吊顶、卫生间吊顶、厨房吊顶、公用部位吊顶等。吊顶材料主要包括吊顶龙骨材料和吊顶罩面板两部分，下面就吊顶材料使用要求分别论述。

一、吊顶用龙骨

吊顶龙骨材料是吊顶工程中用于组装成吊顶龙骨骨架的最基本材料，其性能和质量的优劣将直接影响吊顶的实用性能（如防火、刚性等）。

吊顶用龙骨主要包括：木骨架龙骨、轻钢龙骨、铝合金龙骨和型钢骨架龙骨等。其中木骨架龙骨为最传统的龙骨材料，由于其防水性能、耐腐蚀性、耐火性、施工制作等方面不足，已基本被新型建材所取代，仅用于简易顶棚或临时顶棚工程，而型钢骨架龙骨适用于一些重量较大的顶棚，在住宅工程中不常用。因此本节重点介绍目前国内外广泛采用的轻钢龙骨（用镀锌钢板轧制而成）和铝合金龙骨（用铝合金板轧制而成）。

（一）吊顶轻钢龙骨

1. 特性

轻钢龙骨是采用镀锌钢板或薄钢板，经剪裁冷弯滚轧冲压而成。分有若干型号，他与传统的木骨架相比，具有防水、防蛀、自重轻、施工方便、灵活等优点。

轻钢龙骨配装不同材质、不同色彩和质感的罩面板，不仅改善了建筑物的声学、力学性能，也直接造就了不同的艺术风格，是室内设计的重要手段。

2. 品种

根据国内市场投入使用年代不同及使用功能区别，目前使用的轻钢龙骨包括三大种类：

U形、C形、L形系列；

T形、L形吊顶轻钢龙骨；

H形、T形、L形轻钢龙骨。

其中U形、C形、L形轻钢龙骨在国内应用最为成熟。

3.U形、C形、L形龙骨规格

U形、C形、L形吊顶龙骨按承载龙骨的规格分为四种：D38（38系列）、D50（50系列）和D60（60系列）。此外，未列入国家标准的还有近几年国内有的厂家生产的D25（25系列），参见表3-12。

U形、C形、L形龙骨规格 表3-12

<table>
<tr><th rowspan="3">名　称</th><th rowspan="3">横截面形状类别</th><th colspan="8">规　　格</th></tr>
<tr><th colspan="2">D38</th><th colspan="2">D45</th><th colspan="2">D50</th><th colspan="2">D60</th></tr>
<tr><th>尺寸 A (mm)</th><th>尺寸 B (mm)</th><th>尺寸 A (mm)</th><th>尺寸 B (mm)</th><th>尺寸 A (mm)</th><th>尺寸 B (mm)</th><th>尺寸 A (mm)</th><th>尺寸 B (mm)</th></tr>
<tr><td>承载龙骨</td><td>U形</td><td colspan="2">38</td><td colspan="2">45</td><td colspan="2">50</td><td colspan="2">60</td></tr>
<tr><td>覆面龙骨</td><td>C形</td><td colspan="2">38</td><td colspan="2">45</td><td colspan="2">50</td><td colspan="2">60</td></tr>
<tr><td>边龙骨</td><td>L形</td><td colspan="2"></td><td colspan="2"></td><td colspan="2"></td><td colspan="2"></td></tr>
</table>

注：1. 规格之所以用承载龙骨的尺寸来划分，主要原因是承载龙骨是决定吊顶荷载的大小的关键；

2. 不同规格尺寸的承载龙骨、覆面龙骨、边龙骨可以根据需要配合使用；

3. 承载龙骨、覆面龙骨的尺寸 *B* 没有明确规定；

4. 边龙骨的尺寸 *A*、尺寸 *B* 均没有明确规定。

4. 技术指标

(1) 尺寸要求

U形、C形、L形吊顶轻钢龙骨的尺寸要求，参见表3-13。

U形、C形、L形吊顶轻钢龙骨尺寸要求（单位：mm）　　**表 3-13**

<table>
<tr><th colspan="3" rowspan="2">项　目</th><th colspan="3">允 许 偏 差</th></tr>
<tr><th>优等品</th><th>一等品</th><th>合格品</th></tr>
<tr><td colspan="3">长度，L</td><td colspan="3">+30
−10</td></tr>
<tr><td rowspan="3">覆面龙骨</td><td rowspan="2">尺寸 A</td><td>$A \leqslant 30$</td><td colspan="3">+1.0</td></tr>
<tr><td>$A > 30$</td><td colspan="3">−1.5</td></tr>
<tr><td colspan="2">尺寸 B</td><td>±0.3</td><td>±0.4</td><td>±0.5</td></tr>
<tr><td rowspan="3">其他龙骨</td><td colspan="2">尺寸 A</td><td>±0.3</td><td>±0.4</td><td>±0.5</td></tr>
<tr><td rowspan="2">尺寸 B</td><td>$B \leqslant 30$</td><td colspan="3">±1.0</td></tr>
<tr><td>$B > 30$</td><td colspan="3">±1.5</td></tr>
</table>

(2) 平直度

U形、C形和L形吊顶轻钢龙骨的侧面和底面平直度要求，参见表3-14。

U形、C形、L形龙骨平直度要求（单位：mm）　　**表 3-14**

品　种	检测部位	优等品	一等品	合格品
承载龙骨 覆面龙骨	侧面和底面	1.0	1.5	2.0

(3) 弯曲内角半径

U形、C形和L形吊顶轻钢龙骨的弯曲内角半径要求，参见表3-15。

U形、C形和L形吊顶轻钢龙骨的弯曲内角半径要求　表 3-15

钢板厚度，δ（mm）	≤0.75	≤0.80	≤1.00	≤1.20	≤1.50
弯曲内角半径，R（mm）	1.25	1.50	1.75	2.00	2.25

(4) 角度偏差

U形、C形、L形吊顶轻钢龙骨的角度偏差要求，参见表3-16。

U形、C形、L形龙骨角度偏差要求　　表3-16

成形角的最短边尺寸 (mm)	优等品	一等品	合格品
10～18	±1°15′	±1°30′	±2°00′
>18	±1°00′	±1°15′	±1°30′

(5) 力学性能

吊顶轻钢龙骨组件的力学性能要求，参见表3-17。

U形、C形、L形龙骨力学性能　　表3-17

项目		要求
静载试验	覆面龙骨	最大挠度≤10.0mm，残余变形≤2.0mm
	承载龙骨	最大挠度≤5.0mm，残余变形≤2.0mm

(6) 表面防锈

U形、C形和L形吊顶轻钢龙骨表面应镀锌防锈，对其双面镀锌量的要求，参见表3-18。

U形、C形、L形龙骨表面镀锌要求　　表3-18

项目	优等品	一等品	合格品
双面镀锌 (g/m^2)	120	100	80

(7) 外观质量

U形、C形和L形吊顶轻钢龙骨的外形要平整、棱角清晰，切口不允许有影响使用的毛刺和变形。镀锌层不允许有起皮、起瘤、脱落等缺陷。对于腐蚀、损伤、黑斑、麻点等缺陷的要求，参见表3-19。

U形、C形、L形龙骨外观质量要求　　表3-19

缺陷种类	优等品	一等品	合格品
腐蚀、损伤、黑斑、麻点	不允许	无较严重的腐蚀、损伤、麻点。面积不大于 $1cm^2$ 的黑斑每米长度内不多于5处	

（二）吊顶铝合金龙骨

1. 特性

与轻钢龙骨相比，铝合金龙骨具有以下几个特点：

（1）重量轻，其密度仅为轻钢龙骨的1/3；

（2）加工尺寸精度高，装配性能好，并节约材料；

（3）装饰效果更佳，可以采用镀膜工艺形成银白色、古铜色等多种效果；

（4）应用形式更加灵活，既可用于明龙骨吊顶，又可用于暗龙骨吊顶。

2. 品种

国内从20世纪80年代开始应用铝合金龙骨，目前品种包括：

（1）T形、L形铝合金龙骨；

（2）Y形、T形、L形吊顶铝合金龙骨；

（3）S形、L形吊顶铝合金龙骨。

3. 技术性能

铝合金龙骨目前尚无国家标准，技术指标主要参考产品技术资料。

二、顶棚装饰材料

室内顶面是室内空间重点装饰部位，顶棚的造型、饰面材料，对室内装饰整体效果颇有影响。其中，顶棚装饰材料的选用对吊顶效果影响较大。在住宅工程中顶棚装饰材料既要满足不同房间的使用功能，如厨房间防潮功能、卫生间防水功能、起居室吸声功能等等，同时又要保证装饰效果及耐久、安全等性能。

顶棚装饰材料品种很多，它包括普通纸面石膏板、装饰石膏板、嵌装装饰石膏板、玻璃棉、矿棉装饰吸声板、珍珠岩及膨胀珍珠岩装饰板、塑料装饰顶棚板、纤维水泥加压板、软木装饰板、玻璃及金属顶棚板等等，同时顶棚的材料不断推陈出新，趋于多功能、复合性、装配化方面发展。

本节主要针对装饰工程中最常用的几种顶棚材料，包括普通纸面石膏板、装饰石膏板、PVC 塑料扣板、铝合金顶棚板等，针对产品品种、规格、技术性能及应用范围逐一作介绍。

(一) 普通纸面石膏板

1. 特性

普通纸面石膏板具有轻质、耐火、耐热、隔热、隔声、低收缩和较高的强度等优良综合物理性能，还具有自动微调室内湿度的作用，该种制品还具有良好的可加工性能。

2. 品种

纸面石膏板按性能可分为三种：普通纸面石膏板、耐火纸面石膏板、耐水纸面石膏板。

3. 技术性能

(1) 尺寸偏差

纸面石膏板根据不同质量等级，其尺寸偏差要求不同，详见表 3-20。

纸面石膏板外形尺寸要求（单位：mm）　　表 3-20

项　目	优等品	一等品	合格品
长　度	$^{0}_{-5}$	$^{0}_{-6}$	
宽　度	$^{0}_{-4}$	$^{0}_{-5}$	$^{0}_{-6}$
厚　度	±0.5	±0.6	±0.8
楔形棱边深度	0.6～2.5		
楔形棱边宽度	40～80		

(2) 含水率

纸面石膏板的含水率应不大于下列规定的数值，见表 3-21。

纸面石膏板含水率规定（%）　　表 3-21

优等品、一等品		合　格　品	
平均值	最大值	平均值	最大值
2.0	2.5	3.0	3.5

(3) 单位面积重量

纸面石膏板的单位面积重量应不大于下列规定的数值，见表3-22。

纸面石膏板单位面积重量规定（单位：kg/m^2）　　表 3-22

板厚	优等品		一等品		合格品	
(mm)	平均值	最大值	平均值	最大值	平均值	最大值
9	8.5	9.5	9.0	10.0	9.5	10.5
12	11.5	12.5	12.0	13.0	12.5	13.5
15	14.5	15.5	15.0	16.0	15.5	16.5
18	17.5	18.5	18.0	19.0	18.5	19.5

(4) 断裂荷载

纸面石膏板的断裂荷载（纵向、横向）应不低于下列规定的数值，见表3-23。

纸面石膏板的断裂荷载指标（单位：N）　　表 3-23

板厚 (mm)		优等品		一等品、合格品	
		平均值	最小值	平均值	最小值
9	纵向	392	353	353	318
	横向	167	150	137	123
12	纵向	539	485	490	441
	横向	206	185	176	159
15	纵向	686	617	637	573
	横向	255	229	216	194
18	纵向	833	750	784	706
	横向	294	265	255	229

(5) 护面纸与石膏芯的粘结

纸面石膏板护面纸与石膏芯的粘结要求是：按规定的方法测定时，优等品与一等品石膏芯的裸露的面积不得大于零，合格品不得大于 $3.0cm^2$。

(6) 外观质量

纸面石膏板的外观质量要求，见表3-24。

纸面石膏板外观质量要求　　表3-24

波纹、沟槽、污痕和划伤等缺陷		
优等品	一等品	合格品
不允许有	允许有，但不明显	允许有，但不影响使用

(二) 装饰石膏板

1. 特性

装饰石膏板是一种具有良好防水性能和一定保温和隔声性能的吊顶板材，该板材是以建筑石膏为主要原料，掺入适量纤维增强材料和外加剂浇铸成型，它不但可以制成平面，还可以制成有浮雕图案、风格独特的板材，具有良好的装饰效果，较适用于住宅门厅、起居室等部门。

2. 品种

装饰石膏板按其防潮性能可分为两种：普通装饰石膏板和防潮装饰石膏板，根据板材正面形状和防潮性能的不同，分类及代号见表3-25。按石膏板棱边断面形状来分有两种：直角形装饰石膏板和倒角形装饰石膏板。

板材分类　　表3-25

分类	普通板			防潮板		
	平板	孔板	浮雕板	平板	孔板	浮雕板
代号	P	K	D	FP	FK	FD

3. 规格

装饰石膏板一般为方板，其常用规格有两种：500mm × 500mm × 9mm；600mm × 600mm × 11mm。

4. 技术性能

(1) 技术尺寸

装饰石膏板的尺寸、不平度和直角偏离要求，见表3-26。

装饰石膏板外观尺寸要求（单位：mm）　　表 3-26

项　目	优等品	一等品	合格品
边长	0 -2	+1 -2	
厚度	±0.5	±1.0	
不平度	≤1.0	≤2.0	≤3.0
直角偏离度	≤1	≤2	≤3

(2) 单位面积重量

装饰石膏板的单位面积重量要求，见表 3-27。

装饰石膏板单位面积重量指标（单位：kg/m^2）　　表 3-27

板材代号	厚度(mm)	优等品		一等品		合格品	
		平均值	最大值	平均值	最大值	平均值	平均值
P、K、FP、FK	≤9	≤8.0	≤9.0	≤10.0	≤11.0	≤12.0	≤13.0
	≤11	≤10.0	≤11.0	≤12.0	≤13.0	≤14.0	≤15.0
D、FD	≤9	≤11.0	≤12.0	≤13.0	≤14.0	≤15.0	≤16.0

(3) 含水率

装饰石膏板的含水率要求，见表 3-28。

装饰石膏板含水率指标（单位：%）　　表 3-28

优等品		一等品		合格品	
平均值	最大值	平均值	最大值	平均值	最大值
≤2.0	≤2.5	≤2.5	≤3.0	≤3.0	≤3.5

(4) 吸水率、受潮挠度要求，见表 3-29。

装饰石膏板吸水率、受潮挠度指标　　表 3-29

项　目	优等品		一等品		合格品	
	平均值	最大值	平均值	最大值	平均值	最大值
吸水率（%）	≤5.0	≤6.0	≤8.0	≤9.0	≤10.0	≤11.0
受潮挠度（mm）	≤5	≤7	≤10	≤12	≤15	≤17

（5）断裂荷载

装饰石膏板的断裂荷载要求，见表 3-30。

装饰石膏板的断裂荷载要求（单位：N） **表 3-30**

材料代号	优等品		一等品		合格品	
	平均值	最大值	平均值	最大值	平均值	最大值
P、K、FP、FK	≥176	≥159	≥147	≥132	≥118	≥106
D、FD	≥186	≥168	≥167	≥150	≥147	≥132

（6）外观质量

装饰石膏板的外观质量要求是：装饰石膏板正面不应有影响装饰效果的气泡、污痕、缺脚色彩不均匀和图案不完整等缺陷。

（三）PVC 塑料扣板

1. 特点

塑料装饰扣板以聚氯乙烯（PVC）为主要原料，加入稳定剂、加工改性剂、色料等助剂，经捏合、混炼、造粒、挤出定型制成。产品具有表面光滑、硬度高、防水、防腐、隔声、不变型形、不热胀冷缩、色泽绚丽、富真实感等特点，在住宅工程中，厨房、卫生间及公用部位中使用相当普遍。

2. 品种

PVC 塑料扣板以颜色、图案划分有较多品种，可供选择的花色品种有：乳白、米黄、湖蓝等，图案有昙花、蟠排、熊竹、云龙、格花、拼花等。

3. 规格

PVC 塑料扣板包括方板和条板两种，方板一般规格为 500mm ×500mm，厚度一般为 4mm。

4. 技术指标

PVC 扣板技术指标详见图 3-31。

PVC 扣板技术指标 **表 3-31**

表观密度（kg/m^3）	130～160	导热系数（W/m·K）	0.174
抗拉强度（MPa）	28	耐热性（不变性）	60℃
吸水性（kg/m^2）	＜0.2	阻热性	氧指数＞30

（四）金属装饰板

1. 特点

金属板是目前比较流行的一种顶棚装饰材料，它由薄壁金属板经过冲压成型、表面处理而成，用于住宅室内装饰，不仅安装方便，而且装饰效果非常理想。金属材料是难燃材料，用于室内可以满足防火方面要求，而且金属板经过穿孔处理，上放声学材料，又能够很好地解决声学问题，因此金属装饰板是一种多功能的装配化程度高的顶棚材料。

2. 品种

金属装饰板按材质分有：铝合金装饰板、镀锌钢装饰板、不锈钢装饰板、铜装饰板等；按性能分有：一般装饰板和吸声装饰板；按几何形状分有：长条形、方形、圆形、异形板；按表面处理分有：阳极氧化、镀漆复合膜等；按孔心分有：圆孔、方孔、长圆孔、长方孔、三角孔等；按颜色分有：铝本色、金黄色、古铜色、茶色、淡蓝色等。从饰面处理、加工及造价角度考虑，目前流行的为铝合金装饰板，在一般住宅装饰中，较符合人们一般购物心理，价廉物美。本节重点介绍铝合金装饰板。

3. 规格

铝合金装饰板规格方面变化较多，就住宅装饰而言，一般有长条形、方形两种，长条形长度一般不超过 6m，宽度一般 100mm，铝板厚度为 0.5～1.5mm 之间，小于 0.5mm 厚的板条，因刚度差，易变形，用的较少，大于 1.5mm 厚板用的也比较少。而方形板的规格一般为 500mm × 500mm，厚度一般为 0.5mm。

4. 技术指标

铝合金装饰板延伸率 5%；抗拉强度 90.0MPa；腐蚀率 0.0015mm/年；镀膜厚度一般不小于 6μm。

第三节　轻质隔墙工程

隔墙又名间壁或称隔断墙，是分隔建筑物内部空间的非承重构件。隔墙要求自重轻，以减轻楼板的荷载；厚度薄，以增加房间的有效面积；此外还要求便于拆移和具有一定的刚度，同时某些隔墙还有隔声、耐火、耐腐蚀以及通风、透光的要求。

隔墙的类型很多,按使用功能可分为:拼装式、推拉式、折叠式和卷帘式。按组成材料不同可分为:板材隔墙(包括石膏空心板、预制或现制的钢丝网水泥板、复合轻质墙板等)、骨架隔墙、活动隔墙、玻璃隔墙等。按其构造方式可分为:砌块式、立筋式和板材式等。装饰木工充分了解这些隔墙材料的性能,才能和建筑结构搭接得当,保证结构装饰一体化,达到工程质量要求。

一、组成隔墙材料要求

1. 板材隔墙

板材隔墙不需设置隔墙龙骨，由隔墙板材自承重，将预制或现制的隔墙板材直接固定于建筑主体结构上。

隔墙板材品种特点，见表 3-32。

板材品种及特点 **表 3-32**

<table>
<tr><th colspan="2">品 种</th><th>组 成</th><th>规格尺寸 (mm)
长×宽×厚</th><th>特 性</th></tr>
<tr><td rowspan="4">石膏空心条板</td><td>石膏空心条板</td><td rowspan="4">以天然石膏或化学石膏为基本材料，也可掺入适量粉煤灰和水泥，并加入少量增加纤维，经料浆拌合、浇注成型、抽芯、干燥等工艺过程制成</td><td rowspan="4">2500×600×(80~90)
3000×600×(80~90)
2500×600×60
2900×600×60</td><td rowspan="4">具有重量轻、强度高、表面平整、隔热、防火、不燃烧等特性，可以不用龙骨安装，可进行锯、刨、钻等加工，施工方便</td></tr>
<tr><td>石膏珍珠岩空心板</td></tr>
<tr><td>石膏粉煤灰硅酸盐空心条板</td></tr>
<tr><td>磷石膏空心条板</td></tr>
<tr><td rowspan="2">石膏板复合墙板</td><td>纸面石膏复合板</td><td rowspan="2">采用两层纸面石膏板和一定断面的石膏龙骨或木龙骨、轻钢龙骨，经粘结干燥而成</td><td>1500×900×50
1500×910×50
3000×1200×200</td><td rowspan="2">具有重量轻、强度高、防火、隔声、隔热等性能，并可进行锯、钻、粘、钉等加工操作，施工简便，适用于民用建筑内隔墙</td></tr>
<tr><td>无纸面石膏复合板</td><td>3000×800×74
3000×900×120</td></tr>
</table>

续表

品种		组成	规格尺寸（mm） 长×宽×厚	特性
蒸汽加压混凝土墙板		以钙质材料和硅质材料为基本原料，以铝粉为发气剂，板材中铺设双层单层钢筋网片经蒸压养护制成	2400×600×100 2750×600×125 3000×600×125 3250×600×125 3600×600×125	密度小、保温、吸声性能好，吸水导热性能缓慢并且尺寸准确便于加工操作，但干燥收缩偏大，承重、适用于民用建筑物非内隔墙
陶粒无砂大孔隔墙板	水泥陶粒板	以建筑陶粒陶砂和水泥为主要原材料，经搅拌、成型、振捣、养护等工序制成的轻质板材	2950×500×40 2950×500×60 2950×500×80	自重轻、厚度薄、保温、隔声、防火，并且加工成型简单，施工方便，适用于一般房屋建筑物的非承重内隔墙
	混合陶粒板			
复合轻板（舒乐舍板、泰柏板、赤晓板）		骨架有横竖钢丝（直径为2mm）网片、斜插腹丝（直径为2.5mm）和自熄型聚苯乙烯泡沫塑料芯材组成，在车间制成的半成品	3000×1200×113	该复合轻板承载力大，自重轻，保温、隔热、防火、隔声抗震等性能好，适用于框架结构的围护外墙及轻质内隔墙，使用较广泛

2. 骨架隔墙

骨架隔墙主要是以龙骨作为受力骨架，固定于建筑物主体结构上，两侧安装墙面板。龙骨骨架中根据隔声或保温设计要求，可以设置填充材料，根据设备安装要求，安装一些设备线管。

(1) 罩面材料

罩面材料品种及特点，见表3-33。

罩面材料品种及特点 表 3-33

品种		组成	规格尺寸（mm） 长×宽×厚	特性
纸面石膏板	普通纸面石膏板	以半水石膏和纸面纸为主要材料，掺入适量纤维、胶粘剂、促凝剂、缓凝剂，经料浆配制、成型、切割、烘干而成的轻质薄板	2400×900×9 2600×1200×12 2800×1200×15 3000×1200×15 3500×1200×15 4000×1200×15	质轻、高强、防火、防蛀、隔声、抗震、收缩率小，加工性能好，可以用螺栓、钉子固定和以石膏为其胶粘剂或其他胶粘剂粘结，但未采取必要的防水措施的普通纸面石膏板，一般不宜用于厨房、厕所以及空气相对湿度经常大于70%的潮湿环境
	耐火纸面石膏板			
	耐水纸面石膏板			
纤维石膏板		以石膏为基材，加入适量有机或无机纤维为增加材料，经打浆、脱水、成型、烘干而成	2400×800×（6~12） 3000×1000×（6~12）	质轻、高强、耐火、隔声、韧性高，并可进行锯、钉刨、钻等多种加工操作，施工简便，适用于民用建筑内隔墙和预制石膏板复合隔墙板
纤维增加水泥平板（TK板）		以低碱水泥、中碱玻璃纤维和短石棉为原料，在圆网抽取机上成型	220×820×4 1500×820×5 1800×820×6 1800×820×8	自重轻、抗弯抗冲击强度高，不燃、耐水、不易变形和可锯、钉、涂刷等，适用于框架结构建筑的复合内隔墙
石棉水泥平板		以石棉纤维与水泥为主要原料，经打坯、压制、养护而成	1800×900×6 3000×900×6	具有防火、防潮、防腐、耐热、隔声、绝缘等性能，板面质地均匀，着色力强，并可进行锯、钻、钉等加工操作，施工方便，适用于现装隔墙和复合隔墙板

续表

品　种		组　成	规格尺寸（mm） 长×宽×厚	特　性
刨花板		以木制刨花板或碎木粒为主要原料，施加脲醛胶，经干燥、抖胶、热压而成的薄型平板	1200×915×6 1200×915×8 1525×1220×10 1830×1220×13 2135×1220×16 2135×1220×19 2135×1220×22 2400×1220×25 2400×1220×30	板面平，结构均匀密实，无节疤和木纹，不变形、不翘曲，可锯、刨、钉、钻孔、胶接，加工方便但钉着力和螺钉连接力较差，适用于建筑物内隔墙
水泥刨花板		以木材刨花、水泥为主要原料加入适量水和化学助剂，经搅拌、成型、加压、养护等工序制成	1400×700×（4～6） 1600×900×（10～14） 2850×900×（50～60）	具有强度高、自重轻、耐水、防火、保温、隔声、防蛀等性能，并且可进行锯、钻、钉等加工操作，施工简便，适用于建筑物的内隔墙
硬质纤维板	单面光板	以木材纤维为主要原料，经纤维分离、喷胶、成型、干燥和热压等工艺制成	1220～3052（长） 610～1220（宽） 3～5（厚）	强度高、防水性能好、在高温条件下变形小，并有隔热和吸声的作用，适用于各种建筑物的隔断墙
稻草（麦秸）板		以稻草（麦秸）为主要原料，经原料处理，热压、成型，表面用树脂胶牢固粘结而成	1800～3600（长） 1200（宽） 58（厚）	强度高、刚性好、密度小和良好的隔声、保温、隔热及耐火性能，适用于建筑物的内隔墙
稻壳板		以稻壳为原料，合成树脂为胶粘剂，经碾磨、混合、铺装成型、热压固结、裁切整型、调湿处理等工序制成	2400×1220×（6～35）	具有质轻、防蛀防腐蚀的特点，并且可以钉锯钻等施工，适用于一般建筑物的内隔墙

续表

品种		组成	规格尺寸（mm） 长×宽×厚	特性
麻屑板		以亚麻杆茎为原料，合成树脂为胶粘剂，加入适量的防水剂、固化剂，经破碎。混合、铺装、热压、裁边、砂光等工序制成	1220×610×(4～10) 2000×1000×(6～16)	具有质轻、吸声、抗水性等特点并且可以锯、钉、刨、钻等施工，适用于一般建筑物的内隔墙
蔗渣板	胶蔗渣板	以甘蔗渣为主要原料，利用蔗渣中转化的呋喃树脂(即不施胶)或用合成树脂为胶粘剂，经原料加工、混合、铺装、热压成型等工序制成		自重轻、强度高，适用于一般建筑物的内隔墙
	无胶蔗渣板			
塑料贴面装饰板		用多层专用纸胎浸渍三聚氰胺树脂、酚醛树脂，再经热压制成	根据不同品牌制定	有较高的耐磨性，耐热性，指甲刻划无痕迹，经沸水或香烟头烫灼不会起变化，其化学性能稳定，对一般酒精溶液，酸，碱都有良好的抗腐蚀能力。该板可以制成各种花色品种，其表面分洁面和亚光面两种，适用于采用胶类粘贴地墙面、木隔栅、木屏风以及木造型体等木质基成的表面

续表

品　种	组　成	规格尺寸（mm） 长×宽×厚	特　性
宝丽板（又称华丽板）、富丽板	以三夹板为基料，贴以特种花纹纸面，在涂覆不饱和树脂后，表面再压合一层塑料薄膜作为保护层。富丽板则不压合塑料薄膜保护层	1800×915(长×宽) 2440×1220(长×宽)	宝丽板板面平直、光亮，色调比较丰富，且有多种花纹图案，该板表面具有中等硬度，耐热和耐烫性能优于油，对酸、碱、油脂、酒精等到具有一定的抗御能力，且表面易于清洗 富丽板表面亚光，且制成多种名优木材的花纹图案，但对于热、烫、擦光的耐受能力较差
铝合金压型板	用纯铝 L6 铝合金 LF21 为原料，经辊压冷加工成各种波形的金属板材		具有质轻、强度高、刚度好、经久耐用，以及耐大气腐蚀等特点
仿人造革饰面板	以三夹板为基材，表面涂覆以耐磨的合成树脂，经热压复合而成	2440×1220(长×宽)	板面平整挺直，亚光且色调丰富具有人造革的表面特征和触摸手感，又有人造革的质感，该板防潮性能好，表面不老化不变形，耐酸、碱和油脂，并且可以用水洗，但耐热、耐烫性较差。主要用于墙面、隔栅、屏风、柱面的表面装饰

续表

品　种	组　成	规格尺寸（mm）长×宽×厚	特　性
镁铝饰板	以三夹板为基板，在基板表面胶合一层铝箔，该铝箔经电化学处理后，在其表面形成多种颜色的花纹图案	1220×2440×4	板表面平整光洁，具有金属的光泽和各种花纹图案，装饰效果良好，镁铝饰板不变形、不翘曲，耐湿、耐温、耐擦洗，可锯、刨、钉、钻，施工方便，但表面铝箔较薄，易被硬件划伤。主要适用于内墙面、造型面等的中高档室内装饰
菱镁轻质隔墙板	以菱苦土为胶结材料，并掺入适量的防水材料、玻璃纤维等增强改性材料，以氧化镁溶液为凝固剂，经拌合成型的中间多蜂窝结构的板材		具有体轻、耐火、隔热、防蛀，可锯、钉、粘结等加工操作。主要适用于一般住宅建筑的内隔墙
葵花杆填充板	以木质纤维板为面材，以葵花杆为填充材，经选材加工、涂胶、安装放木框、辅杆、热压固化而制成	1950（长） 700，800，900（宽） 40，80（厚）	质轻、防蛀、防腐蚀，并且可锯、钉，施工方便。主要用于建筑门扇板、隔墙板
超轻泡沫塑料混凝土复合板	以聚苯乙烯光泡沫塑料混凝土作芯材，面层用各种板材（如纤维水泥板、水泥砂浆板等），经加工而成	2450×1220×47 2500×930×47	质轻、板面宽、具有良好的保温、隔声、耐水和抗冲击性能，可锯、可钉、易于搬运拼接安装，施工方便。主要适用于建筑物的内隔墙和围护结构墙体

(2) 龙骨

龙骨品种及特点，见表3-34。

龙骨品种及特点　　表3-34

品种		组成与特性	适用范围
木龙骨		由上槛、下槛和横筋组成	适用于玻璃隔断、板材隔断、板条隔断等
石膏龙骨（按外形分）	矩形龙骨	以浇注石膏，适当配以纤维筋或用纸面石膏板、复合、粘接、切割而成的石膏板隔墙骨架支承材料。可用于现装石膏板、水泥刨花板隔墙等	适用于现装石膏板隔墙，相对湿度不大于60%～70%的环境
	工字形龙骨		
轻钢龙骨（按用途分）	沿顶沿地龙骨	以镀锌钢带或薄壁冷轧退火卷帘带为原料，经冷弯或冲压而成的轻隔墙骨架支撑材料，适用于建筑物的轻隔墙	适用于现装石膏板隔断、稻草板隔断、水泥刨花板隔断、纤维板隔断等
	加强龙骨		
	竖向龙骨		
	横撑龙骨		

3. 玻璃隔墙

玻璃隔墙或玻璃砖砌筑隔墙材料品种及特点，见表3-35。

玻璃隔墙或玻璃砖砌筑隔墙材料品种及特点　　表3-35

品种	组成	规格尺寸（mm）长×宽×厚	特性
漫射玻璃	又称磨砂玻璃、喷砂玻璃、毛玻璃，由普通平板玻璃经手工或机械研磨及喷砂等方法制成	(900～1360)×(600～900)×3 (900～1800)×(600～900)×4 (900～1800)×(600～1360)×5 (900～1800)×(600～1500)×6	漫射玻璃透光而不透明，适用于办公室、浴室、厕所等要求遮蔽影像部位的隔墙、门、窗等
压花玻璃	又称滚花玻璃或花纹玻璃，由双辊压延机连接压制出一面平整、一面凹凸花纹的透光不透明的玻璃。分为无色、有色、彩色等几种	700×400(长×宽) 800×400(长×宽) 900×(300、400、500、600、700、800、900、1000、1100、1600、1650)(长×宽) 600×400(长×宽) 750×400(长×宽) 800×(600、799)(长×宽)	因其表面有凹凸不平的花纹图案，所以具有艺术装饰和光漫射的作用。主要适用于高级建筑中的隔墙及卫生间、走廊和公共场所分隔室的门窗及隔断等处

续表

品种		组成	规格尺寸（mm） 长×宽×厚	特性
玻璃空心砖	单腔玻璃空心砖	用普通玻璃压铸成凹型的两块玻璃，经加热熔解或胶接成整体的中空块状玻璃制品。玻璃空心砖有光面的，亦可在其内部或外部压铸成各种花纹图案	220×220×90 150×150×40	具有强度高、透明度好和隔声、隔热、控光及预防结露等特点。主要适用于需采光的墙壁、隔墙及楼面
	双腔玻璃空心砖			

4. 活动隔墙

活动隔墙有推拉式活动隔墙，可拆装的活动隔墙。该类隔墙大多使用成品板材及金属框架、附件，在现场组装而成，金属框架及饰面板一般不需再作饰面层。

5. 隔断墙配套材料

隔断墙配套材料品种及特点，见表3-36。

配套材料品种及特点　　表3-36

品种	组成	特性
纸面石膏板墙嵌缝腻子	以石膏粉为基料，掺入一定比例有关添加剂配制而成	有较高的抗剥强度，并有一定的抗压抗拆强度，无毒、不燃、和易性好，在潮湿条件下不发霉腐败，初凝、终凝时间适合操作。适用于纸面石膏板隔墙、纸面石膏板、覆面板等接缝部位的无缝处理嵌缝
轻隔墙接缝纸带	以未漂硫酸盐木浆为原料，采取长纤维游离打浆，低打浆度，添加补强剂和双网抽造工艺，并经打孔而成	接缝纸带厚度薄，具有横向抗张强度高、湿变形小、挺度适中、透气性能好等特性，并易于粘结操作。主要适用于轻隔墙板材间的接缝部位，可避免板缝开裂，改善隔声性能和装饰效果
轻隔墙玻璃纤维接缝带	以玻璃纤维带为基材，经表面处理而成的轻隔墙接缝材料	具有横向抗张强度高、化学稳定性能好、吸湿性小、尺寸稳定、不燃烧等特性。主要适用于轻隔墙板材间的接缝部位

第四节 饰面板工程

室内外装饰饰面具有装饰、耐久、适合墙体饰面需要的特征，但因工艺条件或造价昂贵，不能直接作为墙体或在现场墙面上制作，只能根据材质加工成大小不等或厚薄不一的板、块，并通过构造连接安装或镶贴于墙体表面形成装饰层。这样，能充分利用多种材料装饰内、外墙面，改善建筑物的使用和感观效果；同时，在某种程度上是预制的，给制作、施工带来方便，如便于加工、缩短工期等，因而虽然工序复杂一些，造价高一些，却能作为一种有效的高级饰面做法而长期沿用下来。

(1) 饰面工程是直接体现建筑物装饰丰富的效果，也充分表达设计师对美的认识和风格迥异、变化丰富的设计风格，充分利用天然或人造材料装饰内外墙面，既对墙面起到很好的、遮掩和保护作用，又改善建筑物的使用和感观效果。

(2) 饰面工程种类主要有石材饰面、陶瓷饰面、金属饰面、木质饰面等装饰工程的施工。在建筑工程中，装饰木工装饰饰面工程，量大面广，因此，从原材料质量到施工质量，必须严格控制。

一、木质饰面品种及特点（见表 3-37）

木质饰面的品种及特点　　表 3-37

品种		说明	特点	用途
装饰防火胶板	木板木纹光面胶板	由水玻璃、珍珠岩粉和一定比例填充剂混合而成	抗火、滑润、不易磨损	高级家具装饰及活络吊顶
	皮革色光面胶板			装饰厨具、壁板、栏杆、扶手等
	大理色光面胶板			室内装饰的柜台、裙墙等表面
	几何图案光面胶板			窗台板、踢脚板、计算机的表面

续表

品种		说明	特点	用途
印涂木纹人造板	木纹胶合板	人造板材的表面直接印刷以胶合板木纹或彩色饰面	花纹美观逼真，色泽鲜艳，表面有一定耐水、耐冲击性	较高级的室内装饰
	木纹纤维板			
	木纹刨花板			
微薄木贴面		厚薄为 0.2～0.5mm 的微薄木，以胶合板为基材，粘贴而成	花纹美观，具有自然美	改建建筑饰面、车辆内部装修和装饰
大漆建筑装饰板		大漆漆于各种木材基层上制成	漆膜明亮，不怕水烫	高级装饰及民用公共建筑物
竹胶合板		竹黄篾加工而成	材质刚韧，防水、防潮	室内隔墙板、家具，包括箱板、基建模板

二、金属饰面品种及特点（见表 3-38）

金属饰面的品种及特点　　表 3-38

种类		说明	特点	用途
铝合金装饰板		纯铝 L5（1100）、铝合金（3003）为原材料，经辊压冷加工而成	坚固、质轻、耐久、易拆卸	旅馆、饭店、商场等建筑的墙面和屋面装饰
彩色涂层钢板		在原板 BY1-2 钢板上覆以 0.2～0.4mm 软质或半硬聚氯乙烯塑料薄膜或其他树脂	绝缘、耐磨、耐酸碱	墙面板、磨面板、管道等
彩色不锈钢板		不锈钢板上进行艺术加工	抗腐蚀性、机械性能好	电梯厢板、车厢板、招牌等
浮雕艺术饰板	铜浮	铜箔与浸渍树脂层压制而成	风格独特，艺术价值高	高级宴会厅、休息室及内部装饰
	复合钢板	用聚氰胺树脂及酚醛树脂分别浸渍不同原纸经层积热压而成	耐磨、突出浮雕	
美曲面装饰板		铝合金箔、硬质纤维板、地面纸与胶结剂粘贴而成	安全性高、加工性能好	旅馆、大厦、商店等

第五节　地 面 工 程

装饰装修地面工程主要包括水泥砂浆地面、水磨石地面、木质地板地面、合成化学地板地面、陶瓷石英砖地面、大理石（花岗石）地面、地毯地面等，随着科学进步，地面装饰材料与施工工艺有了飞速发展。占装饰投资份额比例较大的地面工程，在安全、美观、耐用等方面是重要一环。本节对装饰木工所使用的地面工程材料做一介绍。

一、木质地板品种及特点

木质地板具有隔声、保温、弹性真实、富质感性、花纹自然等显著优点，给人们以温馨、古朴、亲切自然之感，在住宅装饰施工中作为室内地面装饰材料，有其特有的使用功能和装饰效果，制作木质地板的材料有软木树材（如松木、杉木等）和硬木树材（如柞木、水曲柳、柚木、榆木等），按设计要求拼成普通地板或拼花地板，木材因树种和成材的结构不同，在纹量、色泽、花纹上各不相同，纵向剖面有直纹理、花纹理、斜纹理和乱纹理等，横向剖面有条板花纹、树瘤花纹、雀眼花纹、带状花纹等，木质地板的缺点有结构密度不匀，受潮易缩涨变形，易腐易蛀易燃和天然疵斑等，但这些缺点可以在后加工处理上得到解决。主要使用的木质地板品种、特点详见表 3-39。

木质地板的品种及特点　　　　**表 3-39**

品种	说　明	性能特点	用　途
实木长条地板	实木长条地板尺寸较大，一般长为 1000 ~ 2500mm，宽度为 50 ~ 120mm，厚度 15 ~ 25mm，企口。做普通地板用的树种有松木、杨木、杉木、柞木、榆木、水曲柳、柳木、椴木，做高级地板用的树种有柚木、铁杉、金丝木、山毛榉、花梨木、枫桦木、黄檀木、樱桃木、枣红木等，经规范工艺处理，精细加工而成	花纹美观、清晰，富有弹性，自重轻，施工安装便捷，装饰舒适豪华典雅，高级地板（如黄檀木、金丝木、花梨木、樱桃木等）具有防潮、防腐、防火等特点	公共建筑和家庭住宅的室内地面装饰

续表

品种	说　明	性能特点	用　途
木质拼花地板	制作木材用硬质树种，品种有柚木、水曲柳、檀木、栲木、栎木、酸枣木、柞木等，按标准加工处理，制作成一定几何尺寸的木块，再以设计要求拼成一定的图案，拼花地板可拼成各种图案花纹，常见的有斜席纹图案、正席纹图案、砖墙花图案、正人字图案、单人字图案和双人字图案。木块尺寸宽度一般为4～6cm，最宽可达9cm；厚度多为2cm；长度多为25～30cm。根据不同用途选择适宜的树种，含水率少于12%	舒适、幽雅，体现建筑场所的设计风格和特点，图案美观、色泽华丽，且具有保暖、防潮、防腐、防水、隔声消声、耐磨、卫生和富有弹性等特点	适用于宾馆、会议厅、体育馆、机场、影剧院、舞厅等，是用于室内地面的高级装饰材料
集成木地板	集成木地板是经过一定的工艺处理加工，将同一种树种的小规格木板条，剔除天然缺陷，经指接长宽成一定规格，高精度的带企口地板	集成木地板物理性能好，稳定不变形，克服了一般木地板弯曲、开裂的缺陷，强度高，表面色泽花纹美观，保持木材的本质，木材利用率高，安装方便	适用于宾馆、饭店、办公室、会议室、家庭住宅的室内地面装饰
立木地板	立木地板是将木材的横截面作为装饰面层的一种新型材料。形式有单块和拼花板，这种地板有正六边形、四边形、长方形、正方形等形状。拼花板边长在100～300mm之间	由于装饰表面是木材的横截面，与传统木地板相比抗压强度和耐磨性均大幅度提高，使用寿命长，纹理漂亮，设计图案丰富，装饰效果别具一格，对成材的要求低，可利用小直径木材制造	适用于公共建筑有较高装饰效果场所的地面，宾馆和家庭住宅的室内装饰地面
天然软木地板	天然软木地板是以栓皮栎树皮为原料，经特殊工艺加工制成。因栓皮栎树皮独特的蜂窝状的细胞结构和以木栓素、纤维素、木质素为主要成分的化学组成，使其具有独特的性能特点	天然软木地板具有无毒、无味、不腐、不蛀、防潮耐水、耐油、阻燃、富有地板弹性、防滑耐用、保温隔热、吸声减振、绝缘抗静电和干燥潮湿不变形的优点	适用于宾馆、酒店、图书馆、医院、幼儿园、计算机房、会议室、室内体育馆、展览馆、电话室及家庭住宅

续表

品种	说明	性能特点	用途
复合地板	复合实木地板是由两层、三层或多层板组合而成，三层复合地板分表层、中间层和底层。表层采用名贵树种，如山毛榉、花梨木、枫木、桦木等，表层厚度为剔除缺陷后2～4mm的薄板条，拼成大张规格板材。中间层为价格低廉的软杂木或各种边脚料，制成7～12mm厚木条。底层采用旋切的各种木材单板，厚度2～4mm。三层薄板涂胶组坯后经热压成板材，然后加工成长条或方块拼花地板，开槽铣榫后，精细磨光油漆而成。复合强化地板是以硬质纤维板、中密度板、刨花板为基础和用特种耐磨塑料贴面板为面材压制复合，表面再经耐磨处理制成长条形板材	复合实木地板能充分利用优质名贵实木，纹理清晰、自然美观、坚硬耐磨，价格适中，多层对称结构，平整不裂，脚感弹性好，成品复合实木地板表面涂饰已在工厂完工，故施工安装方便、迅速，工期短，质量能保证。复合强化地板具有耐烟头烫、耐化学试剂污染、清理方便、耐磨抗压等优点，且安装铺设便捷，施工较简单	复合地板最适用于会议室、办公室、实验室、宾馆酒店、展览厅、舞厅和家庭住宅

竹材地板的品种及特点 **表 3-40**

品种(按结构分)	说明	特点及性能	用途
单层竹条地板	毛竹加工成竹条后，侧向胶拼或以其他方式连接成板，经锯截刨光后开槽开榫而成	竹材地板具有花纹自然清晰，纹理流畅，有竹材的质朴品位，色质均匀，材质坚硬，吸水率低，不腐的特点	适用于餐厅、舞厅、客厅、办公室和家庭住宅的室内地面装饰
多层竹片地板	毛竹加工成竹片后，两层或三层拼花叠合进行胶压，再经齐边刨光后开槽开榫而成		
竹片竹条复合地板	中层采用竹条侧向胶压板材，上下胶贴竹片，胶压而成的三层结构竹材地板		
立竹拼花地板	竹条胶拼成四方柱体，四面刨光后截成正方形立竹地板		

二、竹材地板品种及特点

竹材地板是以毛竹为原料加工制成的代替木材的地面装饰材料，毛竹的抗拉强度为202.9MPa，是杉木的2.48倍；抗压强度为78.7MPa，是杉木的2倍；抗剪强度为160.6MPa，是杉木的2.2倍。在硬度和抗水性方面都优于杉木。竹材地板的品种、特点见表3-40。

第六节　环保型装饰材料

近年来，随着装饰装修材料的不断涌现，新的装饰方法和设计观念的不断更新，人们对装饰装修要求也越来越高，对环境保护的认识也提到了一个很高层次上，绿色装修的概念更是深入人心。本节简单介绍几种新型环保装饰材料，以点带面提高装饰木工对环保装饰材料的认识。

一、绿色建材——家乐板

由木质纤维和石膏粉以食用柠檬酸钠作缓凝剂，在1200t高压下压制固化成形。众所周知石膏粉是一种不燃耐火的天然物质，而在“家乐板”中的木纤维在表层遇到火使内部受到高温的情况下会变为活性炭，活性炭具有吸附氧气的作用，所以“家乐板”不仅防火，而且阻燃。其主要成份是天然石膏粉，速生杨木和柠檬酸钠，不需任何胶粘剂，是一种无毒、无污染的绿色建材。且具有易搬运、可钉、可刨、省工、省料、省时、可粘贴各种饰面材料、可油漆、可喷涂等优点，而且在遇水遇潮的情况下，不变形，不翘曲，不膨胀。木纤维石膏板属绿色环保建筑材料，不含任何有毒气体，具有无污染、阻燃、防火、防潮、隔声、隔热、易加工、抗冲击等优良特点，是一种质轻高强环保的多用途板材，广泛应用在室内隔墙、吊顶、保温板、固定家具及防静电绝缘地板等领域，该产品是刨花板、中密度板以及纸面石膏板的换代产品，是一种新型的装饰隔墙吊顶材料。物理力学性能见表3-41。

家乐板物理力学性能　　　　表 3-41

性能名称		性能指标			
幅面规格		3050mm×1220mm×（6～40）mm			
厚度公差	厚度规格	8～12mm	13～22mm	23～28mm	
	公差值	±0.9	±1.10	±1.30	
密度 kg/m^3		1000～1300（1250）			
块重量 kg	规格	8mm	10mm	12mm	16mm
	重量	37	46	56	74
含水率%		≤3.0			
吸水厚度膨胀率%		≤3.0			
耐火等级		A2 或 B1			
		优等	一等	合格	
静曲强度 MPa		≥7.0	≥6.0	≥5.0	
弹性模量 MPa		≥3000	≥2000	≥1600	
20mm	24mm	内结合强度	≥0.4	≥0.3	≥0.25
93	111	握螺钉力（N）	≥800	≥700	≥550

主要性能特点：

1. 由石膏粉和木纤维高压粘结成形，结构紧密，质轻高强，墙体稳定性能好；

2. 防水性能良好，适于各种内装修（包括卫生间和厨房等潮湿环境），经过防水处理后，亦可用作外装修；

3. 木纤维石膏板属不燃或难燃材料（与产品品种有关），用该板材制成的复合隔墙，耐火极限达 3h；

4. 用木纤维石膏板制成的复合隔墙板隔声效果显著，95mm 墙隔声量达 40dB；

5. 抗冲击力，在冲击仪上用 500g 钢球从 0.5m 高度落下击打 10 次而不损；

6. 保温、隔热效果好，可调节室内空气的温度，提供舒适的室内环境；

7. 易加工，可随意锯、刨、钻、钉、雕刻、铣槽等；

8. 适于各种表面装饰，可喷涂、油漆或用各种贴面材料（包括墙纸瓷砖等）贴面，亦可采用人造板贴面方法进行二次加工；

9. 由天然石膏和速生杨木沙柳制成，表面洁白、光亮、无毒、无味、无污染；属绿色建材。

二、环保脲醛胶粘环保大芯板

目前，在我国的装饰装修领域，人们普遍采用细木工板作为家庭及工程装修的基本板材。细木工板因其采用胶拼或不胶拼的实木条作为芯板，故称之为大芯板，是现阶段我国装饰板材的主导产品，但由于受加工工艺的限制与胶粘剂品质差异的影响，市场上流通的细木工板绝大多数的甲醛释放量严重超标，对公共环境及人体健康造成了一定的危害，据专家介绍，大芯板环保与否同其在生产过程中使用的胶有着很大的关系，为此新一代的大芯板在沿袭欧美一些国家制定的甲醛释放新标准后经过不断的技术改进，逐步达到以欧美 E 级标准和日本 F 级标准的行业规范。现在采用北京某公司生产研制的“环保型脲醛胶”和降醛技术生产的大芯板则大大超出了欧洲、日本现行低释放标准，是目前市场上让消费者放心的环保型大芯板。

使用知识：要根据实际用处进行表面处理、贴面、打磨等工序。

三、集成板材

目前，在欧美、日本等一些国家的建筑家装中大大采用了一种叫集成板材的材料，这种板材比起大芯板等人造板材价格要高一些，但从综合指标来看并不比大芯板材等用材高出多少。这种集成板材是由进口的美国阿拉斯加云杉为原材料，切割成不同长度的条状，采用国际上流行工艺——直接横拼法拼接而成，由于其整个基材全部为实木条，黏合剂只用实木条之间的粘合，而且使用的是国际上的环保黏合剂，其甲醛最高含量仅为2/100，远远低于国家规定的A类环保装饰板材甲醛含量低于9/100的标准，所以即使刚出厂的产品也闻不到气味。

使用知识：因这种板材的表面光洁，云杉的花纹也漂亮，所以无需再打磨、做贴面就可直接上漆，制成装饰面板、家具等。

四、定向刨花板（欧松板）可与天然木材媲美

定向刨花板（欧松板）是大芯板的升级换代产品，国际统称为OSB，是一种新型结构的装饰板材，也是当前世界范围内发展最迅速的板材，它以速生间伐松木为原料，通过专门设备加工成40~100mm长，5~20mm宽、0.3~0.7mm厚的刨片，经干燥、筛选、脱油、施胶、定向铺装、热压成型等工序制成的一种新型人造板材。由于欧松板是用松木经过多道先进而复杂的工序制作而成，重组了本质纹理结构，从而使它的物理性能极为出众，与其他板材有着木质的区别：其内部结构紧密稳定，线膨胀系数小，无论作为室内装饰材料还是应用于工业和建筑方面都不必担心外在因素引起的膨胀、变形；其抗震、冲击能力及抗弯强度远高于其他木材，在大跨度空间应用领域中被用作承重楼板、房屋顶棚或简易桥梁盖板等，另外定向刨花板（欧松板）内部为定向结构，其内结合强度极高，任何一处都没有接头、缝隙、裂痕，整体的均匀性极好，无论中央、边缘或侧面都具有普通板材无法比拟的超强握钉力，并具有独特的纹理，可涂刷清漆、涂料或粘贴饰层。它全部采用高级环保胶粘剂，符合欧洲最高环境标准EN300标准，成品完全符合欧洲E1标准，甲醛释放量几乎为零(经国家权威机构检测，欧松板的甲醛释放量为5/100)，可以与天然木材相比，完全满足现在及未来人们对环保和健康的要求。

使用知识：由于定向刨花板（欧松板）重组了木质纹理结构，彻底消除了木材内应力对加工的影响，使它具有非凡的易加工性。和原木一样，定向刨花板（欧松板）可用标准的固定机械设备、电动和手持工具在任意方向上进行钻孔、刨削、锯加工及成型加工。

第七节　环保型装饰材料使用案例

山西省某装饰公司在省国际贸易中心大楼的内部装修过程中大量使用了新型环保产品（绿色板材）定向刨花板（欧松板），在施工的过程中其优良的握钉性能得到了最大限度的发挥，使得各式家具如：衣柜、电视柜、茶水柜等等不仅仅看起来外观精致且安全牢固，接缝严密，合页与门扇之间的缝隙减少到了最小的程度，即使在强烈的震动下，其外形也不会受到影响，结构十分牢固。

第四章　建筑装饰工程施工机具

建筑装饰工程施工机具是保证装饰工程质量、提高劳动生产率、减轻体力劳动的重要条件。长期以来，建筑装饰工程施工一直靠手工操作，不仅施工质量难以保证，而且拖长了工期。由于装饰材料大部分是成品或半成品，因此基本上采取装配或半装配的形式施工。锯、刨、钻、磨、钉等是施工过程中采用的主要手段，而这些施工手段必须用相应的、先进的机具来替代，才能有效地保证装饰设计的要求并取得良好的经济效益和社会效益。

改革开放以来，随着社会经济、文化的迅速发展，建筑装饰的任务不断加大，装饰档次在不断地提高。为顺应这一形势的需要，许多机械生产厂家研制、生产了众多品种、规格的小型电动或气动的装饰机具，并推向建筑市场。与此同时，国家还引进德国、日本、美国等国生产的先进装修机具，使装饰工程施工机械化的程度得到了很大的提高，收到了良好的经济效益和社会效益。

建筑装饰施工机具品种繁多、功能也十分齐全，按它们所使用的动力形式可划分成电动机具和风动机具两大类。其中，电动类的机具应用较为普遍。

第一节　电动机具

电动机具是利用小容量的电动机或电磁铁通过各种传动机构来带动工作机构（工作头）来作功的一种手持式或携带式的机具，它既可以安装在工作台架上，作台式机具使用，也可以从台架上拆下来作手持式或携带式的小型机具使用，具有结构紧凑、自重轻、携带方便，以及操作、维修方便和生产率高的优点。

电动机具根据供电电流种类可分为交直流两用串激电动机具、三相工频电动机具和三项中频电动机具。按机具的工作方式可分为连续工作式和断续工作式两种。按电压和绝缘性能又可将电动机具分为三类：普通绝缘型电动机具，这种机具的额定电压超过 50V，绝缘结构中多数部位只有工作绝缘，一旦绝缘被损坏，操作者即有触电的危险，因此在使用时，应设有接地或接零保护；二类电动机具具有双重绝缘的性能；三类电动机具是指常用的低压电动工具。二类和三类的电动机具使用时，可不设接地或接零装置。

电动机具一般都由电动机、外壳、传动机具、工作部分（又称工作头）、操作手柄、电缆线和电源插头等组成。动力装置电动机与工作装置组成一个整体，成为整体式直动电动机具，装饰工程中使用的小型电动机具大多属于这种形式；另一种是通过电动软轴来连接电动机和工作机构，则称为电动软轴式的机具。电动机具的外壳只起支撑和保护作用，因而要求它的强度高、重量轻、耐热，且要造型匀称，色彩协调、大方。电动机具的外壳多用铝合金或工程塑料制作。手柄的构造形式应满足结构的要求和操作的方便。目前工程中使用的手持式电动机具的手柄有双横式手柄、后托式手柄、手托式手柄和后直式手柄等。有些电动机具只设辅助手柄或无手柄。

电动机具的传动机构是用来将动力装置的动力传给工作机构，供作功机构作功时消耗之用，同时起变速和改变运动方向的作用。传动机构的基本形式是各种齿轮传动，它们具有强度高、过载能力强，能承受较大转矩和冲击力的作用，可满足电动机具在作业中所产生的旋转、往复直线运动、冲击、振动和冲击旋转兼有的复合运动的要求。

电动机具的工作机构，又称为工作头，直接对各种装饰材料和工件进行加工，其形式主要有刀具、刃具、夹具和磨具等。刀具和刃具有各种规格的钻头、丝锥、板牙和锯条等；磨具有各种形状，尺寸的砂轮、磨头、砂布和抛光轮等。

电动机具的控制开关一般都安设在手柄上，因而要求其体积小、结构紧凑和安全可靠，一般不要使用普通开关。开关的结构多为二级桥式，双断触头，有瞬时动作机构使触头快速通断。正反转电动机具要安装正反转开关。电源线大多数采用轻型橡胶套电缆或塑料套电缆，接地或接零的芯线为黑色。电源线在引入电动机具的入口处要牢固夹紧。

一、电动机具的分类、代号

电动机具按大类划分可分为：金属切削加工机具，装配机具，建筑、道路用机具，矿山用机具，林、木加工用机具和其他机具等。各大类电动机具中所包括的主要机具品种详见表 4-1。

我国对电动机具的代号（型号）编制方法作了统一的规定，其内容包括系列代号和规格代号两部分，这些代号的内容在电动机具产品的铭牌上都能表示清楚。

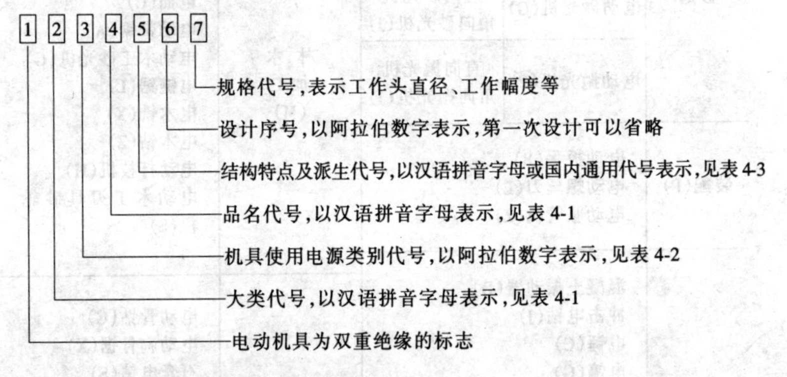

二、电动机具的技术要求

（一）电动机具对使用环境的要求

（1）海拔高度应不超过 2000m。

（2）工作环境湿度应不超过 90%。

（3）工作环境温度最高应不超过 40℃，最低应不低于 -10℃。

电动机具大类、品名代号 **表 4-1**

大类	品名	细分
金属切削(J)	电钻(Z)	多速电钻(D) 角向电钻(J) 万向电钻(W) 软轴电钻(R)
	磁座钻(C) 电绞刀(A) 电动刮刀(K) 电剪刀(J) 电冲剪(H) 电动曲线锯(Q) 电动锯管机(U) 电动往复锯(F) 电动型材切割机(G) 电动攻丝机(S) 多功能电动工具(D)	
砂磨	电动砂轮机(S)	直向砂轮机 角向磨光机(J) 软轴砂轮机(R)
	电动砂光机(G)	直向砂光机 角向砂光机(J)
	电动抛光机(P)	直向抛光机 角向抛光机(J)
装配(P)	电动扳手(B) 电动螺丝刀(L) 电动胀管机(Z)	
建筑、道路(Z)	混凝土振动器(D) 冲击电钻(J) 电锤(C) 电镐(G) 电动地板刨平机(B) 电动打夯机(H) 电动地板砂光机(S) 电动水磨机(M) 电动砖瓦铣沟机(X) 电动钢筋切断机(Q) 电动混凝土钻机(Z)	

大类	品名
矿山(K)	电动凿岩机(Z) 岩石电钻(Y)
铁道(T)	铁道螺钉扳(B) 枕木电钻(Z) 枕木电镐(G)
农牧(N)	电动剪毛机(J) 电动采茶机(C) 电动剪枝机(Z) 电动喷洒机(P) 电动深层粮食取样机(L)
林、木加工(M)	电刨(B) 电动开槽机(K) 电插(C) 电动带锯(A) 电动木工砂光机(G) 电链锯(L) 电木铣(X) 电木钻(Z) 电动打枝机(H) 电动木工刃具砂轮机(S)
其他(Q)	电动骨钻(G) 电动胸骨锯(X) 石膏电钻(S) 电动卷花机(H) 电动地毯剪(T) 电动裁布机(C) 电动雕刻机(K) 电动去锈机(Q) 电动喷枪(P) 电动锅炉去垢机(G)

电动机类别代号　表 4-2

代号	电动机类别
0	低压直流（24V 以下）
1	交直流两用及单相串联
2	三相中频（200Hz）
3	三相工频
4	三相中频（400Hz 以上）
5	往复式电磁动机

结构特征代号　表 4-3

代号	结构形式
J	“角”向（Jiao）
R	“软”轴式（Ruan）
T	“台”式（Tai）
S	“双”速（shuang）
D	“多”速（Duo）
Z	“直”筒式（Zhi）
H	“后”托柄式（Hou）
P	领“攀”柄式（Pan）
G	“高”速（Gao）

（二）电动机具的选用要点

1. 安全可靠

电动机具的绝缘性能必须良好，以确保操作者的人身安全。一般电动机具接地保护必须可靠，或采取双重绝缘；低压电动机具的危险工作机构应安装保护罩。

2. 重量轻

在电动机具要求的功率不变的情况下，尽量选用重量轻的电动机具，以便减轻操作人员的劳动强度，提高生产率。一般手提式电动机具都能满足这一要求，即便是固定式电动机具，若能做到重量轻，也有利于作业中的安装和移动。

3. 技术性能好

电动机具的构造应紧凑、坚固、耐用，装卸方便，运行平稳，使用性能良好。

4. 外形美观，使用和携带方便

电动机具的外形在满足技术性能要求的前提下应尽量制作得美观、适用，而不要粗糙笨重，尤其要注意的是开关、电缆线以及手柄形式和位置的确定等。

三、装饰工程施工中常用的电动机具

（一）电钻

电钻可对金属材料、塑料或木材等装饰构件钻孔，是一种体积小、重量轻、操作简单、使用灵敏、携带方便的小型电动机

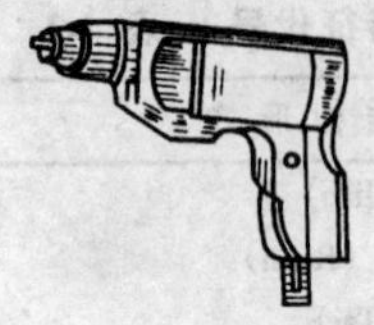

图 4-1 手电钻外形

具，其外形如图 4-1 所示。

电钻一般由外壳、电动机、传动机构、钻头和电源连接装置等组成。

电钻所用的电动机有交直流两用串激式、三相中频、三相工频及直流永弹磁式，其中交直流两用串激式的电钻构造较简单，容易制造，且体积小、重量轻，在装饰工程施工中应用较为普遍。

从技术性能上看，电钻有单速、双速、四速和无级调速，其中双速电钻为齿轮变速。装饰工程中使用电钻钻孔多在 13mm 孔径以下，钻头可以直接卡固在钻头夹内；若钻削 13mm 以上的孔径，则还要加装莫氏锥套筒。

电钻的规格是以最大钻孔直径来表示，国产交直流两用电钻的规格、技术性能见表 4-4。

交直流两用电钻规格 **表 4-4**

电钻规格*（mm）	额定转速（r/min）	额定转矩（N·m）
4	≥2200	0.4
6	≥1200	0.9
10	≥700	2.5
13	≥500	4.5
16	≥400	7.5
19	≥330	8.0
23	≥250	8.6

注：* 钻削 45 钢时，电钻允许使用的钻头直径。

电钻使用要点：

（1）使用前应先检查电源是否符合要求，然后空转试运转，检查传动机构工作是否正常，接地保护是否良好，以免烧毁电动机或造成安全事故。

（2）不同直径孔的钻削，应选用相应规格的电钻，不要形成小马拉大车，也不准超越电钻的技术性能强行钻孔。

(3) 选用的钻头角度正确，钻刃锋利，钻孔过程中用力不要过猛，以免电钻过载。凡感觉钻削速度突然下降时，应即减小压力，当孔即将钻透时，压力也要减小。钻削过程中遇到钻机突然停转时，要立即切断电源，检查停转的原因并排除后方准继续钻削。

(4) 转移作业位置需移动电钻时，必须手持电钻手柄，拿起电缆线，不准拖拉电缆线，以防绝缘层破损及操作者触电。

(5) 电钻在使用过程中要轻拿、轻放，避免损坏机壳和内部零件。电钻使用完毕，应立即进行保养。较长时间不使用，应存放在通风干燥的环境中保存。重新使用时，应先检查绝缘电阻不得少于 7MΩ，否则必须进行干燥处理。

(二) 电锤

电锤是一种在钻削的同时兼有锤击（冲击）功能的小型电动机具，国外也叫冲击电钻。它是由单相串激式电动机、传动装置、曲轴、连杆、活塞机构、离合器、刀夹机构和手柄等组成，如图 4-2 所示。

电锤的旋转运动是由电动机经一对圆柱斜齿轮传动和一对螺旋锥齿轮减速来带动钻杆旋转。当钻削出现超载时，保险离合器使锤杆旋转打滑，不会使电动机过载和零件损坏；电锤冲击运动，是由电动机旋转，经一对齿轮减速，带动曲轴，然后通过连杆、活塞销带动压气活塞在冲击活塞缸中做往复直线运动，来冲击活塞缸中的锤杆，以较高的冲击频率打击工具端部，造成钻头向前冲击来完成的。电锤的这种旋转加冲击的复合钻孔运动，比单一的钻孔运动钻削效率要高得多，并且因为冲击运动可以冲碎钻孔部位的硬物，还能钻削电钻不能钻削的孔眼，因而拓宽了使用范围。

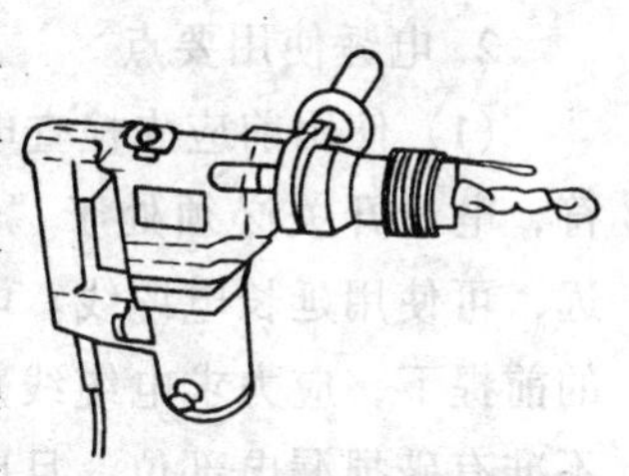

图 4-2 电锤外形图

1. 电锤的技术性能及适用范围

国产 JIZC-22 电锤的技术性能见表 4-5。这种电锤随机配有标准辅助件，包括钻孔深度限位杆、侧手柄、防尘罩、注射器和整机包装手提箱。

JIZC 电锤技术性能　　表 4-5

电压（地区不同）(V)		110，115，120，127，200，220，230，240
输入功率（W）		520
空载转速（r/min）		800
满载冲击频率（次/min）		3150
钻孔直径	混凝土	22
	钢	13
	木材	30
整机重量（kg）		4.3

JIZC 电锤广泛适用于饰面石材、铝合金门窗和铝合金龙骨吊顶的安装装饰工程，也可用它在混凝土地面钻孔，预埋膨胀螺栓，以代替普通地脚螺栓来安装各种设备。

2. 电锤使用要点

(1) 使用前应先检查电源与电压是否与电锤铭牌上的规定相符，电源开关必须处于“断开”的位置。若电源距作业位置较远，可使用延长电缆线。电缆线的截面应足够，在满足作业要求的前提下，应力求电缆线短些，要认真检查电缆线的完好状况，不准有破损漏电部位，且应接地良好，安全可靠。

(2) 电锤各零件的连接部位必须连接牢固可靠，钻头选用得合理，符合钻孔和开凿的要求，且要安装牢固。应经常检查钻头的磨损情况，发现磨损不锋利时要及时更换或磨刃，以免影响钻孔效率和造成电动机过载。

(3) 打孔时，电锤的钻头必须垂直于工作面，要用手均匀按压电锤，连续送进，不准使钻头在孔眼内左右摆动，以免扭坏电锤；作业时若需要使用电锤扳撬时，要均匀用力，不要过猛。

(4) 电锤系断续工作制的电动机具，不准长时间连续使用，要常以手背贴试机壳的温度。当温度超过60℃时，应停歇，进行冷却，以免因温升、过载烧毁电动机。

3. 电锤作业中常见故障、产生原因及排除方法

电锤在作业中经常容易出现的故障现象、产生原因和排除方法，详见表4-6。

电锤常见故障、原因及排除 **表4-6**

现 象	故障原因	排除方法
电机负载不能起动或转速低	1. 电源电压过低 2. 定子绕组或电枢绕组匝间短路 3. 电刷压力不够 4. 整流子片间短路 5. 过负荷	1. 调整电源电压 2. 检修或更换定子电枢 3. 调整弹簧压力 4. 清除片间碳粉、下刻云母 5. 设法减轻负荷
电动机过热	1. 电动机过负荷或工作时间太长 2. 电枢铁芯与定子铁芯相摩擦 3. 通风口阻塞，风流受阻 4. 绕组受潮	1. 减轻负荷，按技术条件规定的工作方式使用 2. 拆开检查定转子之间是否有异物或转轴是否弯曲，校直或更换电枢 3. 疏通风口 4. 烘干绕组
电机空载时不能起动	1. 电源无电压 2. 电源断线或插头接触不良 3. 开关损坏或接触不良 4. 碳刷与整流子接触不良 5. 电枢绕组或定子绕组断线 6. 定子绕组短路，换向片之间有导电粉末 7. 电枢绕组短路，换向片之间有导电粉末 8. 装配不好或轴承过紧卡住电枢	1. 检查电源电压 2. 检查电源线或插头 3. 检查开关或更换弹簧 4. 调整弹簧压力或更换弹簧 5. 修理或更换定子绕组 6. 检查修理或更换定子绕组 7. 检查或更换电枢，清除片间导电粉末 8. 调换润滑油或更换轴承

续表

现　象	故障原因	排除方法
机壳带电	1. 接地线与相线接错 2. 绝缘损坏致绕组接地 3. 刷握接地	1. 按说明书规定接线 2. 排除接地故障或更换零件 3. 更换刷握
工作头只旋转不冲击	1. 用力过大 2. 零件装配位置不对 3. 活塞环磨损 4. 活塞缸有异物	1. 用力适当 2. 按结构图重新装配 3. 更换活塞环 4. 排除缸内异物
工作头只冲击不旋转	1. 刀夹座与刀接触不良 2. 钻头在孔中被卡死 3. 混凝土内有钢筋	1. 更换刀夹座或刀杆 2. 更换钻孔位置 3. 调换地方避开钢筋
电锤前端刀夹处过热	1. 轴承缺油或油质不良 2. 工具头钻孔时歪斜 3. 活塞缸运动不灵活 4. 活塞缸破裂 5. 轴承磨损过大	1. 加油或更换新油 2. 操作时不应歪斜 3. 拆开检查，清除脏物调整装配 4. 更换缸体 5. 更换轴承
运转时碳刷火花过大或出现环火	1. 整流子片间有碳粉、片间短路 2. 电刷接触不良 3. 整流子云母突出 4. 电枢绕组断路或短路 5. 电源电压过高	1. 清除换向片间导电粉末，排除短路故障 2. 调整弹簧压力或更换碳刷 3. 下刻云母 4. 检查修理或更换电枢 5. 调整电源电压

（三）电动冲击钻

电动冲击钻是一种旋转带冲击的特殊电钻，在构造上一般为可调式的结构，当将旋钮调到纯旋转的位置并安装钻头，此时的电动冲击钻与普通电钻一样，可对钢材制品进行钻孔；如果将旋钮调到冲击位置并安装上硬质合金的冲击钻头，此时的冲击钻可对混凝土、砖墙等进行钻孔。在建筑装饰工程及水、电、煤气等安装工程中，电动冲击钻应用得十分广泛，其外形如图 4-3 所示。

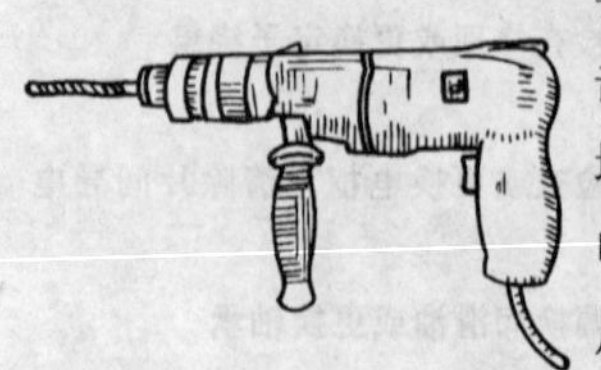

图 4-3　电动冲击钻外形

1. 电动冲击钻技术性能

电动冲击钻的规格、型号、技术性能见表 4-7。

电动冲击钻规格技术性能　　表 4-7

项目＼型号		回 JIZC-10	回 JIZC-20
额定电压（V）		220	220
额定转速（r/min）		≥1200	≥800
额定转矩（N·m）		0.009	0.035
额定冲击次数（次/min）		14000	8000
额定冲击幅度（mm）		0.8	1.2
最大钻孔直径（mm）	直径	6	13
	混凝土	10	20

2. 电动冲击钻的使用要点

(1) 电动冲击钻使用前应认真检查各部分的完好状况，电源线进入电动冲击钻处绝缘保护是否良好，电缆线有无破损情况等。

(2) 根据冲击、钻孔的要求选择适用的钻头，按电动冲击钻所需要的电压接好电源，将钻头垂直于墙面进行钻孔。

(3) 电动冲击钻作业时的声响应正常，如发现杂声异响时应立即停止操作。发现钻头转速突然下降或临钻透孔时，应适当减小压钻的力量。作业中突然出现刹停，应立即切断电源，查明原因，解决后再继续钻孔。

(4) 电动冲击钻转移作业位置时，要一手握住手柄，一手拿电缆线，不准拖地拉线以破损绝缘层。

(5) 电动冲击钻用完后应立即进行保养，并要放到干燥通风的环境中保管。

(四) 电动曲线锯

电动曲线锯是用来对不同材料进行曲线或直线切割的手持式的小型电动机具。它具有体积小、重量轻、操作灵敏、安全可靠和适用范围广的优点，其外形如图 4-4 所示。

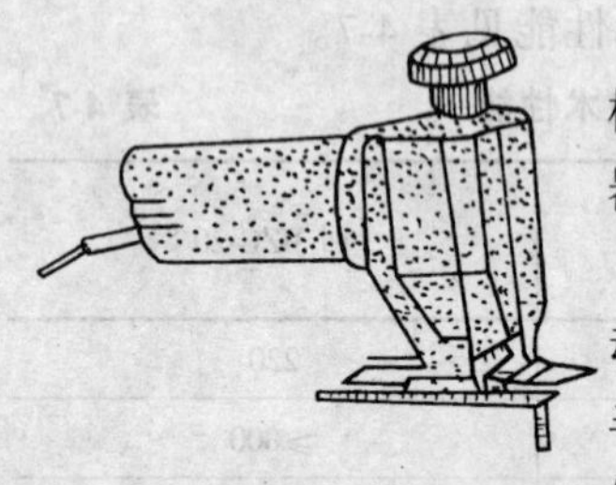

图 4-4 电动曲线锯外形

电动曲线锯由电动机、往复运动机构、风扇、机壳、锯条、手柄和电器开关等组成。

电动曲线锯的锯条作往复直线运动，能锯切形状复杂并带有较小曲率半径的几何图形的各种板材，但所用锯条的粗细不同。锯切木材应使用粗齿锯条；锯切有色金属板材应使用中齿锯条；锯切层压板或钢材时，应使用细齿锯条。

1. 电动曲线锯技术性能

电动曲线锯的性能是以最大锯切厚度来表示，国家生产的JIQZ-3型电动曲线据技术性能见表4-8。

电动曲线锯技术性能表 表 4-8

项目 规格	电压 (V)	电流 (A)	电源频率 (Hz)	输入功率 (W)	锯切最大厚度 (mm)		最小曲率半径 (mm)	锯条负载往复次数 (次/mm)	锯条往复行程 (mm)
					钢板	层压板			
回 JIQZ-3	220	1.1	50	230	3	10	50	1600	25

电动曲线锯所用锯条的规格见表4-9。

锯条规格及选用表 表 4-9

项目 规格	齿距 (mm)	每英寸齿数	锯条材料	表面处理	锯割材质
粗齿	1.8	10	T10	发蓝	木材
中齿	1.4	14	W18Cr4V	发蓝	有色金属
细齿	1.1	18	W18Cr4V	发蓝	普通碳钢

2. 电动曲线锯使用要点

(1) 根据被锯割的材料合理选用锯条，表4-9中的锯割材质一项中的木材，尚应包括塑料、橡胶以及皮革等材料。

电动曲线锯在作业中切割较薄的板材，如发现板材有反跳现象，则表明锯齿齿距太大，锯条选用得不合理，应予更换细齿锯条。

(2) 锯条的锯齿应锋利，安装在刀杆上应固定紧密牢靠。

(3) 电动曲线锯向前锯切时，用力不准过猛，曲线锯割其转角半径不宜小于 50mm。锯切过程中，若锯条被卡住，应先切断电源，然后将锯条退出，再进行慢速锯切。

(4) 为保证锯切质量，认准锯切线路很重要，开机后找线不准则严禁随意将曲线锯提起，以防因锯条受到撞击而折断，但可以继续开动曲线锯，找准切割线路。

(5) 在锯切的板材表面有孔加工要求时，可先用电钻在指定的位置钻孔，然后再将曲线锯的锯条伸入孔中，锯切出要求的形状。

(6) 作业中发现电动曲线锯声响不正常，机壳过热，运转速度不正常等，应立即切断电源，进行检查，待故障排除后再继续进行锯切。

(7) 电动曲线锯每天使用完毕都要认真地进行保养，并放在干燥、通风的环境中保管。

(五) 电动剪刀

电动剪刀是用来剪切 2.5mm 以下的金属、塑料、橡胶板材的电动机具，它不仅可以做直线剪切，还能切出一定曲线形状的板件，具有剪切效率高，安全可靠，操作简便，携带方便和外形精巧美观等优点，其外形如图 4-5 所示。

电动剪刀主要由机壳、单相串激电动机、偏心齿轮、刀杆、刀架和上、下刀头等组成。

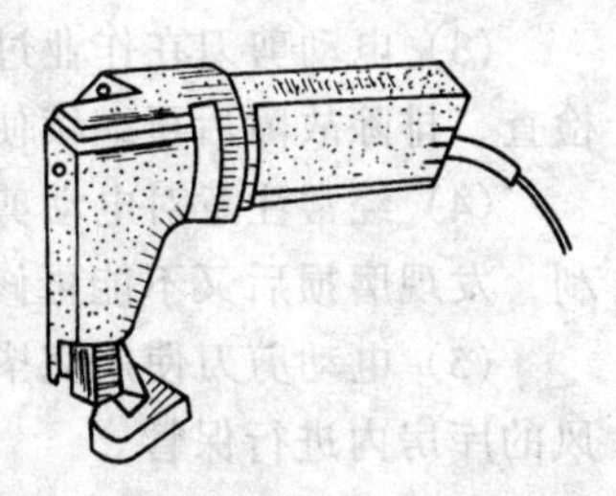

图 4-5 电动剪刀外形图

1. 电动剪刀的技术性能和适用范围

电动剪刀的主要技术性能是以剪切板材的最大厚度表示，国产主要型号的电动剪刀技术性能见表4-10。

电动剪刀具有一般剪切设备和手工操作所不能胜任的剪切质量，并能按要求剪切成各种几何形状的板件，尤其是用它来修剪边角更为合适，因而它在建筑装饰工程、车辆、船舶、粮食和食品加工以及修造业中得到了广泛的应用。

电动剪刀技术性能表 **表4-10**

项目 \ 型号	回 J1J-1.5	回 J1J-2	回 J1J-2.5
最大剪切厚度（mm）	1.5	2	2.5
最小剪切半径（mm）	30	30	35
电压（V）	220	220	220
电流（A）	1.1	1.1	1.75
输出功率（W）	230	230	340
剪刀每分钟往复次数（次/min）	3300	1500	1260
剪切速度（m/min）	2	1.4	2
持续率（%）	35	35	35
整机质量（kg）	2	2.5	2.5

2. 电动剪刀的使用要点

（1）电动剪刀使用前应先检查电源电压是否符合机械铭牌上的要求，然后接通电源空转，试验各部分运转是否正常；还要认真检查电缆线的完好程度，确认无误后，方准投入使用。

（2）剪刀刀刃的间隙大小，应根据剪切板材的厚度确定，经验上控制为板材厚度的7%左右。电动剪刀使用前要先调整好机具上、下刀刃的横向间隙。在刀杆处于最高位置时，上、下刀刃仍有搭接，且上刀刃斜面的最高点应大于剪切板材的厚度。

（3）电动剪刀在作业过程中出现杂声异响，应立即停机彻底检查，排除故障后再继续使用。

（4）经常注意对电动剪刀的维护与保养，保持剪刀刀刃的锋利，发现磨损后又不能再修磨时，应及时予以更换。

（5）电动剪刀使用完毕应立即进行清洁工作并放到干燥、通风的库房内进行保管。

（六）电动角向磨光机

电动角向磨光机是供磨削的电动机具，它的工作头多为碗形砂轮，且与电动机轴线成直角安装，特别适合于使用普通磨光机受限制而不能磨到的位置的磨削。

电动角向磨光机配有粗磨砂轮、细磨砂轮、橡胶轮、抛光轮、切割砂轮和钢丝轮等多种工作头，这些工作头换装后，可使电动角向磨光机能从事磨削、抛光、除锈和切割等多种作业，因而它在建筑装饰工程中得到了广泛的应用。

电动角向磨光机主要由电动机、传动齿轮、输出轴、工作头、机壳、电缆和电源开关等组成，其外形如图 4-6 所示。

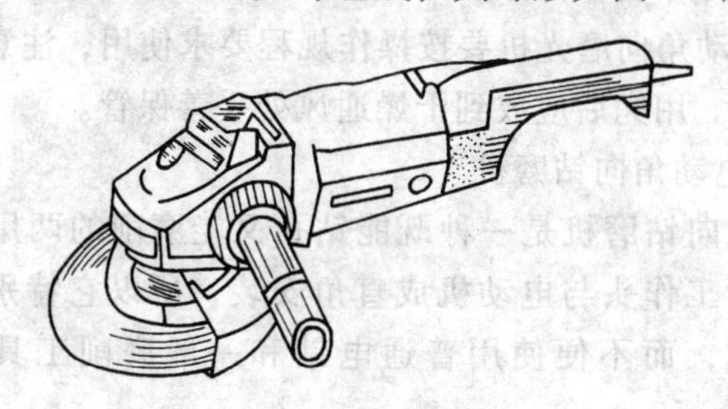

图 4-6 电动角向磨光机外形

1. 电动角向磨光机技术性能

国产电动角向磨光机的主要型号及技术性能见表 4-11。

电动角向磨光机技术性能表 **表 4-11**

项目 \ 型号	SIMJ-100	SIMJ-125	SIMJ-180	SIMJ-230
砂轮最大直径（mm）	ϕ100	ϕ125	ϕ180	ϕ230
砂轮孔径（mm）	ϕ16	ϕ22	ϕ22	ϕ22
主轴螺纹规格（M）	M10	M14	M14	M14
额定电压（V）	220	220	220	220
额定电流（A）	1.75	2.71	7.8	7.8
额定频率（Hz）	50～60	50～60	50～60	50～60
额定输入功率（W）	370	580	1700	1700
工作头空载转速（r/min）	10000	10000	8000	5800
整机净质量（kg）	2.1	3.5	6.8	7.2

2. 电动角向磨光机使用要点

(1) 使用前按角向磨光机要求电压接好电源，电缆线、插头不准随意更换，彻底检查机具的完好程度。按作业要求选用合适的工作头，并安装牢固，不准松动。

(2) 作业过程中，砂轮不准受到撞击，使用切割砂轮时，不准有横向摆动，以免砂轮受到破坏。

(3) 作业过程中，若发现转速急剧下降，传动部分受卡停转及有异常声响，机具温度过高或出现异味、电刷下火花过大等故障时，应立即停机，排除故障后，再继续使用。

(4) 电动角向磨光机要按操作规程要求使用，注意经常性的维护与保养。用完后应放到干燥通风处妥善保管。

(七) 电动角向钻磨机

电动角向钻磨机是一种既能钻孔又能磨削的两用小型电动机具。由于工作头与电动机成直角安装，所以它特别适合空间位置受限制，而不便使用普通电钻和一般磨削工具加工的场合。

电动角向钻磨机随机配有普通钻头、橡胶轮、砂布轮和抛布轮等工作头附件。这些附件换装后，可以对材料进行钻孔、磨削、抛光等加工。电动角向钻磨机在建筑装饰工程施工中对多种材料钻孔、清理毛刺表面、表面磨光、表面抛光和雕刻制品等发挥着重要的作用，是装饰施工中不可缺少的小型电动机具。

电动角向钻磨机由电动机、传动齿轮、工作头、机壳、手柄和电源、电缆等组成，其外形如图 4-7 所示。

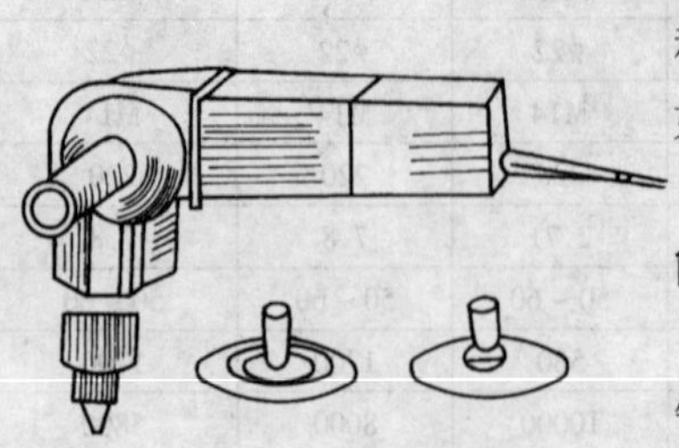

图 4-7 电动角向钻磨机外形

1. 电动角向钻磨机技术性能

国产回 JIDJ-6 型电动角向钻磨机技术性能见表 4-12。从表中可知，电动角向钻磨机的主要技术性能是以钻孔最大直径来表示的。

电动角向钻磨机技术性能表　　表 4-12

项目 型号	钻孔直径（mm）	抛布轮直径（mm）	电压（V）	电流（A）	输出功率（W）	负载转速（r/min）
同 JIDJ-6	6	100	220	1.75	370	1800

2. 电动角向钻磨机使用要点

(1) 使用前检查电源电压是否符合钻磨机的要求，电源接头绝缘是否良好，电缆线有无破损情况，开机空载试运转检查各运转部分是否正常等，确认无误后方可投入使用。

(2) 根据作业要求选用合适的工作头，并要安装牢固，不准松动。

(3) 作业中随时掌握钻磨机的工作状态，出现异常情况应及时调整与排除。机具使用完毕后要进行保养，并要放在干燥、通风环境妥善保存。

(八) 砂轮切割机

砂轮切割机是一种小型、高效的电动切割机具，它是利用砂轮磨削的原理，将薄片砂轮作为切削刀具，对各种金属型材切割下料，切割速度快，切断面光滑、平整，垂直度好，生产效率高。若将薄片砂轮换装上合金锯片，还可以切割木材和硬质塑料等。在建筑装饰施工中，砂轮切割机多用于金属内外墙板、铝合金门窗安装和金属龙骨吊顶等装饰作业的切割下料。

根据构造和功能的不同，砂轮切割机分为单速型和双速型两种。它们都由电动机、动力切割头、可转夹钳底座、转位中心调速机构及砂轮切割片等组成。双速型的砂轮切割机还增设了变速机构。

图 4-8（*a*）所示为单速砂轮切割机的外形。作业时，将要切割的材料装夹在可换夹钳上，接通电源，电动机驱动三角带传动机构，带动砂轮片切割头高速旋转，操作者按下手柄，砂轮切

割头随着向下送进而切割材料。这种砂轮切割机构造简单，但只有一种工作转速，只能作为切割金属材料之用。

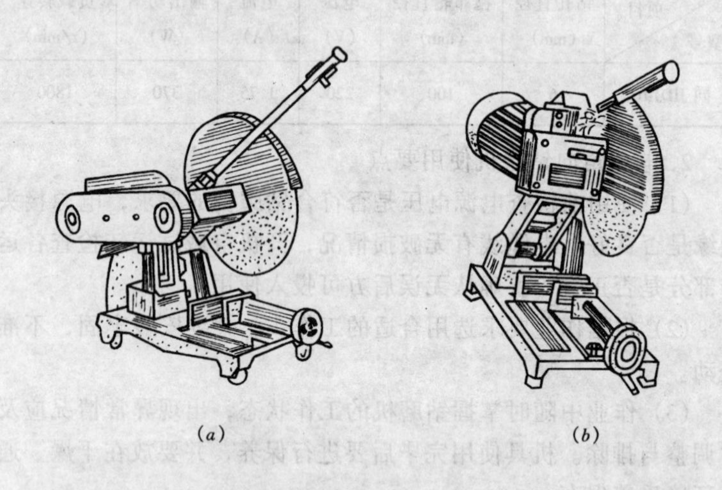

图 4-8 砂轮切割机外形图

（*a*）单速型砂轮切割机；（*b*）双速型砂轮切割机

图 4-8（*b*）所示为双速型砂轮切割机的外形。这种切割机采用了锥形齿轮传动，增设了变速机构，可以变换出高速和低速两种工作速度。若使用高速，需配装直径为 300mm 的切割砂轮片，用于切割钢材和有色金属等金属材料；若使用低速，需配装直径为 300mm 的木工圆锯片，用于切割木材和硬质塑料等非金属材料。其次，双速型砂轮切割机的砂轮中心可在 50mm 范围内作前后移动；底座可在 0°～45°范围内作任意角度的调整，加宽了切割的功能，而单速型砂轮切割机的动力头与底座是固定的，且不能前后移动。

1. 砂轮切割机的型号及主要技术参数

根据国家标准《电动工具基本技术条件》（GB1491—79）规定，砂轮切割机的型号编制用汉语拼音的字头和数字表示，现举例如下：

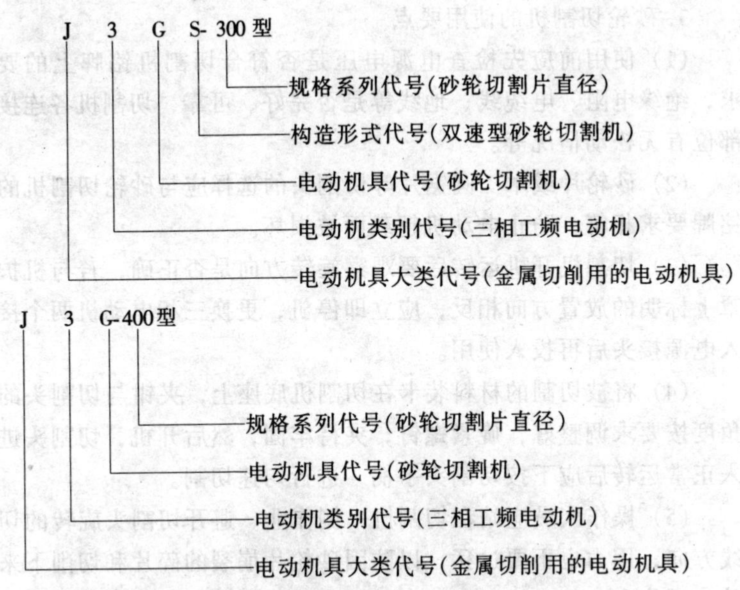

2. 砂轮切割机技术性能

国产砂轮切割机的定型产品技术性能见表 4-13。

砂轮切割机技术性能表 **表 4-13**

项目 \ 型号	J3GS-400 型	J3GS-300 型
电动机类别	三相工频电动机	三相工频电动机
额定电压（V）	380	380
额定功率（kW）	2.2	1.4
转速（r/min）	2880	2880
级数	单速	双速
增强纤维砂轮片（mm）	400×32×3	300×32×3
切割线速度（m/min）	60（砂轮片）	8（砂轮片），32（圆锯片）
最大切割范围（mm）		
圆钢管、异形管	135×6	90×5
槽钢、角钢	100×10	80×10
圆钢、方钢	Φ50	Φ25
木材、硬质塑料		Φ90
夹钳可转角度（°）	0，15，30，45	0~45
切割中心调整量（mm）	50	
整机质量（kg）	80	40

3. 砂轮切割机的使用要点

（1）使用前应先检查电源电压是否符合切割机铭牌上的要求，绝缘电阻、电缆线、地线等是否完好、可靠，切割机各连接部位有无松动情况等。

（2）砂轮片或木工圆锯片等切割头的选择应与砂轮切割机的铭牌要求相符，防止电动机超载而被损坏。

（3）切割机开机运转后要观察旋转方向是否正确，若与机护罩上标明的放置方向相反，应立即停机，更换三相电动机两个接入电源接头后再投入使用。

（4）将被切割的材料装卡在切割机底座上，夹钳与切割头的角度按要求调整好，旋紧螺钉，夹持牢固，然后开机，切割头进入正常运转后应下按切割头手柄，进行匀速切割。

（5）操作人员应站在切割机一侧作业，避开切割头旋转的切线方向，用力也不要过猛，以防因砂轮片崩裂的碎片和切削下来的碎屑伤人。

（6）砂轮切割机作业中若出现异常声响，切割头与被切材料都有跳动，即切割头或被切材料没有装卡牢固，此时需停机检查，重新紧固后再继续切割。

（7）砂轮切割机使用完毕，应进行保养；较长时间不再使用，应将其放置干燥、通风处保存。

（九）电刨

手电刨又称手提式木工电刨。它是由一台串激电动机作为动力装置，带动三角带传动机构，使装有两把刨刀的刀轴旋转，对木材进行刨削加工的小型电动机具。它即可以刨削平面，也可以倒角或刨止口，代替了木工推刨子的繁重体力劳动。其在建筑装饰工程中主要用于门窗安装、木地面施工和各种木料的刨平作业，其外形如图 4-9 所示。

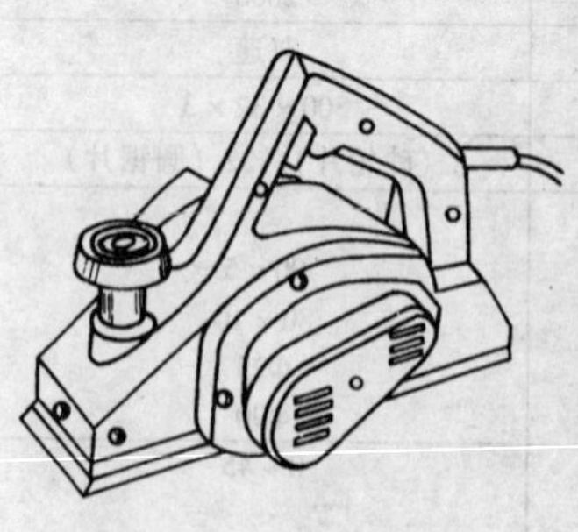

图 4-9　电刨外形图

1. 电刨的主要技术性能

国产电刨定型产品回 MIB-60/1、回 MIB-90/2 的技术性能见表 4-14。

电刨技术性能表　　表 4-14

项目 \ 型号	回 MIB-60/1	回 MIB-90/2
刨刀宽度（mm）	60	90
最大刨削深度（mm）	1	2
额定电压（V）	220	220
额定电流（A）	2.1	3.2
额定输出功率（W）	430	670
额定频率（Hz）	50	50
刀轴转速（r/min）	≥9000	≥7000

2. 电刨的使用要点

(1) 使用前先检查一下电源电压是否符合电刨铭牌上的要求，电缆线有无破损，电源接入接头是否正确、牢固。

(2) 较长时间没有使用的电刨，使用前要测定绕组与机壳之间的绝缘电阻，且不得小于 7MΩ，否则要先进行干燥处理。

(3) 刨削前再检查被刨材料表面有无铁钉，要有应先剔掉，以防刨削时刀片破裂，碎片弹出伤人。

(4) 木工电刨不能用来刨削其他材料。更换三角带、刀片或检修时，都要拔下电源插头。

(5) 要定期检查电刨的碳刷、换向器、开关和电源插头等，尤其要注意碳刷磨损后要及时更换。

(6) 转移作业位置时，要一手拿电刨，一手拿电缆线，不准拖拉电刨或电缆线，以防机具或电缆线损坏。

(7) 操作者应戴好防护镜和绝缘手套。

(8) 电刨使用完毕，应进行保养，并放置干燥、无腐蚀性气体及通风环境中保存。

（十）电锯

电锯又称手提式木工电锯，它是由串激电动机、凿形齿复合锯片、导尺、护罩、机壳和操纵手柄等组成，其外形如图 4-10 所式。

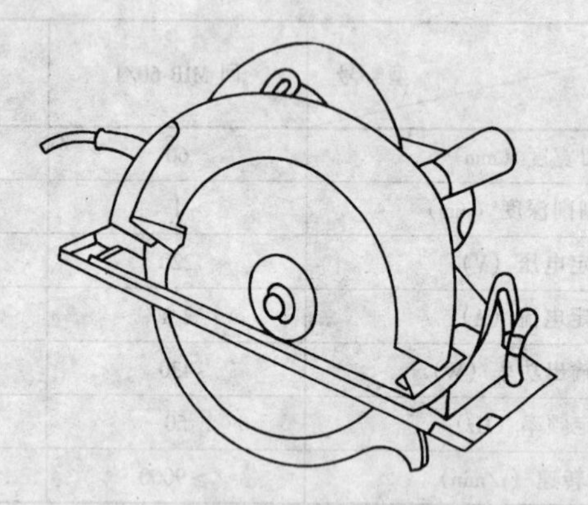

图 4-10　电锯外形图

手提式木工电锯主要用来对木材横、纵截面的锯切及胶合板和塑料板材的锯割，具有锯切效率高、锯切质量好、节省材料和安全可靠等优点，是建筑物室内装饰工程施工时重要的小型电动机具之一。

1. 电锯的主要技术性能

国产手提式木工电锯主要技术性能见表 4-15。

手提式木工锯技术性能表　　**表 4-15**

项目 / 型号	锯片直径 (mm)	最大切削深度 (mm)		额定功率 (W)		空载转速 (r/min)	总长度 (mm)	机具质量 (kg)
		45	90	输入	输出			
5600NB	160	36	55	800	500	4000	250	3
5800N	180	43	64	900	540	4500	272	3.9
5800NB	180	43	64	900	540	4500	272	3.9
5900N	235	58	84	1750	1000	4100	370	7.5

2. 电锯使用要点

(1) 使用前先检查电源电压是否符合电锯铭牌上额定电压的要求，电源接入端接头是否牢固可靠，电缆线是否完好等。

(2) 将被锯材料用螺丝压板或其他方法夹紧固定，在锯割时不得移动或变位。

(3) 作业时，只准用手柄提升安全罩，不准将安全罩固定或拉紧到开启的位置上，安全罩始终应保持良好的工作状态。

(4) 手提电锯转移作业位置时，不准随意开启电锯，以防发生事故。

(5) 作业中需调整锯切深度螺母和斜锯切螺母时，要停机及切断电源进行，调整好后要夹紧，确认牢固可靠后再开机锯切。

(6) 切割大面积的材料需用双手导锯时，应将左手紧握在侧手柄上。

(7) 作业中不准猛拉电缆线，以防插头脱离插座。凡需要更换锯片、检查、调整、紧固电锯以及润滑时，都必须停机及切断电源后进行。

(8) 电锯用完后，先清洁、保养，后放到干燥、无腐蚀性气体的环境中保存。

第二节 风动机具

风动机具是利用高压空气的气压能作能源来驱动机具，以达到建筑装饰施工作功的目的。装饰工程施工中常用的风动机具有风动冲击锤、风动锯、风动磨腻子机、风动角向磨光机、风动射钉枪、风动拉铆枪、风动喷枪等。

各种风动机具所使用的高压空气动力源，都是由不同形式和构造的空气压缩机（空压机）来制作的，因而空压机就是风动机具的重要配套设备。

一、空气压缩机

空气压缩机本身并不是动力源，它是靠电动机或内燃机的驱动，将常压空气压缩成高压空气而具有气压能，再转换成机械能作功的一种动力装置。

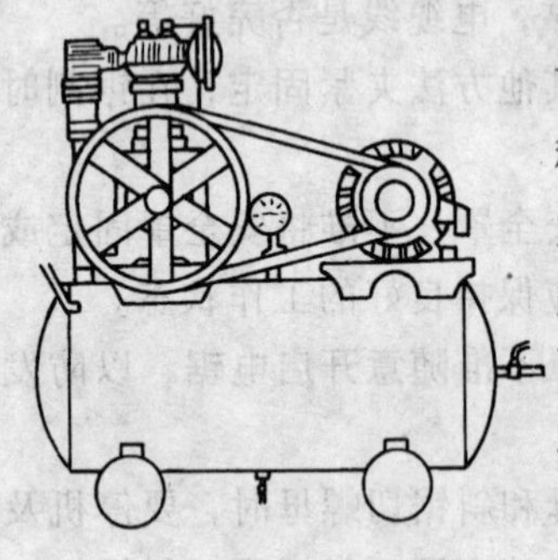

图 4-11 空气压缩机外形

空气压缩机根据压气方式不同，可分为旋转式、离心式和往复式三种类型，其中往复式空压机应用最为广泛。往复式空压机分为单级和多级两种；按其压气缸的排列方式可分为直列式、横置式、V 式和 W 式；按冷却方式又可分为水冷式和风冷式。建筑装饰施工中使用的空压机排气量都较小，一般为 0.3 ~ 0.9m/min，其构造形式多为单级往复式（活塞式）电动机驱动的空压机。

(一) 往复式单级单缸空气压缩机

图 4-11 所示为单级往复式空气压缩机的外形。这种空压机是指吸入气缸的空气只经过活塞一次压缩，就被送入储气罐，输出后就具有气压能，可供各种小型风动机具使用。

图 4-12 所示为单级往复式空气压缩机的工作原理。其中

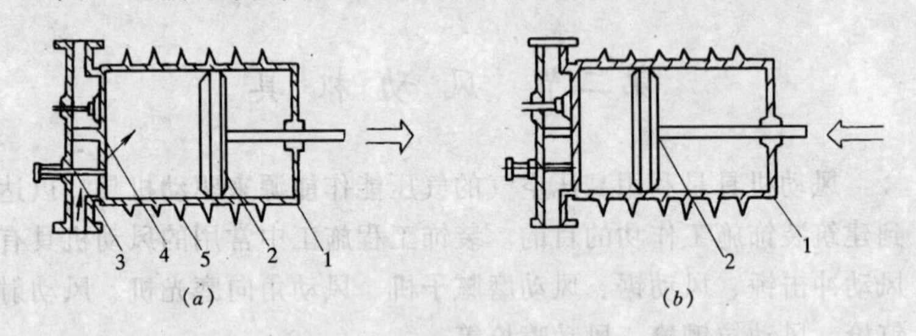

图 4-12 单级单缸空压机工作原理

（a）吸入行程；（b）压缩行程

1—气缸；2—活塞；3—进气阀；4—排气阀；5—冷却翼片

（a）图表示为空压机的吸入行程，即当活塞从左向右运动时，气缸的容积增大，压力减小，外界的空气压力克服了进气阀上的弹簧压力，从进气阀 3 流入气缸，待缸内的空气与外界的大气压

力相等时，弹簧则自动伸张而将进气阀门3关闭；图（*b*）表示为空压机的压缩行程，当活塞在缸内向左运动时，气缸内的空气被压缩，气压增大，当缸体内的空气压力超过排气阀上的弹簧压力时，被压缩的空气即沿排气阀4排出，送入储气罐内。

这种单级单缸式的空气压缩机所产生的压缩空气的压力都较低，一般为0.5MPa左右，其构造主要由电动机、三角带传动机构、自动调压机构、曲柄连杆机构、储气罐和压力表等组成。

（二）空气压缩机的使用要点

（1）空气压缩机应放置在空气流通及清洁、阴凉处，不准停放在露天或空气污浊、尘土较多，以及有汽油、煤油等燃料或蒸汽废气的环境中工作，并要停放平衡、牢靠。

（2）空气压缩机启动前，需加注润滑油至缸底壳内油面线高度，然后用手转动带轮，感觉其运转部分应无障碍。检查接入电源电压、导线、电动机等均无异常后可开始启动。空压机的旋转方向应与机上标明的箭头方向一致，空转后确认一切正常，即可逐渐升高压力，并使其达到额定压力值。在空压机处于全负荷运转中，再作详细检测，如查温升（最高不准超过180℃）、漏气、漏油及压力稳定状况，并校验安全阀、压力调节机构等均无异常，即可投入正常使用。

（3）空压机在作业中，要随时检查其运行情况，输气管路布置应避免死弯，还要设伸缩变形装置。输气管路过长时，应设分水器，储气罐每使用两个标准台班后，应放一次凝结水，以使储气罐内保持清洁。

（4）空压机上所用空气滤清器每隔250h后应进行一次清洗。

（5）空气压缩机停止工作时，要先降低负荷后关机，并放净冷却器中的冷却水。若长时间停用，需将气缸上的气阀拆下，彻底清洗后，涂抹润滑油封存。气缸活塞表面等各开口处用纸盖并涂满润滑油封闭存放。

（三）空气压缩机技术性能

常用的国产往复式空气压缩机的技术性能见表4-16。

活塞式空气压缩机技术性能 表 4-16

指标 \ 数据 \ 型号	ZY-8.5/7（天津动力厂，9m³）	2VY-12/7	W-6/7	W-9/7	3L-10/8	4L-20/8
型式	四缸，直立，单动，二级，风冷，移动	四缸，V形单动，二级，风冷，移动	六缸，W形，单动，二级，风冷，移动	六缸，W形，单动，二级，风冷，移动	二缸，L形，复动，二级，水冷，半固定	二缸L，菁，复动，二级，水冷，半固定
排气量（m^3/min）	8.5	12	0±0.3	9~0.45	10	21.5
排气压力（MPa）	0.7	0.7	0.7	0.7	0.8	0.8
气缸数						
一级	2	2	4	4	1	1
二级	2	2	2	2	1	1
气缸直径（mm）						
一级	240	240	140	140	300	420
二级	140	140	115	115	180	250
活塞行程（mm）	140	140	102	127	200	240
转速（r/min）						
额定（全负荷时）	860	1500	1225	1450	480	400
3/4 负荷			800~900	1000~1100		
低（1/2）负荷			500~600	700~800		

续表

指标 \ 型号 数据	ZY-8.5/7（天津动力厂，9m³）	2VY-12/7	W-6/7	W-9/7	3L-10/8	4L-20/8
所需轴功率（kW）	约 55	<73.5	≥73	≥60	≤60	≤118
气压调节器打开与关闭压力（MPa）	（0.7，0.5）~0.6	0.71~0.72 0.5~0.6	~0.725~0.7 0.63~0.56	0.725~0.7 0.63~0.56	0.8~0.74	0.8，0.74
打开安全阀时压力（MPa）						
一级	0.24	0.24~01.26	0.28	0.28		
二级	0.77	0.74~0.78	0.75	0.75		
排气温度（℃）	<180	<180	<180	<180	<160	<160
润滑油压力（MPa）	0.1~0.3	0.15~0.3			0.1~0.2	0.1~0.2
润滑方法	压力输送	压力输送	连杆打油飞溅	连杆打油飞溅	压力输送	压力输送
润滑油温度（℃）	85	≤80			<60	<60
油底壳容量（kg）		25（L）	8.5	8.5		
储气筒容量（m³）	0.31		0.25	0.25	1.2	0.5

续表

数据 型号 / 指标	ZY-8.5/7（天津动力厂，$9m^3$）	2VY-12/7	W-6/7	W-9/7	3L-10/8	4L-20/8
发动机	4146K（A）	6135C-1			三相绕线型异步电动机 75kW	三相绕线式感应电动机 130kW
全重（kg）	5000	3000	3200	3500	1700	3033
外形尺寸（mm）						
长	4420	4000	3560	4065	1898	2200
宽	1988	1700	1840	1840	875	1150
高	2483	2050	2115	2175	1813	2130
前后轴距（mm）	2522	2020	1900	1985		
轮距（mm）	1640	1480	1560	1560		
最大拖行速度（km/h）	20	30	15	15		
最小转变半径（m）	10	7	5	5		

二、风动锯

在建筑装饰工程中，风动锯的功能基本上与电动曲线锯相同，即用来锯切普通碳钢钢板、铝合金、塑料、橡胶和木板等。

在工作原理上，风动锯不同于电动曲线锯的是它利用风马达作为动力装置，动力源为高压空气。作业时，高压空气经过风动锯的节流阀进入滑片式的风马达，使风马达的转子旋转，经过齿轮减速装置，带动曲轴连杆机构，使连杆下端的锯条作高速的往复直线运动进行锯割作业。为了减小连杆的上下高速运动所带来的振动，在风动锯的前部专门设有平衡装置。风力的大小由旋转式节流阀进行调节，其外形如图 4-13 所示。

风动锯主要性能参数为：使用高压空气压力为 0.5MPa；排气量要求 $0.6m^3/min$；空载频率为 2500 次/min；可锯切热轧钢板厚度不超过 5mm；铝合金板不超过 10mm 厚；风动锯自重为 2kg。

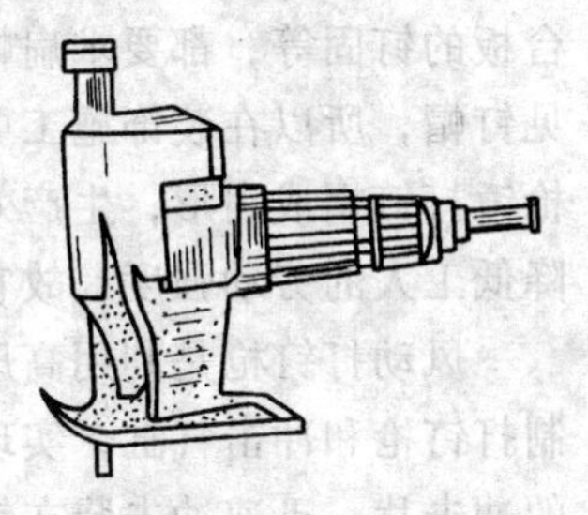

图 4-13　风动锯外形图

三、风动冲击锤

风动冲击锤是利用高压空气作为传动介质，驱动风马达旋转实现钻孔，通过气动元件和调节控制阀使冲击气缸实现往复直线冲击运动，因而风动冲击锤（风动冲击钻）具有旋转和往复直线冲击两种运动。从构造上看，风动冲击锤具有往复冲击和旋转两个工作腔，通过齿轮进行有机结合，阀衬选用聚酯型泡沫塑料全密封，不仅使风动冲击锤的密封性好，且可实现密封材料耐磨。

风动冲击锤装卡上硬质合金冲击钻头，可对各种混凝土、砖石结构构件钻孔，用来安装膨胀螺栓，在装饰工程施工中替代预埋件，可以加快安装速度。在墙面板材安装装饰、吊顶工程和玻璃幕墙安装装饰中多有应用。

风动冲击锤由四位六通手动单向球形转换阀和线型过滤器及其他元件组装而成。其结构紧密、外形美观、操作方便、工艺性

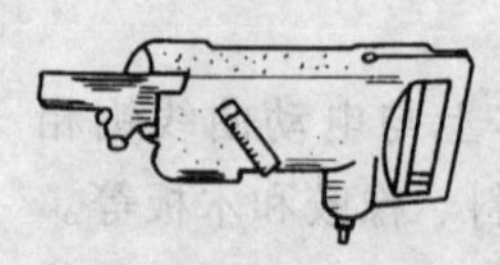

图 4-14　风动冲击锤外形

能好，其外形构造如图 4-14 所示。

风动冲击锤的主要性能参数为：使用高压空气压力为 0.5～0.7MPa；耗气量为 0.4m³/min；空载转速为 300r/min，负载转速为 270r/min；空载冲击频率为 2500 次/min，负载冲击频率为 4000 次/min；使用最高压力为 0.8MPa；在水泥混凝土中的穿透能力为 20mm；自重 4.5kg。

四、风动打钉枪

风动打钉枪是锤打扁帽钉的专用风动机具，装饰工程中的室内木墙裙压条铺钉、木地面龙骨的钉固、挂镜线的钉固以及木窗台板的钉固等，都要求扁帽钉钉入木板（条）内。饰面层不得看见钉帽，所以在装饰施工中砸扁帽钉的任务较多，使用风动打钉枪锤打钉帽成扁形，生产效率高，锤砸方便、安全可靠，还可以降低工人的劳动强度，故它被广泛地应用在木装修工程中。

风动打钉枪是利用高压空气作为动力介质，通过气动元件控制打钉枪和冲击气缸，实现往复冲击运动，推动安装在活塞杆上的冲击片，迅速冲击装在钉壳内靠坡度自由滑入冲击槽内的普通标准圆钉，达到连接各种木质结构的目的。

风动打钉枪构造简单，它是利用冲击气缸，推动活塞杆作往复直线运动，实现打钉枪冲击作功，其外形如图 4-15 所示。

风动打钉枪的性能参数为：打钉范围 25mm×51mm 普通标准圆钉；冲击次数为 60 次/min；使用气压为 0.5～0.7MPa；风管内径为 10mm；自重为 3.6kg。

图 4-15　风动打钉枪外形

五、风动磨腻子机

建筑物室内墙面做涂料、裱糊装饰时，要求基层表面必须光滑、平整，常借用满刮 1～3 遍腻子的手段进行处理，这是一种工程量大、劳动强度高的作业，并且要求质量也比较严格。风动磨腻子机可以有效地完成这一任务。木器家具、电器产品、车辆、机床以及仪器、仪表的外表面装饰前的基层处理，同样有腻子面打磨的工艺（俗称打毛），以保证饰面层与基层粘结得更加牢固。此外，风动磨腻子机还可以进行抛光和打蜡的作业。

图 4-16 所示为风动磨腻子机的外形，它的工作原理是：在底座内腔安装有钢球和导轨，底座下部装有夹板，在夹板上夹持着砂纸。当作业时，用手下压上盖即打开气门，高压空气经气门进入底座的内腔，推动腔内的钢球沿着导轨，作高速的圆周运动，产生离心力。这种有规律的离心惯性力带动着底座作平面有规则的高速运动，于是，底座下面的砂纸即对作业面产生了磨削的效果。

风动磨腻子机的构造特点是体积小、重量轻、构造简单、手感振动小和使用方便。其主要性能参数为：使用气压 0.5MPa；磨削压力为 20～50N；通气管内径为 8mm；外廓尺寸为 166mm×110mm×97mm；机重为 0.7kg。

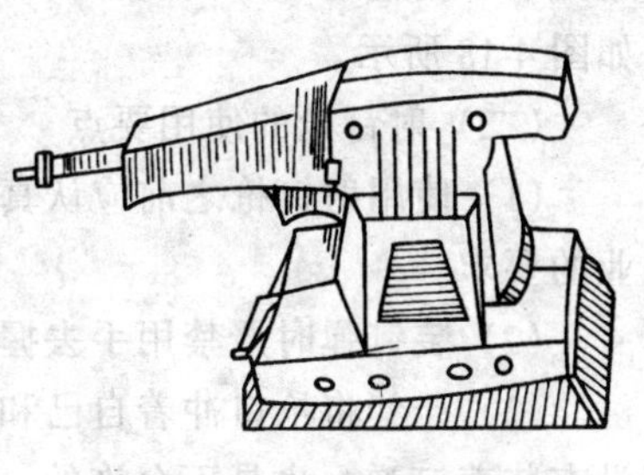

图 4-16 风动磨腻子机外形

六、射钉枪

射钉枪是专门发射射钉的工具，它是利用枪膛内的撞针来撞击射钉弹，使弹内的火药燃烧释放出能量，将射钉直接、快速地钉入金属、混凝土、砖石等坚硬的基体中而达到紧固连接的作用，在门窗安装等建筑装饰工程施工中应用十分广泛。

（一）射钉枪的分类和主要性能特点

根据冲击能量和冲击速度的大小，射钉枪分高速射钉枪和低速射钉枪两种。高速射钉枪可以 500m/s 的冲击速度，直接强行推动钉弹进行钉固作业。这种射钉枪的冲击能大、穿透力强，适合在较厚的坚硬基体上紧固时使用。低速射钉枪又称为活塞式射钉枪，是利用火药燃烧后的气体，作用在活塞上，使活塞获得沿枪膛的冲击能，再去冲击射钉，最后将构件锚固在基体上；而不

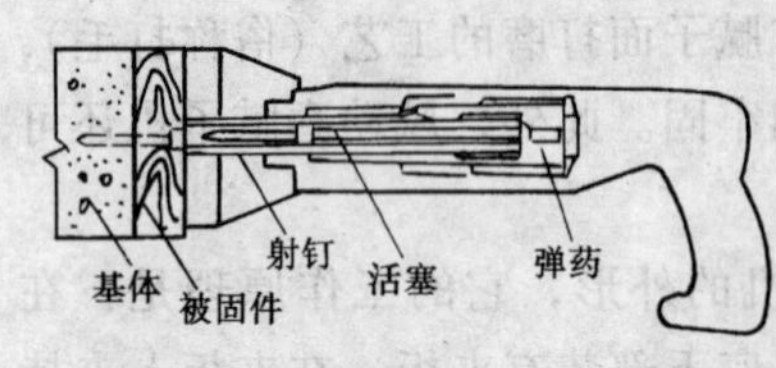

图 4-17　射钉枪构造及紧固系统图

像高速射钉枪那样，直接发射射钉，好似锤子钉钉子一样，所以它不存在穿透基体及射钉飞出去的危险。在装饰工程施工中应用的射钉枪主要属于此种类型，其构造和紧固系统如图 4-17 所示。

射钉枪所用的射钉系用优质钢材加工并经热处理而成，因此，射钉具有很高的强度、冲击韧性和抗腐蚀的性能。射钉按使用要求和构造形式不同可分为一般射钉、螺纹射钉和带孔射钉，如图 4-18 所示。

（二）射钉枪的使用要点

（1）使用射钉枪之前应认真检查枪体各部位是否符合射钉作业的要求。

（2）装钉弹时严禁用手去握住扳机，以免发生意外事故。

（3）严禁将枪口冲着自己和他人，即使有安全把握，如枪膛没有装着钉弹，也是不允许的。

（4）操作人员操作射钉枪时，必须将枪握牢，摆正枪身，击发时要稳、准，确保枪口贴紧基体表面，不准倾斜，以防飞溅物伤人。

（5）在混凝土基体上射击光钉时，必须将剥落保护罩安装好，否则不准使用。

（6）混凝土基体在无被固定件的情况下，不准使用射钉枪射击光钉。

（7）已装好钉弹的射钉枪，要立即使用，不要放置或带着装好钉弹的射

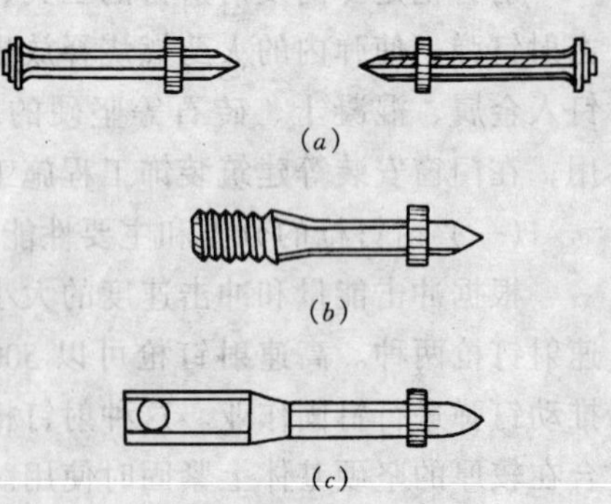

图 4-18　射钉构造形式
（a）一般射钉；（b）螺纹射钉；（c）带孔射钉

钉枪在现场来回走动，以免发生意外。

(8) 作业时，射钉枪连续两次击发不响，需待 1min 以后再打开枪体，检查击钉或击钉座垫是否出现故障。

(9) 扶持固定件的手，在击发时要离开射点的中心位置 150mm 以外，以免手被碰伤。

(10) 制作得不规则且已变形的构件、部件，不准作为直接射击的目标使用，以免发生危险。

(11) 高空作业时，射钉枪应有牢固的安全带和安全带环，用弹簧钩挂在肩上，既便于操作，又有利于保证安全。

(12) 当射钉隔墙时，邻室内不准有人，或派人监护，监护人也要避开射钉的方位。

(13) 在射钉枪的发射部位，除了发射操作人员外，不准有其他人员靠近或逗留。

(14) 射钉时必须站在操作方便、稳当的位置；高空作业时必须将脚手架支搭牢靠，若用梯子必须放稳且固定后再进行操作，以防由于射钉时的反冲作用而发生事故。

(15) 不经有关部门批准，不准在有爆炸危险和有火灾危险的车间或现场使用射钉枪。

第五章　建筑装饰木工施工工艺

第一节　吊 顶 工 程

吊顶是现代室内装修的重要部分。出于技术目的，吊顶的作用是为了降低房间的高度，安装电气管线、空调通道，遮盖房屋结构的横梁，改善室内的隔声和音响效果，提高室内的隔热、保温性能。出于装饰的目的，吊顶可以调节室内的气氛，使人感到静逸、舒适、有艺术感。

一、吊顶的种类

吊顶装修可采用多种材料和采用多种不同的结构形式，以适应不同的技术、装饰要求。

(1) 吊顶按结构材料分有木结构吊顶、轻钢结构吊顶和铝合金结构吊顶。

木结构吊顶：龙骨和搁栅都采用木料，龙骨由螺栓或涂锌铅丝与楼板、大梁或屋架相连。

轻钢结构吊顶：龙骨和搁栅都采用轻型涂锌型钢构成，连接件为专用吊钩螺栓。

铝合金结构吊顶：龙骨和搁栅都采用铝合金型材，连接方式同轻钢结构。

(2) 吊顶按结构形式分有直接式吊顶、悬挂式吊顶。

直接式吊顶：承重龙骨直接固定在建筑体上，如图 5-1 所示。

悬挂式吊顶：承重龙骨由螺栓、涂锌铅丝或特制铁件悬吊，连接铁件的长度根据结构需要而定，以适应设置空调通道、安装

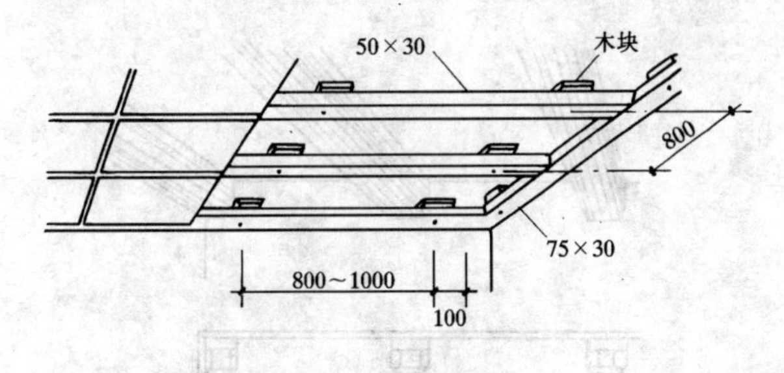

图 5-1　直接式吊顶

管道、上人修理等需要，如图 5-2 所示。

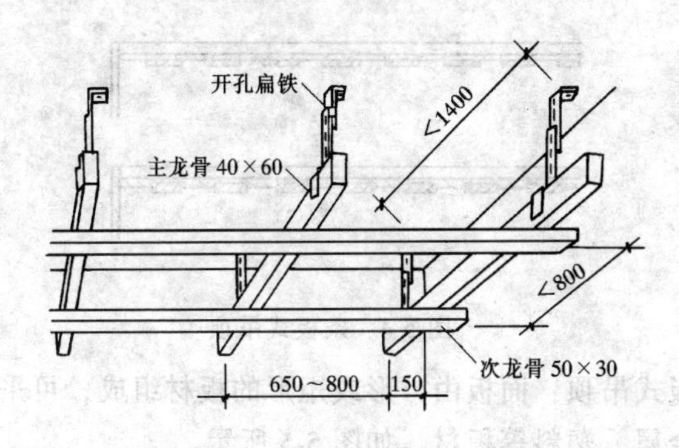

图 5-2　悬挂式吊顶

（3）吊顶按面板材料分有实木板吊顶、木制材料板吊顶、板条抹灰吊顶、石膏板吊顶、矿棉水泥板吊顶、金属吊顶、塑料吊顶和玻璃吊顶等。

（4）吊顶按面板形式分有木方式吊顶、条板式吊顶、方板式吊顶、盒式吊顶和特殊形式吊顶。

木方式吊顶：采用宽度方向直立或木方式结构的装饰材料构成。木方之间的面积可采用抹灰、木板、板材等方式装修，如图 5-3 所示。

条板式吊顶：全部采用木板装饰。木板的连接可采用榫条连接、裁口连接、搭接等形式，面板可用实木板或面木制板，如图 5-4 所示。板材呈条形。因此也可用来装修拱形吊顶。

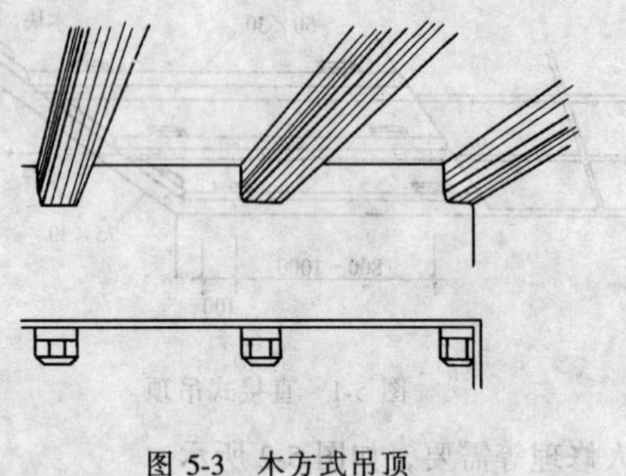

图 5-3　木方式吊顶

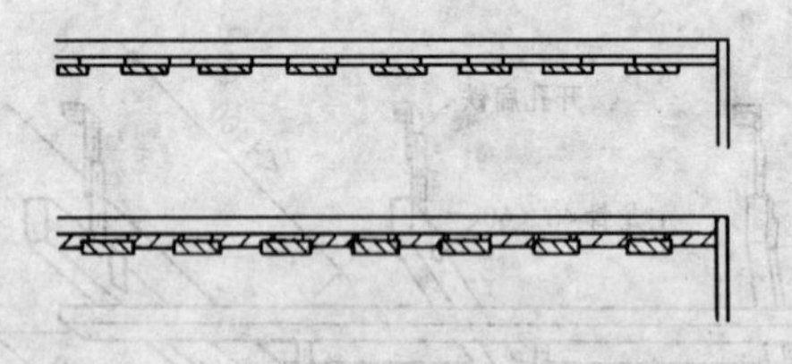

图 5-4　条板式吊顶

方板式吊顶：面板由方形或矩形的板材组成，可采用各种木制板或金属、塑料等板材，如图 5-5 所示。

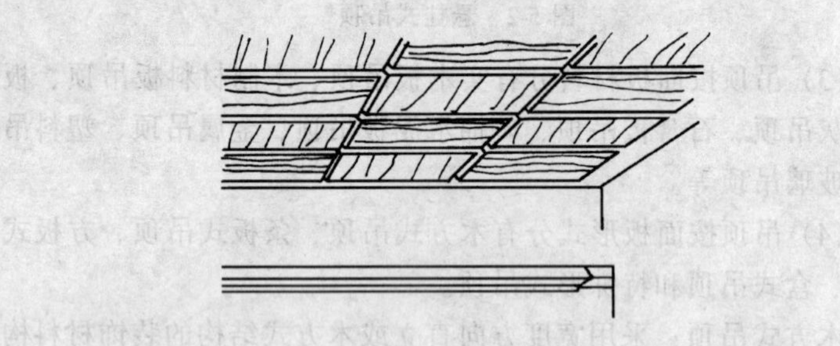

图 5-5　方板式吊顶

盒式吊顶：面板由方形或矩形的盒式结构单元组成，盒式单元可以由框架、格体、木方等方式组成。对于又深又大的盒体可预先制好后逐个安装在吊顶上，如图 5-6 所示。

特殊形式吊顶：面板造型丰富，常用各种材料配以灯光、色

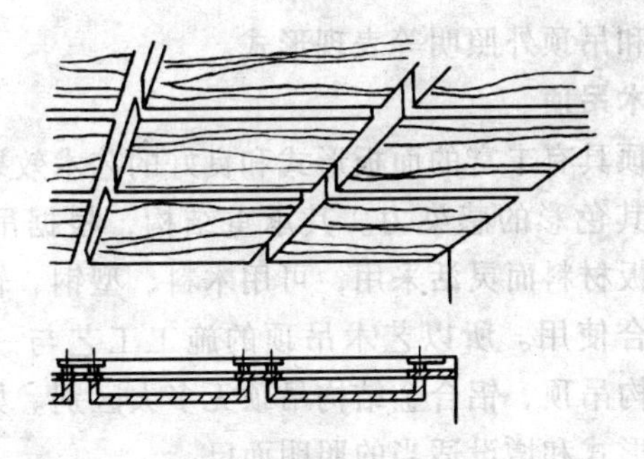

图 5-6　盒式吊顶

彩等手法来表现其层次和艺术感，如图 5-7 所示。

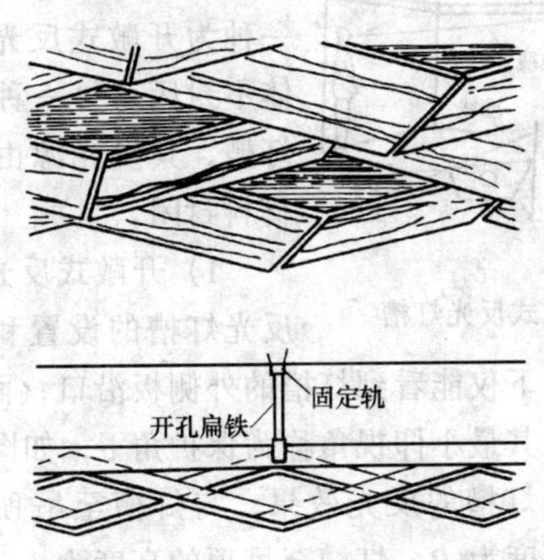

图 5-7　特殊形式吊顶

(5) 吊顶按技术要求分有保温吊顶、音响吊顶、通风吊顶和发光吊顶。

保温吊顶：在面板里侧铺与玻璃纤维棉、聚氯乙烯泡沫塑料，使吊顶具有保温、隔热作用。

音响吊顶：面板采用多孔吸声材料，如木丝板、矿物纤维板等，使吊顶具有吸收声波、反射声波的功能。

通风吊顶：在吊顶面板上开孔，连结通风管道，将新鲜空气由空间向下压送。

发光吊顶：在吊顶内装有照明设施，通常为反光灯槽照明、吊顶内照明和吊顶外照明等表现形式。

二、艺术吊顶

艺术吊顶具有丰富的面板形式和良好的艺术效果，常用灯光照明来增强其色彩的感染力。其承重结构，根据吊顶造型和跨度，以及面板材料而灵活采用，可用木料、型钢、轻型型材，或几种材料配合使用。所以艺术吊顶的施工工艺与一般木结构吊顶、轻钢结构吊顶、铝合金结构吊顶无多大区别。如有不同，则在面板图案形式和增设适当的照明而已。

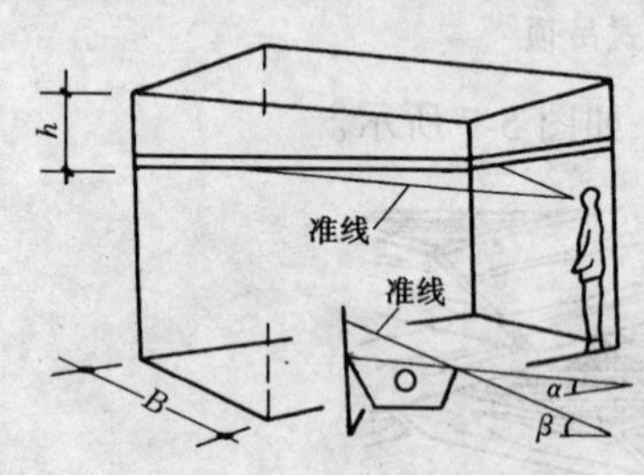

图 5-8　开敞式反光灯槽

(1) 反光灯槽：反光灯槽按其设置的结构位置不同有两种：一种为开敞式反光灯槽，其发光体不封闭；另一种为封闭式反光灯槽，其发光源由透明或半透明材料封闭。

1) 开敞式反光灯槽：开敞式反光灯槽的设置和制作原则，是使人在站立状态下仅能看到灯槽的外侧板沿口，而无法看到发光源本身。此时，其最小仰视角称为保护角 α，如图 5-8 所示。

开敞式反光灯槽的反光效果，与灯槽至吊顶面板的距离有关。如房间的宽度为 B，灯槽至吊顶的高度为 h，则有反射板的灯槽应同时满足：

$$h > \frac{B}{8}$$

无反射板的灯槽应同时满足：

$$h > \frac{B}{4} \sim \frac{B}{5}$$

如图 5-9 所示。

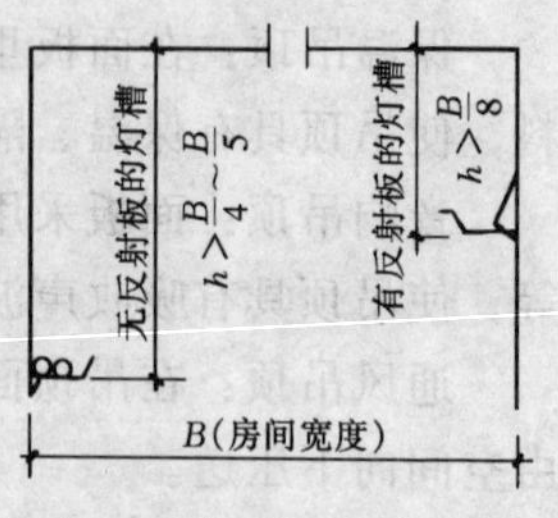

图 5-9　灯槽的设计要求

开敞式反光灯槽常见有以下形式：

(A) 半间接式反光灯槽：用半透明或扩散材料作灯槽，可减小灯槽与吊顶的距离，如图 5-10 所示。

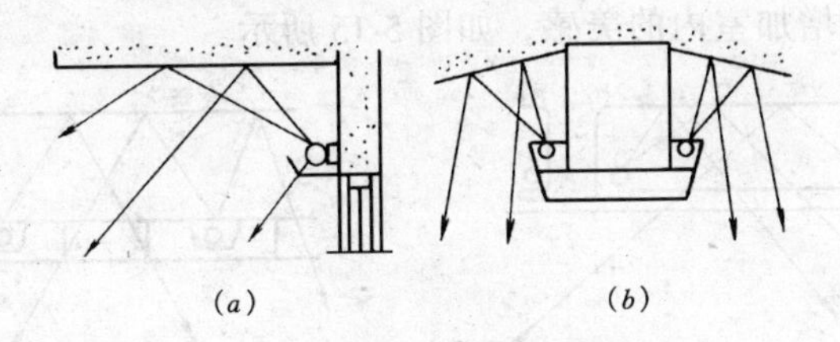

图 5-10 半间接式反光灯槽
(a) 壁式；(b) 悬挂式

(B) 平行反光灯槽：常用于剧场，灯槽开口方向与观众的视角方向相同时可避免眩光，如图 5-11 所示。

(C) 侧向反光灯槽：利用墙面的反射作用形成侧向光源，发光效率一般较高，如图 5-12 所示。

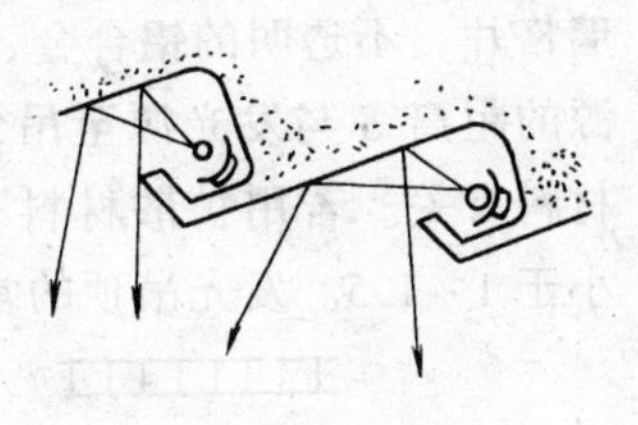

图 5-11 平行反光灯槽

(D) 半间接带状灯槽：装有带状光源，利用弧形吊顶的反射，能在一定范围内取得局部照明的效果，如图 5-13 所示。该种灯槽常用铝合金、不锈钢等制作。光源如用彩色灯管则效果更好。

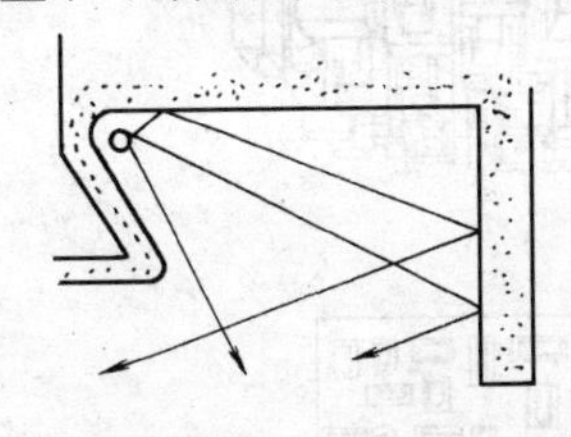

图 5-12 侧向反光灯槽

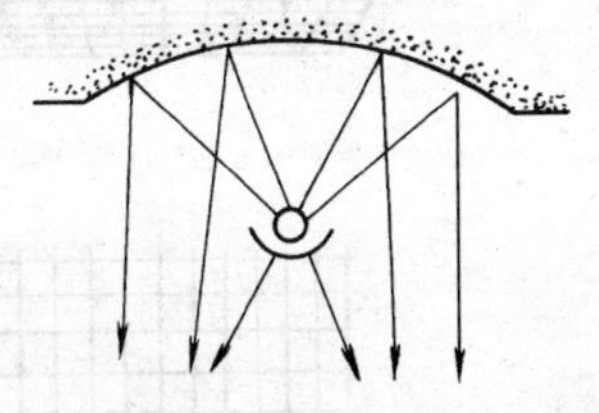

图 5-13 半间接式带状灯槽

2) 封闭式反光灯槽：封闭式反光灯槽设于吊顶内，其高度同吊顶。其常见形式有以下两种：

(A) 反射式光龛：设于梁间，利用梁间的吊顶反射，可使室内光线均匀柔和，如图 5-14 所示。

（B）组合反光灯槽：将反光灯槽组成图案，配以不同色彩的光源可增加室内的美感，如图 5-15 所示。

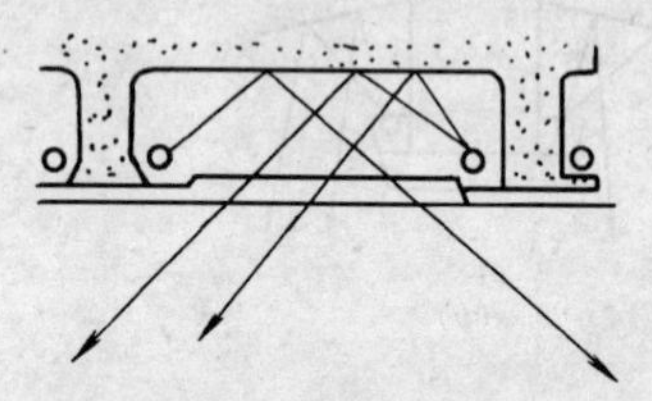

图 5-14　反射式光龛

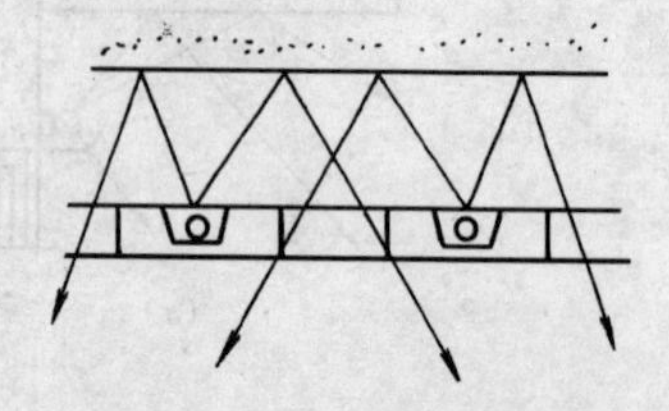

图 5-15　组合反光灯槽

（2）发光吊顶：发光吊顶不同于反光灯槽，它是利用设置在吊顶发光源直接照明整个室内。发光吊顶的面板常用扩散材料（如乳白玻璃、贴有花饰塑料薄膜的普通玻璃）和半透明有机玻璃格片，不透明的铝合金、不锈钢格片。发光吊顶的两相邻发光源的距离 S 与发光源至吊顶面板的距离 L 之比，与吊顶面板的材料有关。若用扩散材料，比值应小于 1.5～2；若用格片，则小于 1～1.5。发光吊顶的常见形式如图 5-16 所示。

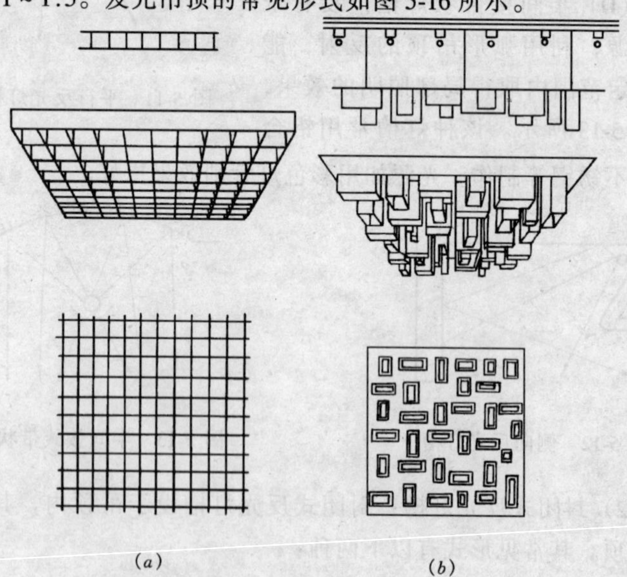

(*a*)　　(*b*)

图 5-16　发光吊顶（一）

（*a*）格片式；（*b*）盒式

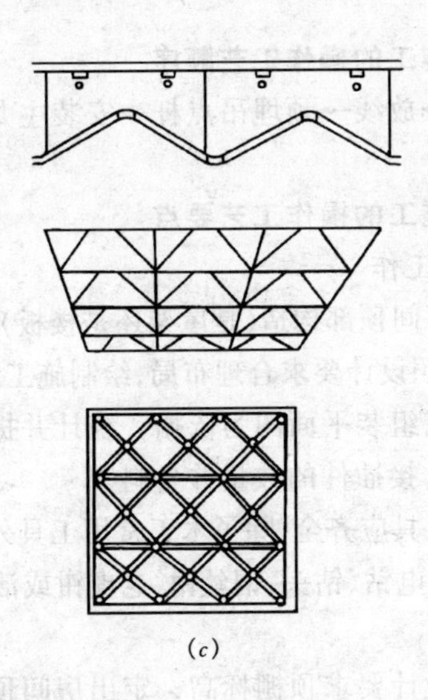

(c)

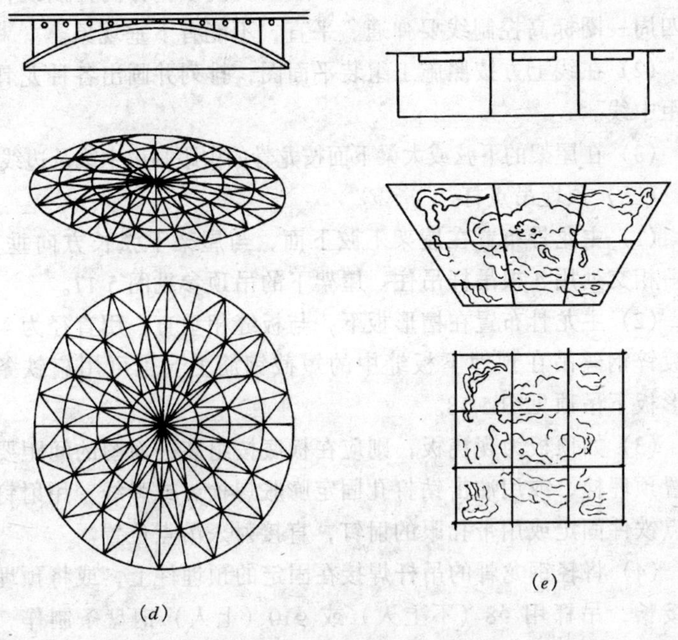

(d)　　(e)

图 5-16　发光吊顶（二）

(c) 棱台式；(d) 繁花状；(e) 图案式

三、吊顶施工的操作工艺顺序

准备工作→放线→预埋吊点杆→安装主龙骨→安装次龙骨→安装面层。

四、吊顶施工的操作工艺要点

（一）准备工作

（1）根据房间顶部构造(是屋架还是楼板)、房间的大小及饰面材料的种类,按照设计要求合理布局,绘制施工组装平面图。

（2）以施工组装平面图为依据，统计并提出主、次龙骨以及吊杆、吊挂件、接插件的数量并备料。

（3）安装工具应齐全,除了木工常用工具外,还需有无齿锯(型材锯割机)、手枪电钻、钻头、钢丝钳、老虎钳或活动扳手等。

（二）放线

（1）根据设计要求顶棚标高，定出房间顶棚标高控制线，房间四周一圈标高控制线要弹通、平直，不能有下垂现象。

（2）在线上方按照施工组装平面图，排列并画出各种龙骨的间距中线。

（3）在屋架的下弦或大梁下面按龙骨的中距画出中线及边线。

（三）预埋吊点杆

（1）主龙骨布置在屋架下弦下面，与屋架下弦长方向垂直，每一相交处用 4 根吊杆吊住。屋架下的吊顶参见图 5-17。

（2）主龙骨布置在槽形板下，与板缝相垂直，用直径为 4mm 的镀锌钢丝吊在预埋下板缝中的短截钢筋上（也可用扁铁条），槽形板下吊顶见图 5-18。

（3）如顶板为现浇板，则应在板底按组装平面图的间距要求放置预埋栓，或用冲击钻打孔固定膨胀螺栓，或弹线，用射钉将吊点铁件固定或用带孔眼的射钉，直接射入吊点位置。

（4）将轻钢龙骨的吊杆焊接在固定的预埋件上，或将预埋吊杆接长，吊杆用 $\phi8$（不上人）或 $\phi10$（上人）钢盘条制作，与吊挂件连接的一端要套丝扣并配好螺母。

（四）安装主龙骨

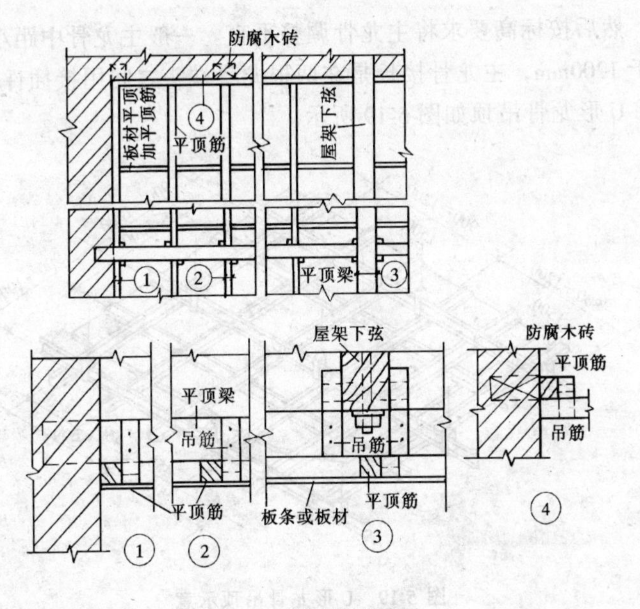

图 5-17 屋架下吊顶

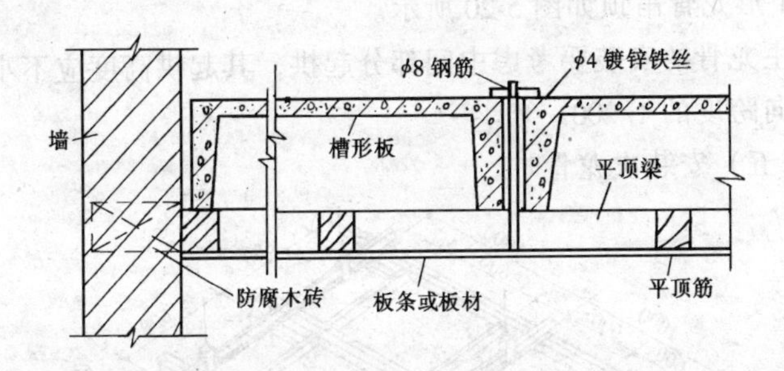

图 5-18 槽形板下顶

(1) 当主龙骨置于屋架下弦下面时，吊杆夹于主龙骨两侧，将主龙骨钉牢于吊杆上；沿墙的四周钉上通长的主龙骨，钉牢于墙内防腐木砖上，要钉得呈水平。主龙骨间距 1500mm。

(2) 当主龙骨置于槽形板的下面时，摆正间距及位置，逐个与镀锌铁丝绑牢。主龙骨间距为 600mm。

(3) 轻钢龙骨吊顶的主龙骨用吊挂件连接在吊杆上，拧紧螺钉，然后按标高要求将主龙骨调整平直。一般主龙骨中距小于或等于1200mm，主龙骨接长是在两根龙骨端头之间用接插件连接。

U形龙骨吊顶如图5-19所示。

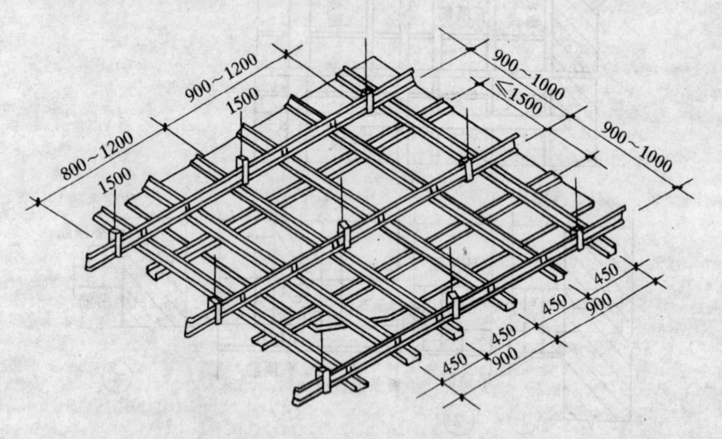

图 5-19 U形龙骨吊顶示意

T形龙骨吊顶如图5-20所示。

主龙骨的安装要考虑中间部分起拱，其起拱高度应不小于房间短向跨度的1/200。

（五）安装次龙骨

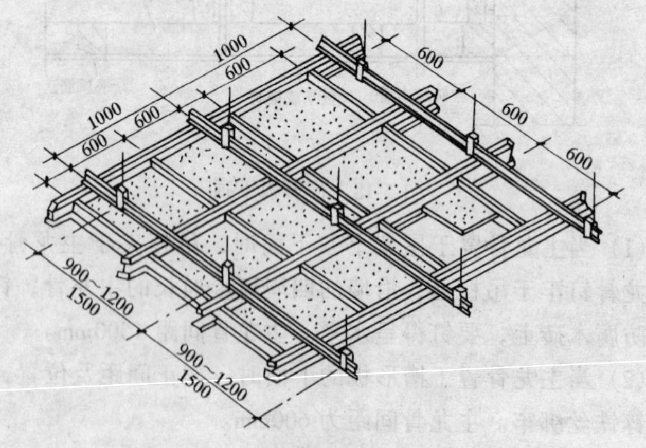

图 5-20 T形龙骨吊顶示意

（1）屋架和槽形板下吊顶的次龙骨，间距一般为 400 ~ 600mm，要拉通线控制平直，并需符合面层材料的装钉要求。

（2）轻钢次龙骨在水平面上垂直于主龙骨，在交叉点用次龙骨吊挂件将次龙骨固定在主龙骨上，安装时将吊挂件上端搭在主龙骨上，用钳子将 V 形腿窝入主龙骨内进行固定。次龙骨中距因饰面板不同而有差异，应根据翻样图而定。

（六）安装面层

（1）板条抹灰面层在龙骨下钉板条，板条要与龙骨相垂直，每一相交处必须钉牢。板条之间隙为 7 ~ 10mm，板条接头应在龙骨处，接头处的间隙为 3 ~ 5mm，接头延续长度不宜超过 500mm，各段接头要相互错开。然后由抹灰工抹上面层。

（2）钢丝网抹灰吊顶的装钉是在灰板条面上用骑马钉加钉一层钢丝网。钢丝网要求铺钉平直，不能松弛下垂，并注意将圆弧朝向板条面（即拱背朝下），这样才能使搭接部分容易钉得平整。吊平后，由抹灰工抹上面层。

（3）胶合板及纤维板吊顶面层，一般将龙骨布置成方格形，再钉上胶合板或维板面层，板的拼缝一般加钉盖缝条，或将板边开成斜边（图 5-21），间隙以 3 ~ 7mm 为宜。着钉应沿板的边缘，钉帽必须打扁，不允许外露，钉眼用腻子补平。

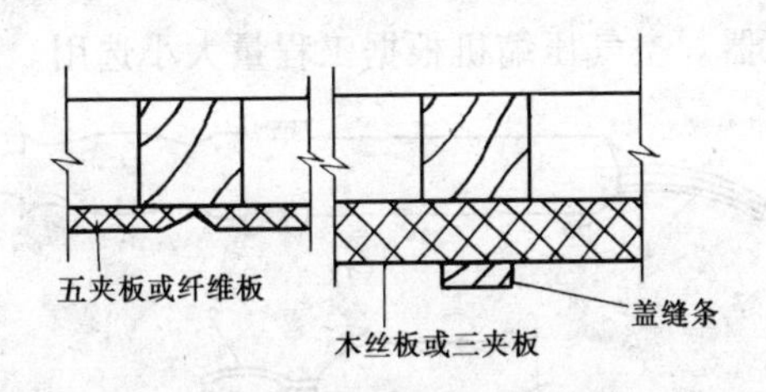

图 5-21　板材吊顶面层拼缝形式

（4）轻钢龙骨固定块材面层：U 形轻钢龙骨用平头自攻螺钉，T 形轻钢龙骨采用平放法。

安装面层时必须挂线，按线操作，不平处要仔细垫平后，再用螺钉固定；花纹及孔眼必须一致；板材安装时手和工具必须洁净，轻拿轻放，以免污染或碰坏四角。

第二节　地板工程

一、塑料地板

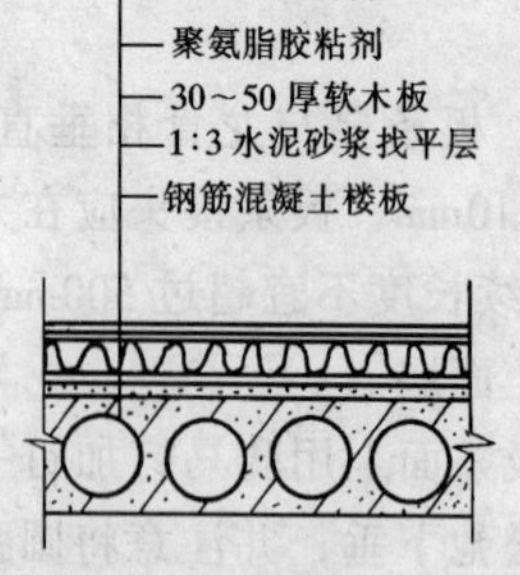

图 5-22　聚氯乙烯地面构造

（一）操作工艺顺序

工具准备→地面处理→塑料板处理→塑料板粘贴→塑料板焊接→塑料踢脚板施工

（二）操作工艺要点

1. 工具准备

以聚氯乙烯板地面为例，其构造如图 5-22 所示。

(1) 焊接设备：包括焊枪、调压变压器和空气压缩机等。焊枪用 220V（为了安全也有用 36V 的），功率为 400 ~ 500W。枪嘴有直形、弯形两种，如图 5-23（*a*）所示。枪嘴直径与焊条直径相等为宜。采用双焊条时，可使用双管枪嘴焊枪，如图 5-23（*b*）所示。每把焊枪可配备 1kVA 的调压变压器，如焊枪较多，则配备较大容量的调压变压器。空气压缩机根据工程量大小选用。使用气压一般

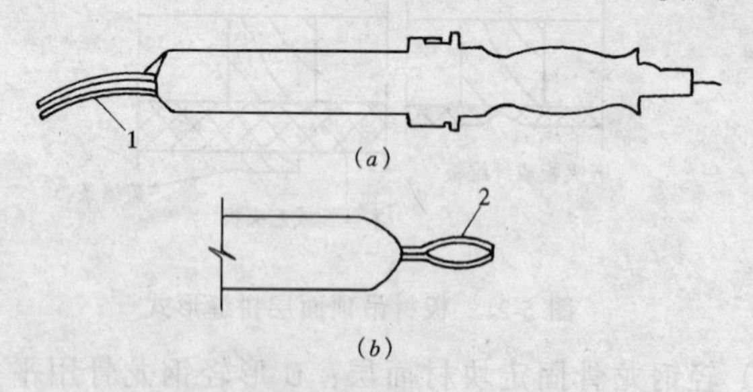

图 5-23　焊枪示意

（*a*）弯形焊嘴焊枪；（*b*）双管枪嘴焊枪

1—弯形单枪嘴；2—双管焊枪（$\phi 4$ 铜管）

为 0.05 ~ 0.1N/mm^2。如使用 4 ~ 6 把焊枪，可选用一台排气量为 0.6m^3/min 的空气压缩机，焊接设备的配置如图 5-24 所示。

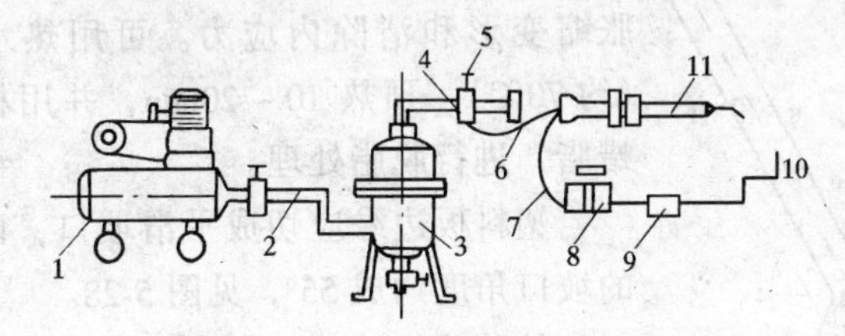

图 5-24 焊接设备配置

1—空气压缩机；2—压缩空气管；3—过滤器；4—过滤后压缩空气管；5—气流控制阀；6—软管；7—调压后电源线；8—调压变压器；9—漏电自动切断器；10—接 220V 电源；11—焊枪

(2) 手动工具：塑料刮板，用于刮底子胶，用 2 ~ 3mm 厚硬塑料板制成，板下端锯成梳齿形小缝；棕刷，涂胶用，规格为 50 ~ 75mm；"V" 形缝切口刀，由三片铜板组成，其中两片焊成 "V" 形刀架，刀架下方再焊上一片开有两小段缝隙的水平底板，用两片刮脸刀片做切刀，固定在刀架的两斜面上，见图 5-25，切条刀是将塑料软板切成 "V" 形条，做焊条使用，见图 5-26；压辊和焊条压辊，用直径 15mm，长 30mm 铝合金管加工而成，略呈鼓形，并附以手柄。焊条压辊的手柄前端伸出一个定向压舌，见图 5-27，压舌用于控制焊条的方向和位置。

俯视 仰视

图 5-25 "V" 形缝切口刀

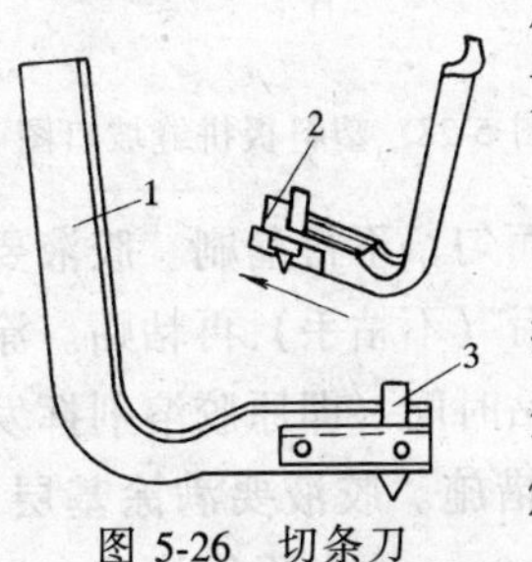

图 5-26 切条刀

1—手柄 L20 × 3；2—刀头；3—弹簧钢刀片

2. 地面处理

水泥砂浆（1:3 = 水泥:砂，体积比）找平层必须抹光压实，表面不得有浮尘，用 2m 直尺检查时凹凸不超过 ± 2mm，粘贴时含水率不得大于 6%。

若找平层起砂面积较大，就需要采用两道乳液腻子进行修理。

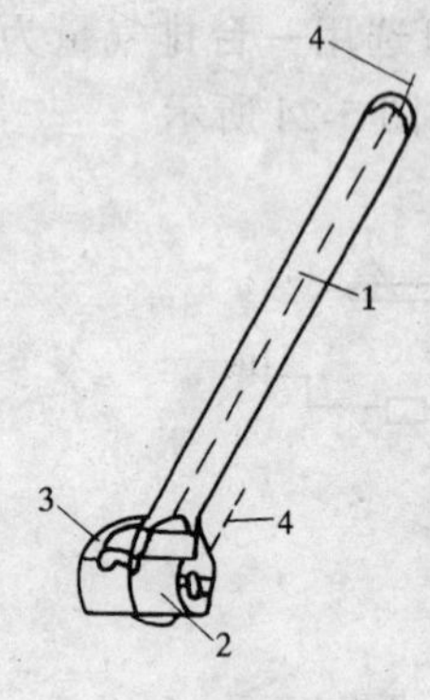

图 5-27 焊条压辊
1—手柄（不锈钢管 $\phi14\times160$）；2—ϕ 18×40 铜棍；3—压舌；4—焊条

3. 塑料板处理

粘贴前将塑料板预热展平，以减少板的胀缩变形和清除内应力。可用热水或蒸汽（约 70℃），预热 10～20min，并用棉丝擦净蜡脂，进行脱脂处理。

塑料板边缘应切成平滑坡口，两板拼合的坡口角度约成 55°，见图 5-28。

粘贴前一昼夜，宜将塑料板放置在施工地点，使其与施工地点温度保持一致。施工地点的温度须保持在 15～30℃，相对湿度不高于 70%。

4. 塑料板粘贴

（1）胶粘剂：常用的胶粘剂有三种：氯丁酚醛胶粘剂、氯丁橡胶胶粘剂、聚氨酯胶粘剂（马利当）。

（2）弹线：先弹出房间的纵向中心线和横向中心线；弹分格线不宜超过 900mm；在室内四周或柱根处弹线时，要留出不小于 120mm 的距离。

（3）粘贴：粘贴时，操作人员鞋底要保持干净，由里向外，由中心向两侧或从室内一角开始，先贴地面，后贴踢脚线。底子胶宜用塑料刮板刮胶，不用毛刷，二道胶可用棕刷。先在基层上刮底子胶一遍，次日在塑料板和基层上，各刷原胶一遍，刷胶应薄而匀，不得漏刷。胶液要随拌随用，并搅拌均匀。涂抹的胶干燥后（不粘手）再粘贴。涂一块，贴一块。涂好底子胶和掌握好粘贴时间（即原胶溶剂挥发时间）是防止塑料板起凸、翘边的重要措施。胶液要满涂基层，超过分格线 10mm，而离塑料板边缘 5～10mm 地方不得涂胶，以保证粘贴质量和板面整洁 。粘贴的塑料板应一次准确就位，铺

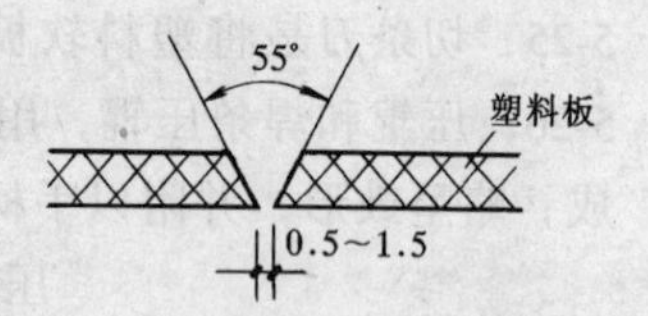

图 5-28 塑料板拼缝坡口图

贴时忌用力拉伸或揪扯塑料板。粘贴后一般不需加压，10d 内施工地点须保持在 10～30℃，空气相对湿度不宜超过 70%。粘贴后 24h 内不得上人。粘好后地面应平整，无皱纹及隆起现象，缝子横竖要顺直，接缝严密，脱胶处不得大于 $0.002m^2$，其相隔间距不得小于 500mm。

5. 塑料板的焊接

塑料板贴后两天可进行拼缝焊接。非防腐蚀塑料地面，宜用一根焊条焊接，不宜采用多条焊条堆焊，且允许焊条不完全充满到板底。焊缝内的污物和胶水可以用丙酮、松节油、汽油或其他溶剂清洗，也可用不加热的焊枪吹去板缝中尘土。焊条在施焊前用 50～60℃碱水作清洗污油处理，再用清水冲洗干净后晾干备用。焊接时先把焊枪与无油质、水分的压缩空气接通，然后接通焊枪电源。焊接结束后，先断电路，再停供压缩空气。焊枪出口气流的温度应为 180～250℃，焊接温度可依据焊枪化焊条的现象（熔化快慢、熔化后的颜色等）加以掌握。焊枪嘴与焊条、焊缝的距离要相适应，焊枪喷嘴与被焊表面成 25°～30°角移动。焊接时要注意焊条不要偏位和打滚，施焊时焊条要与塑料板呈垂直，并对焊条稍加压力，随即用压辊滚压焊缝。压辊向前推进的同时应绷紧焊条。焊接速度一般控制在 300～500mm/min。焊缝应平整、光滑、洁净、无焦化变色、斑点、焊瘤起鳞等现象。凹凸不能超过 0.5mm。焊缝要密实（板底例外），无缝隙。弯曲焊缝 180°时不得出现开焊或裂缝。焊缝冷却后，往上揪焊条揪不起来，则证明焊接牢固。

6. 塑料踢脚板施工

一般是用钉子将塑料板条钉在预留木砖上。钉距约 40～50cm，然后用焊枪喷烤塑料条，随即将踢脚板与塑料板粘贴。转角处踢脚板做法：阴角时先将塑料板用两块对称组成的木模预压在该处，然后取掉一块木模，在塑料板转折叠处，按实际情况画出剪裁线，经试装合适后，再把水平面 45°相交的裁口焊好，做成阴角部件，然后进行焊接或粘贴，见图 5-29（*a*）；阳角时需在水平面转角裁口处补焊一块软板，作为阳角部件，再行焊接和粘贴，见图 5-29（*b*）。要求：边角整齐、光滑，色泽清晰分明。

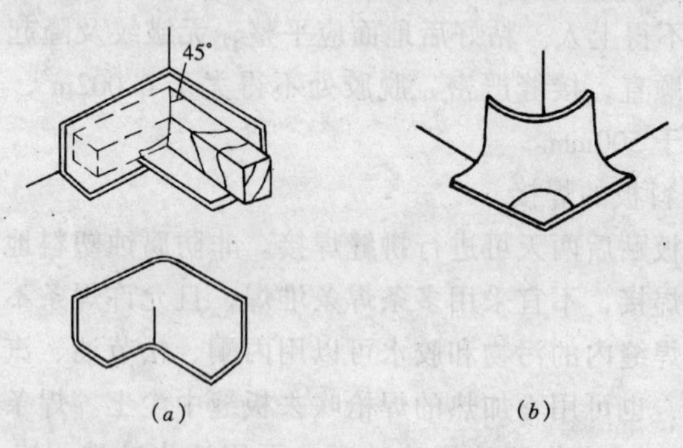

图 5-29 阴、阳角处踢脚板

（*a*）阴角处踢脚板；（*b*）阳角处踢脚板

二、木质地板

（一）铺纤维板地面

1. 操作工艺顺序

地面处理→调制胶粘剂→弹线→铺设纤维板→表面处理。

2. 操作工艺要点

（1）地面处理：先在混凝土基层上刷一层水泥砂浆，然后再浇一层约 20mm 厚的木屑水泥砂浆垫层（1∶1∶0.13∶0.06∶0.03 = 352 号矿渣硅酸盐水泥∶黄砂∶木屑∶水∶氯化钙），地面垫层完工后 7～10d 即可铺设纤维板地板。

（2）调制胶粘剂：胶粘剂一般采用脲醛水泥胶粘剂。调制时称量 1 份脲醛树脂放入容器中，加入 0.14 份的水并搅拌均匀；接着将称量好的 1.5 份水泥在不断搅拌下徐徐加入，调成糊状，以防结成小块；然后加入 0.07 份的 20% 的氯化铵溶液再经充分搅拌均匀后即可使用。胶粘剂必须随配随用，一般 2h 内用完为宜。

（3）弹线：先弹出房间的纵向中心线和横向中心线，根据设计图案（图 5-30），如方格大小排列，镶边阔度等，再在木屑水泥砂浆垫层上弹线，然后按规格锯割纤维板进行预铺（干铺），检查高低、平整度及对缝等是否符合要求，并编好号后顺序叠起。

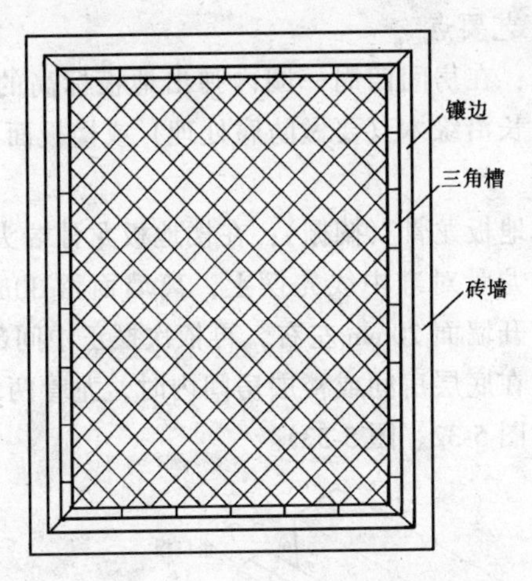

图 5-30　纤维板地板图案

(4) 铺设纤维板：将调配好的脲醛水泥胶粘剂涂在弹好线的垫层上，用纤维板制成的刮板刮平，胶层厚度宜控制在 1mm 左右。从房间中心开始按编号顺序逐渐向四周铺设，并用特制大头圆钉（长 20mm 直径 1.8mm）钉入板的拼缝和开“V”形槽内，钉头应稍低于板面用钉冲送入，见图 5-31。

墙边可根据房间的不同形状，割锯成长条形板。

(5) 表面处理：铺设完毕 1～2d 后分两次进行表面处理。第一次涂底层，用聚醋酸乙烯乳液加 20% 的水和适量的颜料拌合均匀涂刷；第二次涂面层，用各种油漆涂刷和刷凡立水。

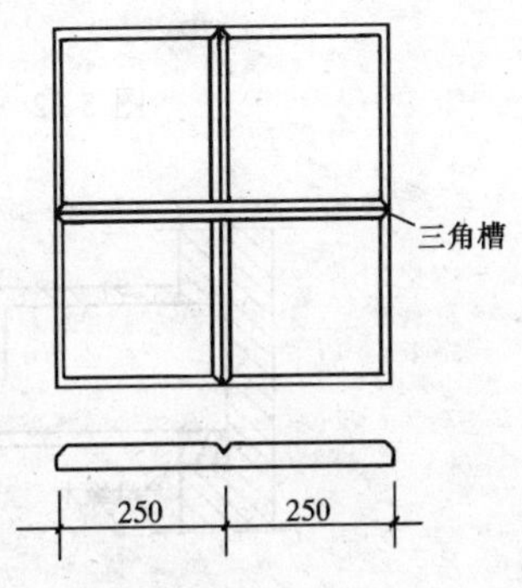

图 5-31　纤维板地板

（二）木地板的铺设

1. 操作工艺顺序

放线→摆楼地板龙骨→钉剪刀撑→铺钉企口板→地板刨光→

钉踢脚板。

2. 操作工艺要点

（1）放线：在房间四周一圈内弹出地板标高的水平控制线；在基础墙的通长沿缘木（要做防腐处理）或楼板面上画出各地板龙骨的中线。

（2）摆楼地板龙骨（搁栅）：在楼地板龙骨端头也画出中心，然后把两边的龙骨对准中线先摆上，离墙面留 30mm 左右缝隙，龙骨端头要离开墙面 20mm 左右，再依次摆正中间部分龙骨。

当搁栅建在底层房间或楼层房间内时，龙骨两端要钉牢在墙的沿缘木上（图 5-32、图 5-33）。

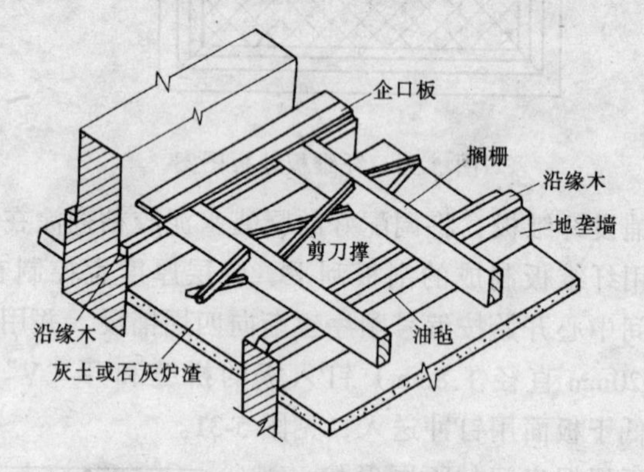

图 5-32　底层房间空铺木地板

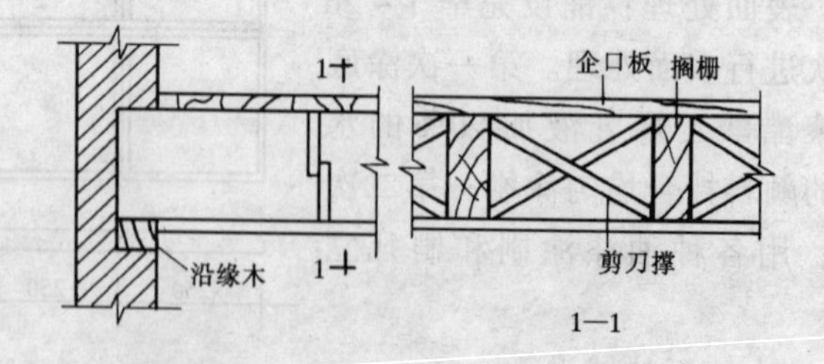

图 5-33　楼层房间空铺木地板

龙骨应水平放置，当顶面不平时，可用适当厚度的垫板垫平；上面临时钉些木拉条，使龙骨互相牵住。

(3) 钉剪刀撑：龙骨摆正后，在龙骨上按剪刀撑间距弹线，间距为2m，依线逐个将剪刀撑斜钉于龙骨侧面，不要突出龙骨顶面或底面，同一行剪刀撑要对齐呈一直线。

剪刀撑断面一般为35mm×50mm或50mm×50mm。

(4) 铺钉企口板：从墙的一边开始铺钉企口板，靠墙的一块板应离墙面有10~20mm缝隙，以后逐块排紧，排紧方法见图5-34，用钉从板的凹角处斜向钉入，钉长为板厚的2~2.5倍，钉帽要砸扁，接近凹角时，用钉冲送入，防止锤敲到地板边缘方角沿口。板与龙骨相交处至少着钉一只。最后一块企口板，用明钉钉牢，钉帽砸扁冲入板内。

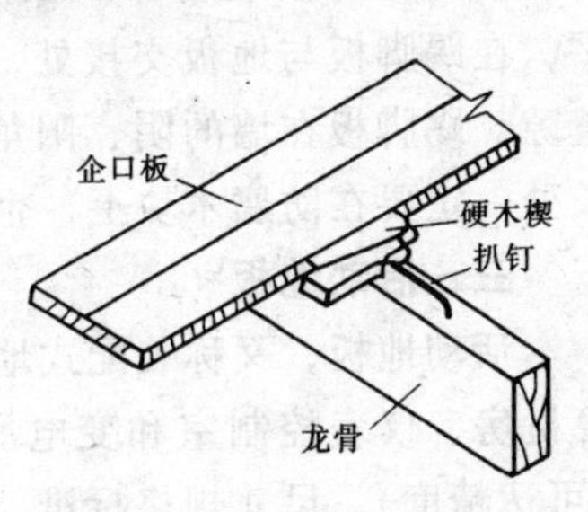

图5-34 排紧企口板方法

企口板的接头要在龙骨中间，各接头要相互错开，板与板之间应尽量排紧，仅允许个别地方有缝隙，但宽度不得超过0.5~1.0mm。

(5) 地板刨光：刨光最好用电刨，如无电刨，手工刨光亦可。刨销时要注意木纹的方向，避免撕裂木纤维，破坏表面的平整。刨削时一次不要刨得太深，如有1mm左右的高差，应分几次刨平。最大刨削厚度不宜大于0.4mm，并应无刨痕。刨平后的木板面层，用电动打磨机或手工打磨平。

(6) 钉踢脚板：踢脚板钉在房间的四周墙脚处，见图5-35，

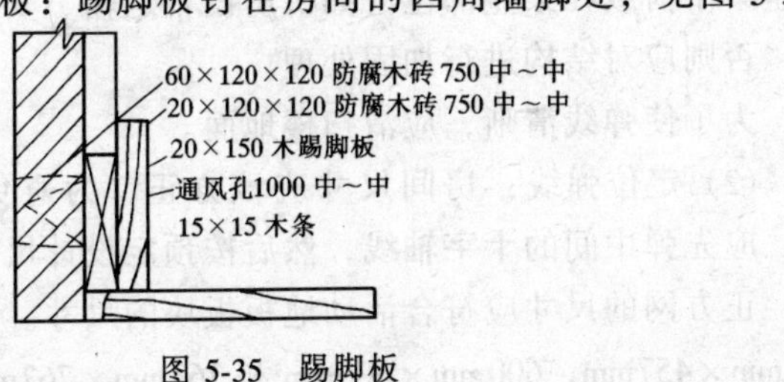

图5-35 踢脚板

踢脚板一般高为 150mm，厚为 20mm。踢脚板预先刨光，在靠墙的一面开成凹槽，并每隔 1m 钻直径 6mm 的通风孔。

在墙内应每隔 750mm 砌入防腐木砖，在防腐木砖外面再钉防腐木块。待墙面粉刷做完后，即可钉踢脚板，用明钉钉牢在防腐木块上，钉帽砸扁冲入板内。踢脚板板面要垂直，上边呈水平，在踢脚板与地板交接处，钉上三角木条（叠角条），以盖住缝隙。踢脚板在墙的阴、阳角处，应将板锯成 45°角，踢脚板接长处一定要在防腐木块上，企口或错口缝相接均可。

三、活动地板

活动地板，又称装配式地板，多用于设计标准要求较高的计算机房、仪表控制室和变电所控制室等处。活动地板表面平整（可达精度），尺寸规格标准，便于工业化生产，而且板面光洁、装饰性好，具有防腐蚀、防静电等性能。地板和楼板之间的空间可按使用要求随意设计，以容纳大量的电缆和管线。

（一）活动地板的操作工艺顺序

基层处理→定位弹线→设立支座→面板安装→精平检查。

（二）活动地板的操作工艺要点

（1）基层处理：基层楼地面应符合设计标高的要求，表面应平整，无明显的不平，不起砂。小面积起砂且不严重时，可用磨石将起砂部分水磨，直至落出坚硬的表面，也可用纯水泥浆加 108 胶水罩面。对于起砂严重的水泥面层应将面层全部剔除掉，清除浮砂，用清水冲洗干净后重新翻做面层。

活动地板上的荷载由支座传给楼地面，因此建筑结构应符合支座集中荷载在某些部位（如机房设备运输、安装处）过大的要求，否则应对结构进行加固处理。

为了使弹线清晰，应清扫楼地面。

（2）定位弹线：房间尺寸应该方正，为避免房间尺寸的误差，应先弹中间的十字轴线，然后按预定设计尺寸弹出正方格网线。正方网的尺寸应符合活动地板板块的尺寸。常用的板尺寸为 457mm × 457mm，600mm × 600mm 和 762mm × 762mm。

常用的活动地板钢支座　表 5-1

名称	示图	安装特点	适用范围
折装式支座	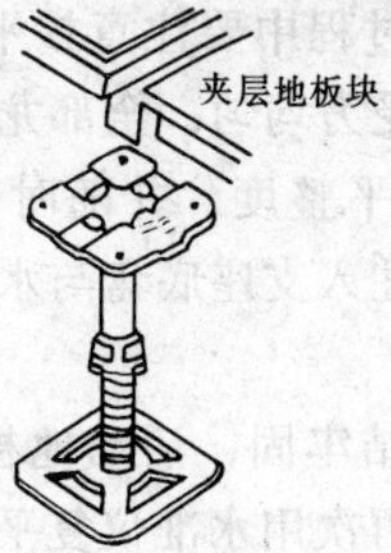 夹层地板块	从基层到装修地板的高度可在 50mm 范围内调节	1. 小面积房间 2. 有荷重限制 3. 可连接电器插座
固定式支座	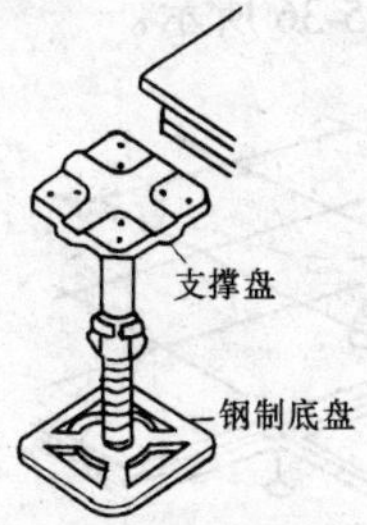 支撑盘 钢制底盘	无龙骨，每块板直接固定在支撑盘上	1. 普通荷载的办公室 2. 用作电子计算机的其他房间
卡锁搁栅式支座	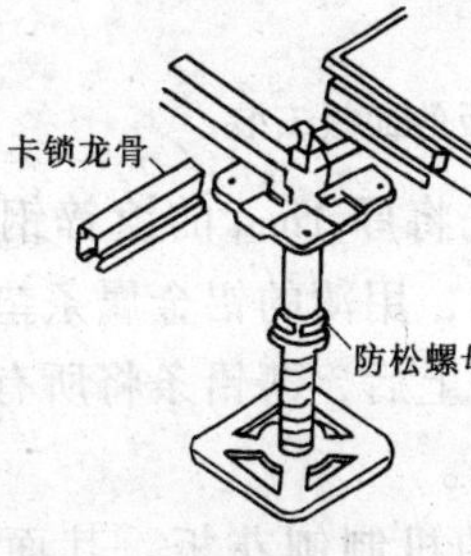 卡锁龙骨 防松螺母	龙骨卡锁在支撑盘上	有地板面板，需任意拆装要求的房间
刚性龙骨支座	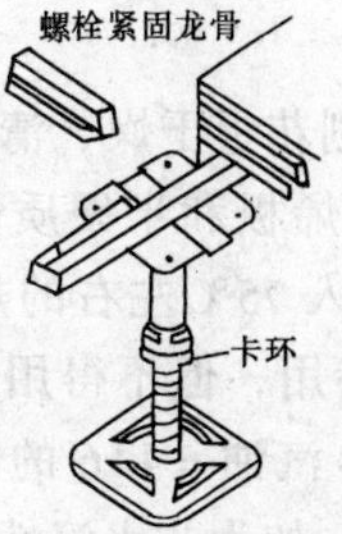 螺栓紧固龙骨 卡环	长 1830mm 的主龙骨跨在支撑盘上，用螺栓直接固定	能安置较重设备的房间

（3）设立支座：弹线经检查无误后，则可在方格网十字交叉处设立支座。常用的支座形式见表 5-1。然后，连接支座和轻型龙骨槽钢成为一框架结构。在连接过程中要注意抄平支座高度，调整连接螺栓，使每根支座平整，受力均匀。全部龙骨槽钢连成一整体框架后，再用水准仪检查其平整度，并随时调节支座螺栓，纠正高度。最后，用环氧树脂注入支座底盘与水泥楼等地面间空隙内，使之牢固连接。

（4）面板安装：待支座底盘粘结牢固，活动地板下的电缆、管线铺设完毕后，对槽钢面的标高再次用水准仪复平一遍，待标高无误后即可进行面板安装，如图 5-36 所示。

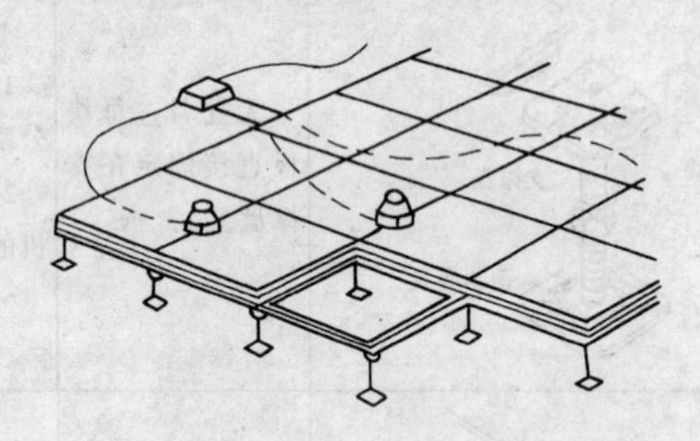

图 5-36 活动地板的面板安装

有防静电效应要求的房间，先将厚 1mm 的镀锌钢板粘贴在活动地板的底面。在铺盖槽钢之前，用薄的铝金属条垫在槽板和活动地板之间。这样，活动地板铺上后，薄铅条将所有活动地板镀锌钢底板连成一体，形成屏蔽层。

活动地板的板材用 40mm 厚的机制刨花板。其面层粘贴厚 1.5mm 的塑料板。

粘贴镀锌钢板和塑料板，要求刨花板干燥、清洁，铺时气温不低于 10℃。塑料板有软质聚氯乙烯板和半硬质聚氯乙烯板两种。软质聚氯乙烯板在铺粘前宜放入 75℃左右的热水中浸泡 10～20min 至板全部松软伸平后晾干待用，但不得用火炉或电炉预热。半硬质聚氯乙烯板一般用丙酮：汽油 = 1∶6 的混合溶液进行脱脂除蜡，贴塑料板所用的胶粘剂，如为非水溶性的，按厚胶粘剂的重量加10%的65号汽油和10%的醋酸乙脂（或乙酸乙酯）搅拌均匀。如用水溶性胶粘剂可接厚加适量的水性溶剂搅拌均匀。粘贴时，塑料板和刨花板各涂刮胶粘剂，待胶粘剂干燥至不粘手时粘贴。粘贴应从接合处向另一边粘贴，赶走空气，防止鼓泡。粘贴3~5min后用重约0.75kg木锤均匀锤打，严密粘结。

（5）精平检查：活动地板的面板安装后就可进行设备就位。就位后必须将设备和活动地板的槽钢架用螺栓固定，然后进行设备的接线工作。由于设备在搬运和安装过程中，不可避免的有各种动荷载。设备就位后，局部荷载明显增加，这些荷载都会不同程度地引起活动地板框架结构的变形。所以在全部设备就位和地下安装的管线施工完毕后，还要用水准仪精平检查一遍，将地板平面调整至满足设计要求为止。

第三节　螺旋楼梯

螺旋楼梯因其外形美观新颖，既满足功能要求，又丰富了建筑造型，多在高级大型公用建筑中采用。

螺旋楼梯在旋转方向上可分为左旋梯（顺时针旋转）和右旋梯两种。在结构上可分为木结构、钢结构、钢筋混凝土结构、混合结构等。由于木材本身的强度限制，木螺旋楼梯有很大的局限性，建议结构部分采用钢筋混凝土，楼梯面层及栏杆扶手采用木结构这种混合结构方式。

钢筋混凝土楼梯在结构形式上分为梁板式和板式两种。板式多用于宽度窄、重量轻的小型楼梯。梁板式多设置单梁，梁设在楼梯中轴线处，也可设在载荷作用线的位置。平台布置上也可以有不同旋转半径相结合，左右旋相结合，带有部分直线段或中间休息台等类型。

螺旋楼梯在力学上是多次超静定结构，内力变化比较复杂，截面上6个内力在沿中轴线不同位置处有各自不同的变化规律，并互有影响，没有明显的变化规律可以遵循，梁式螺旋楼梯采用以梁的中轴线作为杆件计算轴线，板式螺旋楼梯则以楼梯的中轴线视为杆件计算轴线的单跨空间曲梁。

一、螺旋楼梯简易模型分析

（一）螺旋线的曲率半径

螺旋楼梯的内外两侧是由同一圆心的两条不同半径的圆柱螺旋线组成的螺旋面分级而成，如图 5-37 所示。

在建筑工程中，一整螺距 h 内的 h_0 处往往设有楼梯平台，所以，在各层平台间的螺旋线是螺距内的部分螺旋线，如图 5-38 所示。

由于空间曲线类构件的制作比较复杂，现采用分段平面圆弧来代替空间螺旋弧线（忽略弧线的挠率）。当分段弧度角 θ^3 与层高 h_0 的乘积 $\theta^3 \cdot h_0 \leqslant 300\text{mm}$ 时，其近似程度足够满足建筑工程的需要，所以，当螺旋线曲率半径 ρ 作为分段平面圆弧的半径 r 时，在螺旋楼梯的施工放样中具有重要意义。螺旋楼梯钢、木扶手制作，木螺旋楼梯的龙骨料、钢筋混凝土螺旋楼梯的底板搁栅、侧模板等配制和安装都应先求得 ρ 值。

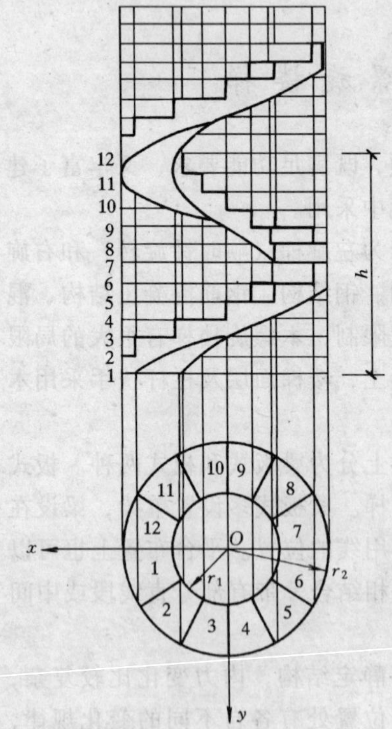

图 5-37　螺旋楼梯侧面的形成

$$\rho = r + \frac{h^2}{4\pi^2 r}$$

式中　r——圆柱半径；

h—螺距。

（二）螺旋楼梯的定位、坡度计算

1．平面定位计算

螺旋楼梯的水平投影为圆形，其平台往往用角度制表示

(见图 5-39)。

2. 坡度计算

圆柱螺旋线同时也可以看作一条贴于圆柱表面的直角三角形的斜边，如图 5-40 所示。该直角三角形的底边等于圆柱底圆的周长，高等于螺距。

由于螺旋楼梯有内外两个侧面，设内侧半径为 r_1，外侧半径为 r_2，则踏步内侧坡度为 $\tan\alpha_1=\dfrac{h}{2\pi r_1}$，外侧坡度为 $\tan\alpha_2=\dfrac{h}{2\pi r_2}$。可见同一螺旋楼梯的踏步其内外踏步三角是不同的，如图 5-41 所示。

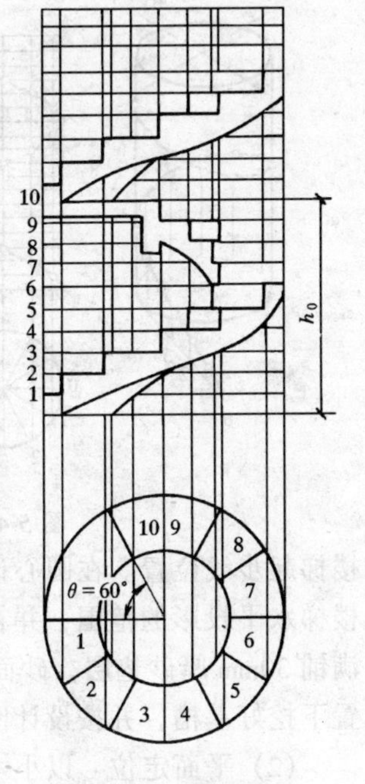

图 5-38 非整螺距的螺旋楼梯

二、螺旋楼梯的模板制作与安装

(一) 木模制作与安装的操作工艺顺序

定位放线→组合支架→底板铺设→侧板制作安装→安踏步挡板。

(二) 木模板的操作工艺要点

1. 定位放线

(1) 基层找平　按设计图样定出螺旋楼梯平面投影的圆心及

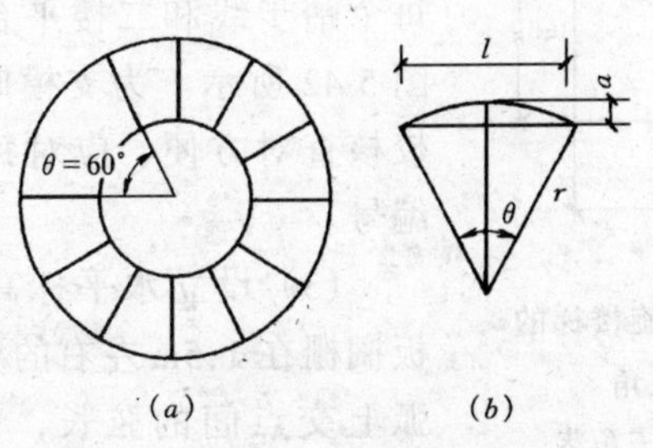

图 5-39 螺旋楼梯的平面定位

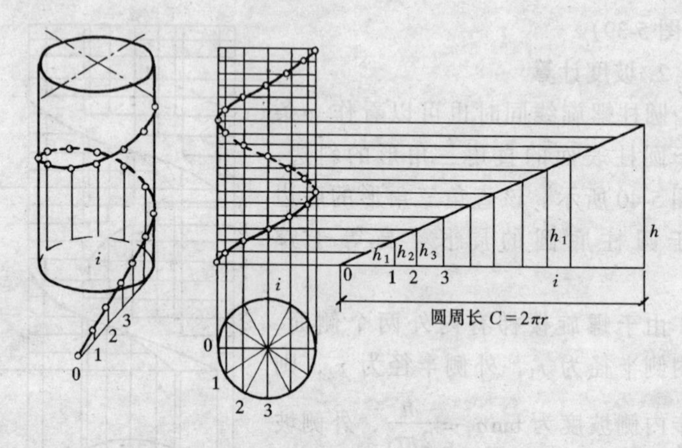

图 5-40　螺旋楼梯的坡度

楼梯起步线位置。在圆心设立小木桩及圆心十字标志，由此定出楼梯水平投影的范围，并在此范围内进行地基土平整夯实，然后满铺 30mm 厚砂垫层，砂面上统铺 50mm 厚垫木。在楼梯起步位置下挖好基槽，并按设计图要求做好垫层。

（2）平面定位　以小木桩上的十字标志为圆心，长木杆作为工具，在垫木上画出以 r_1、r_2 为内、外半径的两个同心圆弧线，作为螺旋楼梯的内、外侧面的水平投影。算出每个踏步在外圆弧上的弦长，以此来定出每个踏步线与圆弧的交点。然后用墨斗连接圆心与该交点，逐一弹出每个踏步线和二楼平台梁的位置，如图 5-42 所示。为支模时，尺寸、标高校核查对方便，应对每个踏步线进行编号。

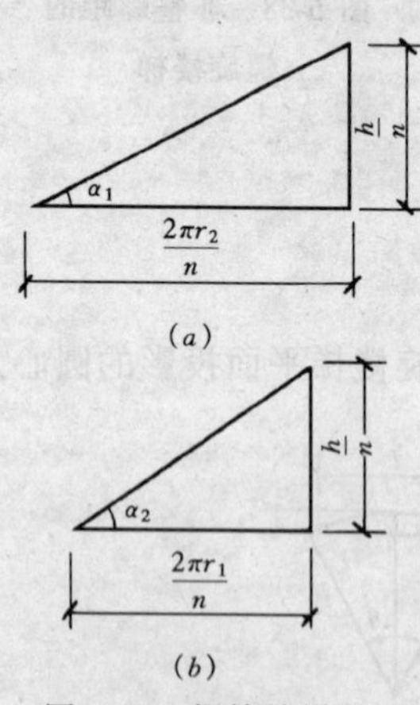

图 5-41　螺旋楼梯的踏步三角

（a）外踏步三角落；（b）内踏步三角

（3）设立水平标高　根据最长底板搁栅在 1.5m 左右的要求，查核外圆弧上交点间的弦长，确定牵杠位置。一般以 2～3 个踏步间隔为宜。在牵杠

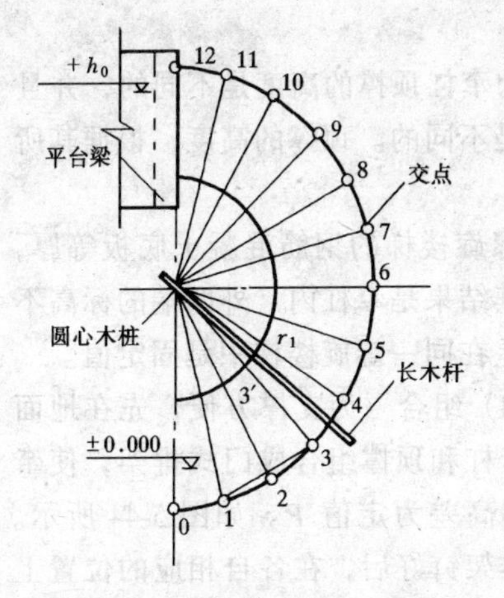

图 5-42　木模渐近法的平面定位示意

位置边的两端设立标高木桩，然后用水准仪对这些木桩，包括圆心木桩划上±0.000标高线。其中圆心木桩标高作为整个螺旋楼梯结构和建筑标高的依据，牵杠木桩标高则在支模时控制每道牵杠的水平标高。

2. 组合支架

（1）搁栅　搁栅的间距一般以不大于400mm为宜，根据踏步的宽度即可确定搁栅搁置的位置及数量。为使搁栅上的楼梯底拼接较为平滑，前后搁栅宜首尾相接。搁栅的长度可在牵杠设置后直接量取，也可通过放样或计算得到，如图5-43所示。

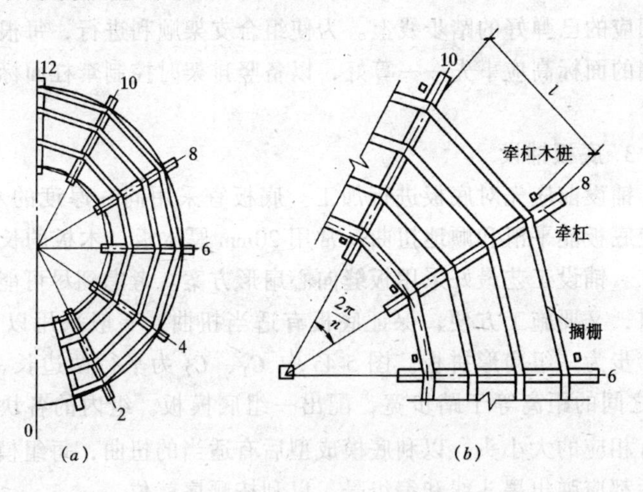

图 5-43　牵杠和搁栅的布置平面图

（2）牵杠　牵扛可用与搁栅相同断面规格的木料，宜侧放。其长度一般比踏步长出800mm左右，以便于螺旋楼梯内、外侧模板的支撑。

（3）牵杠顶撑　各踏步下的牵杠顶撑的高度是不同的，并且同一牵杠下的顶撑内外高度也是不同的。顶撑的高度，根据其所在踏步线的位置可以计算确定。

尽管踏步面呈水平状态，螺旋楼梯的钢筋混凝土底板等厚，但楼梯内、外侧的坡度不同，其结果是牵杠内、外两端的标高不同。每根牵杠内、外两端的高差在同一螺旋楼梯中是固定值。

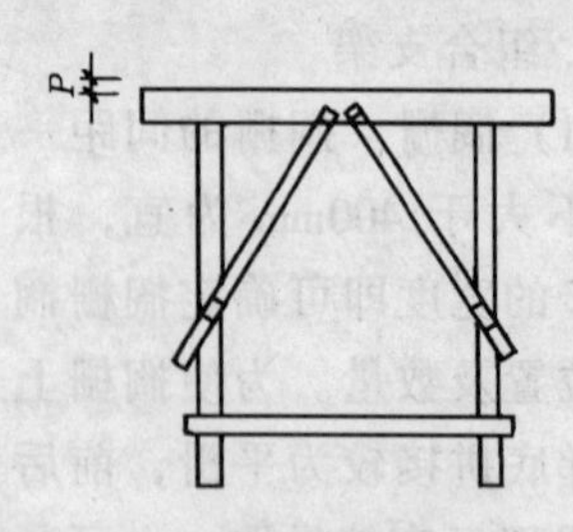

图 5-44　门式排架

（4）组合　为支撑方便，先在地面上将牵杠和顶撑组合成门式排架，使牵杠两端高差为定值 P。如图 5-44 所示。每榀排架钉好后，在各自相应的位置上就位，上面钉上搁栅，各排架间用拉杆相互搭牢。排架就位时必须根据牵杠木桩上的水平标高来控制牵杠两端的面标高，并且用线锤垂吊，使牵杠中心线落在相应的已弹好的踏步线上。为使组合支架顺利进行，每根牵杠两端的面标高应事先一一算好，以备竖排架时控制牵杠面标高查用。

3. 底板铺设

铺设前应先对底板进行加工。底板宜采用同一厚度的木板。为使底板能平滑和顺地扭曲，常用 20mm 厚木板。木板的长度同牵扛。铺设工艺最好采用板缝向心扇形方案。考虑到尽可能节省木料，又要施工方便，保证底板有适当扭曲，一般采用以 2 ~ 3 个踏步为一组扇形拼板。图 5-45 中 C_1、C_2 为平行两边长，C_1、C_2 之间的距离等于踏步宽，配出一组底模板。组内的各块板都应有相应的大小头，以利底模成型后有适当的扭曲，每组模板配制后都应弹出墨斗线和编组号，以利按顺序就位。

踏步 11 ~ 12 下面的底板下以一步一组配模，可按上述步骤配出底模板。踏步 0 ~ 1 下面有基础梁，扣除梁宽，一般用 1 ~ 2 块木板直接配缺即可，不必另行放样计算。

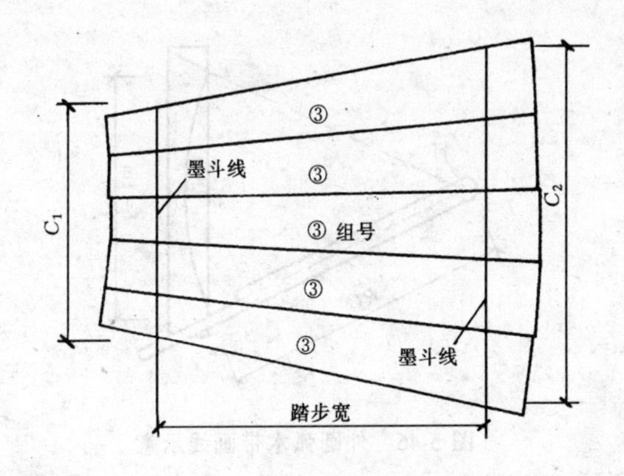

图 5-45　底模板配制图

钉底模时应以一组为单位，每块模板则按弹好墨斗线顺序钉，而且墨斗线应各自对准内、外面两侧上的搁栅外缘。

由于底模配制是以分段圆弧上的弦线来代替空间螺旋曲线，每组模板中的各块模板是逐块收分，所以，该工艺称作“木模渐近拼接法”。

4. 侧板制作安装

螺旋楼梯踏步的外边缘有多种建筑形式的处理方法，如两端挑檐、两端上翻口等。

(1) 侧模制作　侧模面板用纤维板较为经济，板肋采用圆弧木带，木带板厚为 20～25mm。为安装方便，侧模板以每段弦长 1m 作为基本规格。由于侧模在踏步起止端上有相应的坡度角，应先制作中间标准段，起止两端在侧模安装时锯去相应的坡度角即可。

(2) 圆弧木带的制作　首先利用画线长杆在木板上画线，长杆在中间弹出墨斗线，端部依墨斗线锯去部分即可画线，如图 5-46所示。然后用绕锯锯去，再用铁柄刨修正。

(3) 钉面板　首先应定出内、外面板的宽度。由于螺旋楼梯的钢筋混凝土底板厚均为 A，每个踏步高度为 h_0/n，但内、外侧的坡度角分别为 α_1 和 α_2，所以内、外面板的宽度也不同，如

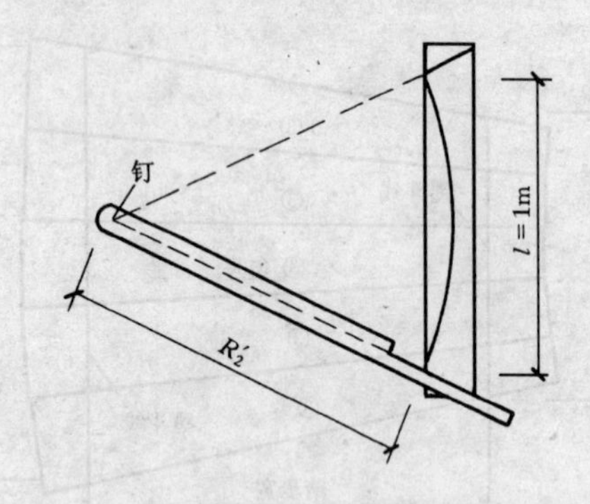

图 5-46　外圆弧木带画线示意

图 5-47 所示。

内面板宽　　$M_1 = A + \frac{h_0}{n}\cos\alpha_1$

外面板宽　　$M_2 = A + \frac{h_0}{n}\cos\alpha_2$

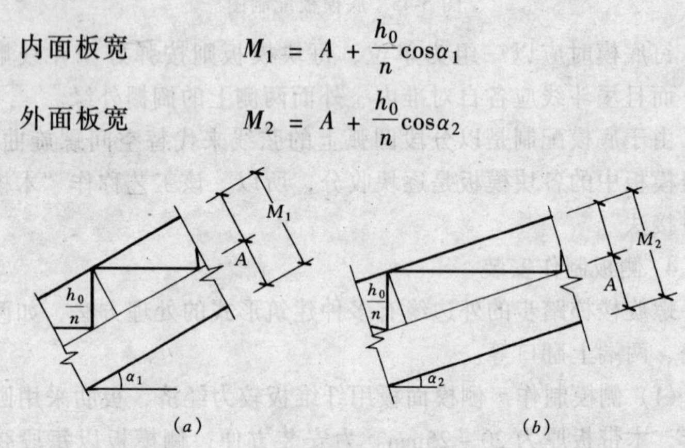

图 5-47　侧面面板

(a) 内面板；(b) 外面板

内、外面板的长度即为相应木带上的弧长，可各自直接量取。然后在每块面板上设 3 道木带，用小钉钉上即可。

(4) 侧模安装　将垫木上各踏步线与内、外圆弧的交点用线锤引至底模上，利用内、外侧模连成光滑弧线，然后安钉侧模，在踏步的起止端各锯去相应的坡度角，最后设置小木条斜撑，以控制侧面垂直即可。

5. 安踏步挡板

先将踏步点从底模上引至侧模板上，或用钢卷尺按实量出内、外侧模的弧长，按踏步数 n 划分，然后用水准尺竖直画出踏步位置，钉上小木条，最后在这些木条上钉上踏步挡板。在踏步挡板中间再设置小木撑。

钉踏步板时，应逐块用水准尺校正，使上口为水平状态，踏步挡板面如有弯曲，应使凸边向上。

（三）木模安装的质量标准

1. 主控项目

模板及支架必须有足够的强度、刚度和稳定性；其支架的支承部分有足够的支承面积。如安装在地基土上，地基土必须坚实并有排水措施。对湿陷性黄土，必须有防水措施；对冻胀性土，必须有防冻融措施。

2. 一般项目

(1) 模板接缝不应漏浆，在浇筑混凝土前，模板应浇水湿润，大模板内不应有积水。

(2) 模板与混凝土的接触面应清理干净并采取隔离措施。

(3) 浇筑混凝土前，模板内的杂物应清理干净。

(4) 对清水混凝土工程及装饰混凝土工程应使用能达到设计效果的模板。

3. 允许偏差项目

模板安装和预埋件、预留孔洞的允许偏差和检验方法见标准规定。

三、螺旋楼梯栏杆扶手制作与安装

混合结构的螺旋楼梯空间螺旋曲面采用钢筋混凝土结构，具有较高的强度和安全性，造价也较经济。为突出民族建筑特色，楼梯的栏杆和扶手则采用木结构，其施工方法完全与木楼梯相似。只是在钢筋混凝土浇筑成的螺旋楼板上再铺设木制踏步板和踢脚板，安装木制栏杆和扶手。

螺旋楼梯的栏杆是设立的安全设施，也起装饰作用，由立杆和扶手组成。在制作木螺旋楼梯栏杆时，立杆上端凸榫插入扶手木内，下端则插入斜梁内。斜梁用螺栓固定于钢筋混凝土中，立杆之间的距离一般不超过150mm，木扶手和斜梁的高度则根据构件的强度、刚度和美观要求确定。

（一）螺旋楼梯栏杆扶手的制作

1. 螺旋楼梯栏杆扶手的操作工艺顺序

放样→落料→画线→绕锯→做榫→修正→刨光。

2. 螺旋楼梯栏杆扶手的操作工艺要点

（1）放样　螺旋楼梯的栏杆扶手是空间螺旋体，扶手应是分段制作后再立体拼装，所以其放样也只能是分段在各侧面上进行放样分析。

设有一螺旋楼梯层高为 h_0，踏步旋转角度为 ωt，踏步数为 n，内外侧面的圆弧半径为 r_1 和 r_2。需做木扶手的高度为 b，厚度为 δ，扶手木制品每段拼装长度（指弦长）为 l，内、外扶手的轴线在水平地面上的投影半径为 r_1 和 r_2。该木扶手的放样应主要按下列步骤进行：

1）加工料厚度面上的放样　首先计算内、外扶手分段圆弧半径和矢高。如图5-48所示。

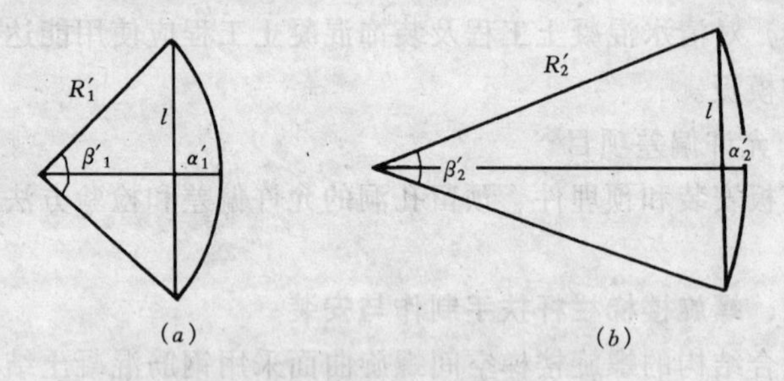

图5-48　扶手加工料厚度的放样

（a）内扶手；（b）外扶手

2）加工料高度面上的放样，计算内、外扶手的倾斜值和翘曲值。从图5-49（a）中可知，由于扶手曲线的坡度使每段扶手在同一侧上、下两根曲线前后错位，随之曲面上边线与底面垂直边线在同一截面处发生不同程度的外倾（如 CD'）和内倾（如 $A'B$），

于是 $A'BD'C$ 成为一个翘曲的凹曲面，相应也有翘曲的凸曲面。

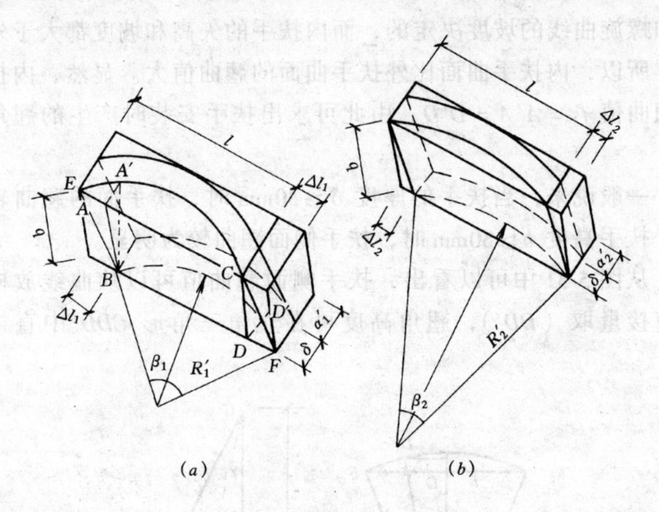

图 5-49　扶手

（*a*）内扶手；（*b*）外扶手

由于翘曲的缘故，在立体安装中，原来的（厚度）平面变成了斜面，如图 5-50（*a*）所示，造成上、下（厚度）面上有凸出角，如图 5-50（*b*）所示，因此，扶手加工料的高度至少要放出这些翘角加工量，即加工料高度大于扶手高度 *b*。

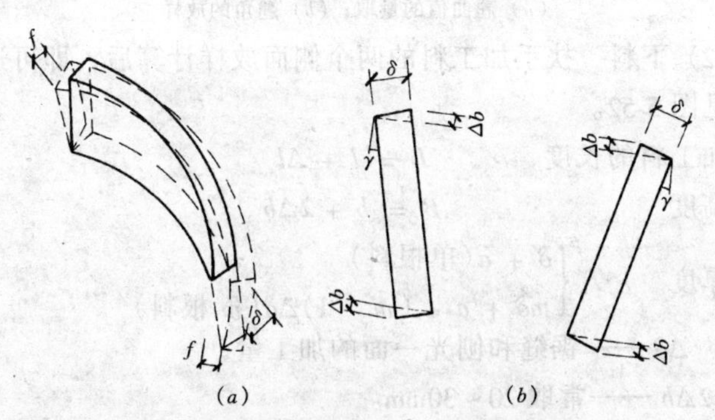

图 5-50　扶手翘角加工工量的产生

（*a*）扶手的翘曲；（*b*）翘曲引起的错位值

从图 5-49（a）中可知，扶手曲面的翘曲值，是由圆弧的矢高和螺旋曲线的坡度决定的，而内扶手的矢高和坡度都大于外扶手，所以，内扶手曲面比外扶手曲面的翘曲值大。显然，内扶手的翘曲值 $f_1 = A'A = D'D$。由此可求出扶手安装时产生的翘角高度。

一般说来，当扶手的厚度 $\delta \geqslant 30$mm 时，扶手面的翘曲较明显；扶手高度 $b \geqslant 80$mm 时，扶手侧面翘曲较为明显。

从图 5-51 中可以看出，扶手侧面翘曲值可以从曲线放样图中直接量取（DD'），翘角高度可在直角三角形 CDD' 中直接套取。

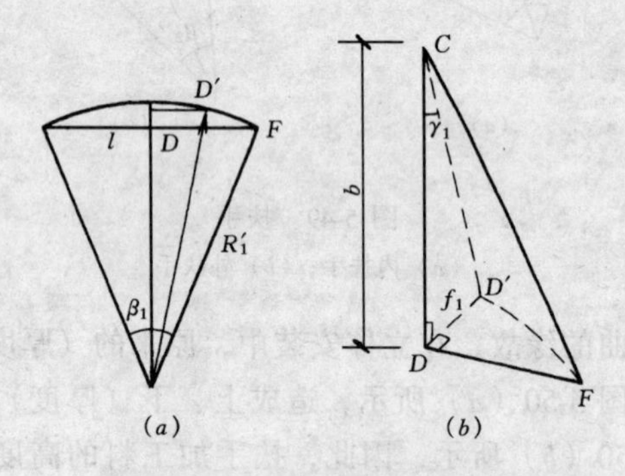

图 5-51　扶手翘曲放样
（a）翘曲值的量取；（b）翘角的放样

（2）下料　扶手加工料的两个侧面放样计算后，即可进行下料，见图 5-52。

加工料的长度　　$L = l + \Delta l$

高度　　$B = b + 2\Delta b$

厚度　$\begin{cases} \delta + a(\text{单根料}) \\ m\delta + a + (m-1)\Delta\delta(m\ \text{根料}) \end{cases}$

式中　$\Delta\delta$—— 锯缝和刨光一面的加工量；

$2\Delta b$ ——常取 20 ~ 30mm。

（3）画线　根据图 5-52 所示，在两个相邻侧面刨光成直角后，即可根据放样的数据分别进行内、外扶手的画线。由于曲线

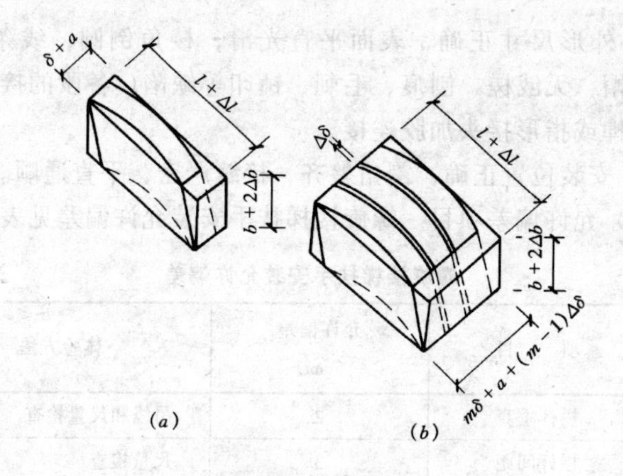

图 5-52　扶手画线
(a) 单根料；(b) m 根料

是错位的，所以，必须 4 个侧面都同时画上细线。

(4) 绕锯　锯料时应将落好的块料竖放固定，由两个木工用绕锯各按自己的一面的细线锯割，使锯出的曲面能正确地为绕曲形状。

(5) 做榫　曲面绕锯成单块扶手后，两端按细线锯成拼接斜面。然后两端按拼缝顺序各做雌雄榫。

(6) 修正　各段扶手在栏杆上由下而上拼接时，如榫肩有误差应及时修正。拼接后扶手的平面，一端向左倾斜，一端向右倾斜，使接头处有角凸出。内扶手倾斜较多，其修平值为 20~30mm；外扶手倾斜较少，其修平值为 10mm 左右。对凸出部分可先用斧修去，然后用粗短刨加工。

(7) 刨光　最后用细刨对扶手进行仔细刨光，上面还需将直角边刨成小圆角，打磨光滑。

3. 螺旋楼梯栏杆扶手的质量标准

(1) 主控项目　扶手的木料宜用硬木，木料要干燥，其含水率一般应控制在 5%，以免收缩脱胶，产生裂缝。木材表面采用油溶性防腐剂，进行必要的防腐处理。

(2) 一般项目

1）外形尺寸正确，表面平直光滑，棱角倒圆，线条通顺，不露钉帽，无戗槎、刨痕、毛刺、锤印等缺陷。各段的接头应用暗雌雄榫或指形接头加胶连接。

2）安装位置正确，割角整齐，接缝严密，平直通顺。

（3）允许偏差项目　螺旋楼梯扶手安装允许偏差见表5-2。

螺旋楼梯扶手安装允许偏差　　表5-2

项次	项　目	允许偏差（mm）	体验方法
1	栏杆垂直	2	吊线和尺量检查
2	栏杆间距	3	尺量检查
3	扶手纵向弯曲	4	拉通线和尺量检查

第四节　细 木 制 品

一、楼梯扶手

楼梯扶手按其所用材料不同，有木扶手、塑料扶手、钢管扶手等。

（一）木扶手

楼梯木扶手用料必须经过干燥处理。一般木扶手用料的树种有水曲柳、柳桉、柚木、樟木等。扶手形状和尺寸有许多种，应按设计图纸要求制作。扶手底部开槽，安装在栏杆的顶面铁板上。铁板上每隔300mm钻一个孔，用长为30～35mm的木螺丝将扶手固定。扶手接头的连接用$\phi 8\times$（130～150）mm的双头螺钉（橄榄螺钉）。弯头与扶手连接处应设在第一步踏步的上半步或下半步之外。当楼梯栏板之间的距离在200mm以内时，弯头可以整只做；当大于200mm时，可以断开做。

1.直扶手制作

木扶手在制作前，必须按设计要求做出扶手的横断面样板。先将扶手底面刨平刨直，然后画出中线，在扶手两端对好样板画出断面，然后刨出底部凹槽，再用线刨依端头的断面线刨削成型，刨时需留半线。

2. 木扶手弯头制作

木扶手弯头按其所处位置的不同，有拐弯，平盘弯和尾弯等多种。下面以休息平台处的拐弯为例，说明制作过程。

(1) 操作工艺顺序

斜纹出方→画底面线→做准底面→画侧面线和断面线→加工成型→钻孔凿眼→安装→修整。

(2) 操作工艺要点

1) 斜纹出方：制作弯头的木料，必须从大方木料上斜纹出方而得。斜纹出方的角度，根据大方木料的宽度不同而有多种。45°斜纹出方是常用一种，见图 5-53 (*a*)。若大方木料的宽度稍有不足，不能满足弯头尾伸出长度不小于踏步宽度一半的要求时，可采取小于45°的斜纹出方，见图 5-53 (*b*)。若大方木料的高度稍有不足时，可采取图 5-53 (*c*) 所示的双斜出方的办法，予以解决。

2) 画底面线：根据楼梯三角木样板和弯头的具体尺寸，在弯头料的两个直角面上画出弯头的底面线。

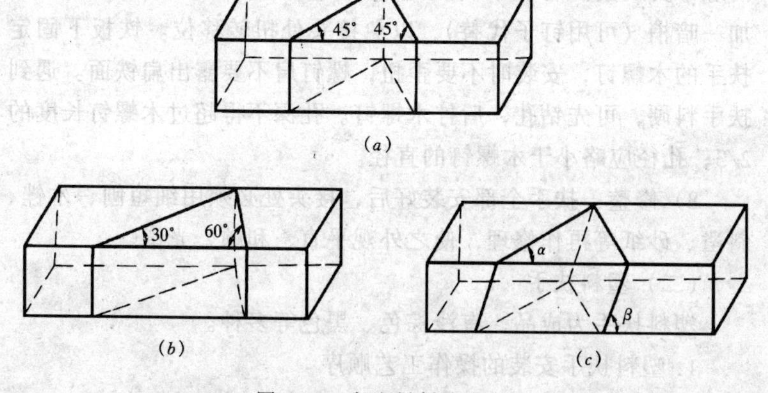

图 5-53 弯头料斜纹出方

(*a*) 45°斜纹出方；(*b*) 30°斜纹出方；(*c*) 双斜出方

3）做准底面：按线锯割、刨平底面，并在底面上开好安装扶手铁板的凹槽。要求槽底平整、槽深与铁板厚度一致。

4）画侧面线和断面线：将底面已做准的弯头料和一根较长的直扶手，临时固定在栏杆铁板上，在弯头料的端面画出直扶手的断面线。然后，取一根1m左右的直尺靠着直扶手侧面上口，在弯头料顶面画出直扶手的延长线。画线后，再目测校核所画的线与直扶手是否通直。最后，将该弯头料和直扶手编号，以免组装时搞错。

5）加工成型：锯割、刨削弯头时应留半线。内侧面要锯得平直。弯头阴角处呈一小圆角，锯割时，不得锯进圆弧内。圆角处应用相应的圆凿修整。

6）钻孔凿眼：弯头成型后，在弯头端面安装双头螺栓处垂直钻孔，孔深比双头螺栓长度的一半稍深些，钻头直径比螺栓直径大0.5~1mm。同时，在弯头底面离端面50mm以外凿眼或钻孔。此眼应与端面所钻的孔贯通，且放深10mm左右。眼的大小应比双头螺栓的螺母直径稍大些。

7）安装：扶手安装，一般由下向上进行，先将每段直扶手与相邻的弯头连接。然后，再放在铁板上作整体连接。双头螺栓的螺母要旋紧。若扶手高度超过100mm时，双头螺栓的上部宜加一暗梢（可用钉子代替），以免接头处扭转移位。铁板下固定扶手的木螺钉，安装时不要歪扭，螺钉肩不要露出扁铁面。遇到扶手料硬，可先钻孔，后拧木螺钉。孔深不得超过木螺钉长度的2/3；孔径应略小于木螺钉的直径。

8）修整：扶手全部安装好后，接头处必须用细短刨、木锉、斜凿、砂纸等再作修理，使之外观平直、和顺、光滑。

（二）塑料扶手

塑料扶手为成品，有浅棕色、黑色等多种。

1. 塑料扶手安装的操作工艺顺序

准备工作→塑料扶手安装→塑料扶手对接→表面处理。

2. 塑料扶手安装的操作工艺要点

（1）准备工作：栏杆扶手的支承托板要求平整顺直；拐弯处的托板角度要方正平直；并将托板上的残留焊渣清除干净；每个单元楼梯应选用颜色一致的塑料扶手。

除了常用工具外，还需准备焊接设备和加热工具（如热吹风等）。

（2）塑料扶手安装：先将扶手材料加热到65～80℃，这时材料变软，很容易自上而下地包覆在支承上，有的型号也可用螺钉刀或专用撬板撬上去，但应注意避免将其拉长。支承的最小弯曲半径通常为76mm，对这些小半径扶手，安装时可用一些辅助工具。塑料扶手的断面及安装如图5-54所示。

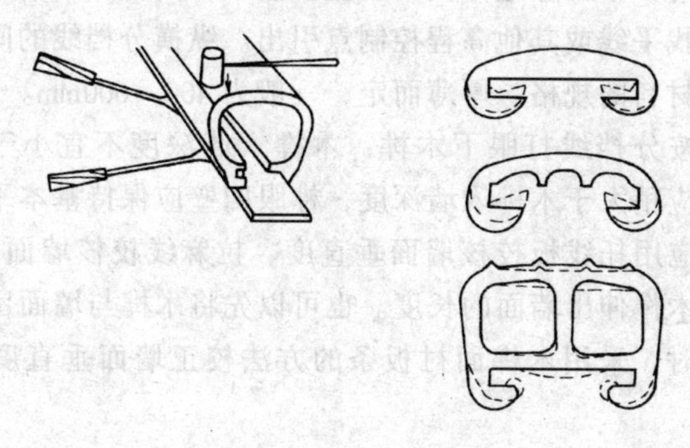

图5-54　塑料扶手的断面及安装

（3）塑料扶手的对接

①对缝焊接：焊接的断面可以是垂直的，也可以是倾斜的。焊接时，手持焊条，施加压力应均匀合理，焊条施力方向应与母体材料的焊缝成90°。焊好的焊缝表面不得有裂纹或断裂。

②对缝胶接：常用的胶结材料有601号胶粘剂或环氧型、橡胶型和聚氨酯等胶结剂，对缝胶结时，缝要严密，胶粘剂涂抹要饱满，粘贴要牢固，胶接要平整。

③表面化处理：塑料扶手对接后的表面必须用锉刀和砂纸磨光，但注意不能使材料发热，可用冷水冷却，最后用一块布蘸些快干溶剂轻轻擦洗一下，再用无色蜡抛光，就可得到光滑的表

面。

二、护墙板（木台度）

（一）操作工艺顺序（以胶合板面层为例）

按图弹出标高水平线和纵横分档线→按分档线打眼，下木榫→墙面做防潮层，并钉护墙筋→选择面料，并锯割成型→钉护墙板面层→钉压条。

（二）操作工艺要点

（1）弹标高水平线和纵横分档线：按图定出护墙板的顶面、底面标高位置，并弹出水平墨线作为施工控制线。定护墙板顶面标高位置时，不得从地坪面向上直接量取，而应从结构施工时所弹的标高找平线或其他高程控制点引出。纵横分档线的间距，应根据面层材料的规格、厚薄而定，一般为400～600mm。

（2）按分档线打眼下木榫：木榫入墙深度不宜小于40mm，榫眼深度应稍大于木榫入墙深度，榫眼四壁应保持基本平直。下木榫前，应用托线板校核墙面垂直度、拉麻线校核墙面平整度，以此决定木榫伸出墙面的长度。也可以先将木榫与墙面留平，在钉护墙筋时，采用木榫面衬板条的方法校正墙面垂直度和平整度。

（3）墙面做防潮层，并钉护墙筋：防潮层材料，常用的有油毡和油纸。油毡和油纸应完整无损，随铺防潮层随钉护墙筋，将油毡或油纸压牢，并校正护墙筋的垂直度和水平度。护墙板表面若采取离缝形式，钉护墙筋时，钉子不得钉在离缝的间距内，应钉在面层能遮盖的部位。

（4）选择面料，并锯割成型：选择面板材料时，应将树种、颜色、花纹一致的材料用于一个房间内，要尽量将花纹木心对上。一般花纹大的在下、小的朝上；颜色、花纹好的安排在迎面，较差的安排在较背的部位。若一个房间内的面层板颜色深浅不一致时，应逐渐由浅变深，不要突变。面层板应按设计要求锯割成型，四边平直兜方。

（5）钉护墙板面层：钉面层前，应先排块定位，认清胶合板的正反面，切忌装反。钉帽应砸扁，顺纹冲入板内 1～2mm。离缝间距应上、下一致，左、右相等。

（6）钉压条：压条应平直、厚薄一致、线条清晰。压条接头应采用暗榫或45℃斜搭接，阴、阳角接头应采取割角结合。

三、门窗贴脸板、筒子板

（一）操作工艺顺序

制作贴脸板、筒子板→铺设防潮层→装钉筒子板→装钉贴脸板。

（二）操作工艺要点

1. 制作贴脸板、筒子板

用于门窗贴脸板、筒子板的材料，木纹应平直、无死节，且含水率不大于12%。贴脸板、筒子板表面应平整光洁，厚薄一致，背面开凹槽，防止翘曲变形，如图5-55所示。筒子板上、下端部，均各做一组通风孔，每组三个孔，孔径10mm，孔距40～50mm。

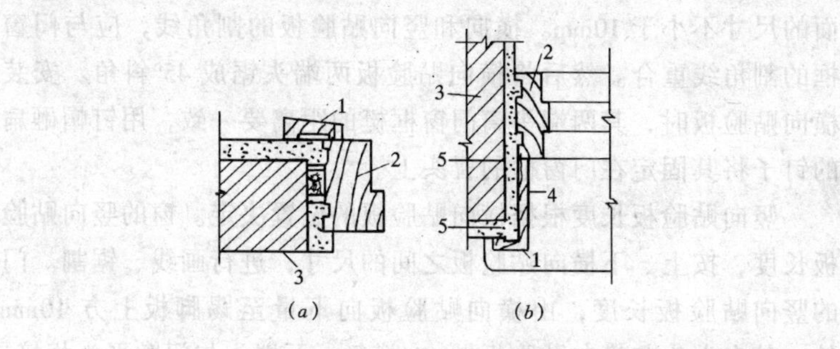

图5-55 贴脸板、筒子板的装钉

（a）贴脸板的装钉；（b）筒子板的装钉

1—贴脸板；2—门窗框梃；3—墙体；

4—筒子板；5—预埋防腐木砖

2. 铺设防潮层

装钉筒子板的墙面，应干铺一层油毡作防潮处理。压油毡的木条，应刷氟化钠或焦油沥青作防腐处理。木条应钉在墙内预埋防腐木砖上。木条两面应刨光，厚度要满足筒子板尺寸的要求。装钉后的木条整体表面，要求平整、垂直。

3. 装钉筒子板

首先检查门窗洞的阴角是否兜方，若有偏差，在装筒子板时要作相应调整。装钉筒子板时，先装横向筒子板，后钉竖向筒子板。筒子板阴角应做45°割角，筒子板与墙内预埋木砖要填平实。先进行试钉（钉子不要钉死），经检查，筒子板表面平整、侧面与墙面平齐、大面与墙面兜方、割角严密后，再将钉子钉死并冲入筒子板内。锯割割角应用割角箱，以保证割角准确。

4. 装钉贴脸板

门窗贴脸板由横向和竖向贴脸板组成。横向和竖向贴脸板均应遮盖墙面不小于10mm。

贴脸板装钉是先横向后竖向。装钉横向贴脸板时，先要量出横向贴脸板的长度，其长度要同时保证横向、竖向贴脸板搭盖墙面的尺寸不小于10mm。横向和竖向贴脸板的割角线，应与门窗框的割角线重合。然后将横向贴脸板两端头锯成45°斜角。安装横向贴脸板时，其两端头离门窗框梃的距离要一致，用钉帽砸扁的钉子将其固定在门窗框的冒头上。

竖向贴脸板长度根据横向贴脸板的位置决定。窗的竖向贴脸板长度，按上、下横向贴脸板之间的尺寸，进行画线、锯割。门的竖向贴脸板长度，由横向贴脸板向下量至踢脚板上方10mm处。其上端头与横向贴脸板做45°割角，下端头与门墩平头相接。竖向贴脸板之间的接头应采取45°斜搭接，接头要顺直。竖向贴脸板装钉好后，再装钉门墩子。

门墩子断面略大于门贴脸板，门墩子断面长度要准确，以保证两端头接缝严密。门墩子固定不少于两只钉子。装钉贴脸板、筒子板的钉子，其长度为板厚的2倍，钉帽砸扁顺纹冲入板内1～3mm。贴脸板固定后，应用细刨将接头刨削平整、光洁。

四、窗帘盒与窗台板

（一）操作工艺顺序

制作加工→预埋铁件→安装。

（二）操作工艺要点

1. 制作加工：应选择木纹清晰、美观、无疵病的表面作为大面，进行刨料，并用线刨起线，线条要均匀，深浅要一致；为了防止瓦形翘曲，底面根据要求剔削变形槽。

窗帘盒应做成割角相交，钉帽砸扁冲入板内，或用割角榫连接。长度一般比窗樘宽度每边大 100～150mm。

窗台板制作时断面形状与尺寸按设计要求，长度一般比窗樘宽度大 120mm 左右。

2. 预埋铁件：一般都在过梁或砖墙上预埋防腐木砖，也可预埋 2～4 个螺栓。如用燕尾扁铁时，也应在砌筑时一起安好，如用预制钢筋混凝土过梁时，也可预先安放“W”形扁铁套，上面用砖墙压住固定。木砖上宜事先钉上小钉，以便抹灰后，安装时能找到木砖的位置。

3. 安装：要将水平标高控制线引至上边，按线安装。同一面上有若干窗帘盒或窗台板时，要拉通线找平，标高必须以基本水平线为准，安装的纵横水平一致。

安装窗帘盒时，应与预埋件固定牢，与抹灰墙面接触要严密，安装窗帘轨时应弹线，不能只凭目测安装，以免不直。窗帘盒示意如图 5-56 所示。

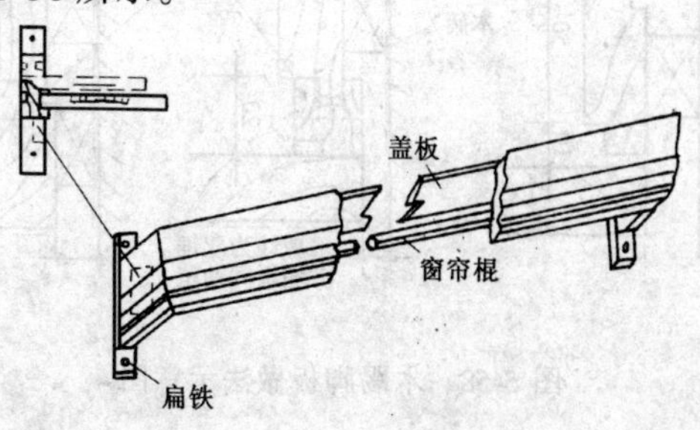

图 5-56　窗帘盒

安装窗台板时，先锯好开口后按窗框下帽的铲口将木砖与窗台板填水平。在试装合适后砸扁钉帽的钉子明钉钉牢并冲入窗台板内，板上不得砸有锤痕。窗台板与墙面交角处，需钉上预先刨光的窗台线，钉帽砸扁斜向钉牢冲入木内。窗台板安装示意如图5-57所示。

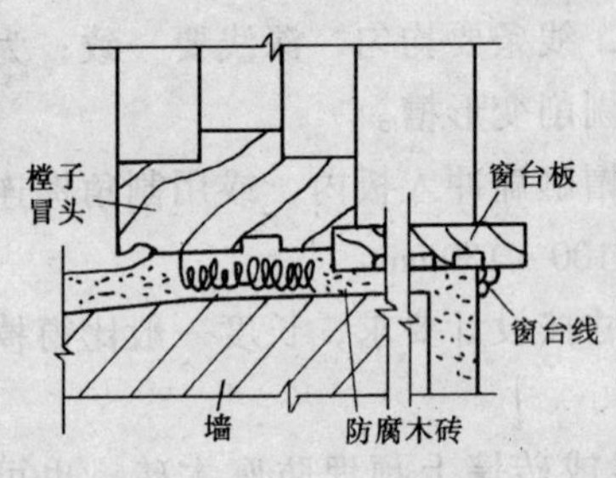

图 5-57　窗台板和窗台线

五、木踢脚板的安装

木地板房间的四周墙脚处应安装木踢脚板。它有硬木踢脚板和松木踢脚板，都是与木地板同时配装。木踢脚板的用料要干燥，含水率不超过15%。其规格，高度有80mm、100mm和120mm三种，厚度一般为18mm。制作时，踢脚板的背面应起槽，防止翘曲变化，外形又可做成多种线型（图5-58）。踢脚板安装应在木地板刨光和抹墙面罩面灰后进行。

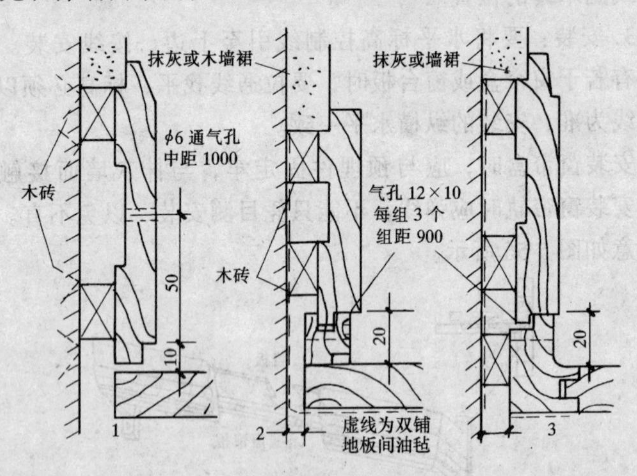

图 5-58　木踢脚板做法示意图

（一）砖墙安装木踢脚板

砖墙安装木踢脚板时，应先在墙内预埋 60mm × 60mm × 120mm 的木砖。但木砖要满涂防腐剂，横向中距为 400 ~ 600mm。图 5-58 中 1 是对松木地板的做法，高 20mm 的小龙骨作防腐处理后再钉在木砖上，横向要适当断开，并留有一定的通气空隙。木踢脚板背面作防腐处理后钉牢在龙骨上，其中间每隔 1000mm 要钻一 ϕ6mm 气孔。图 5-58 中 2、3 是对硬木地板的做法，在踢脚板与木地板转角处装成品木条，木条上每隔 900mm 有一组通气孔，每组有 ϕ12mm 孔三个，孔距 25mm。砖墙安装木踢脚板也可以不预埋木砖，墙面抹灰后，用冲击钻在墙上钻孔下木楔，上下木楔位置要错开，其横向中距为 400mm，而后用暗钉将踢脚板钉在木楔上。

（二）混凝土墙或石膏板墙安装木踢脚板

混凝土墙和石膏板墙通常比较平直，将墙面清理干净后，把木踢脚板背面涂胶粘结。如在混凝土墙粘结，先将踢脚板背面用有机溶剂擦洗均匀，再涂抹 XY401 胶粘结。如在石膏板墙粘结，则在木踢脚板背面涂抹 SG792 胶粘剂或其他有效胶粘剂粘结。

（三）有关要求

（1）踢脚板上需装墙裙时，要做到协调统一和美观，必须统一设计安装方案。

（2）踢脚板与立墙面应紧贴，上口平直，钉结牢固。

（3）安装踢脚板预埋的木砖、龙骨和踢脚板背面都应作防腐处理，涂刷防腐剂。

（4）装钉木踢脚板时，应将钉帽砸扁，用暗钉钉装。

（5）木踢脚板接头需作斜坡压茬，在墙角 90°转角处应作 45°斜角接头。

六、挂镜线

挂镜线是室内墙面上部装设的长线条，为室内悬挂镜框、画幅等而装设，故称为挂镜线，也起了室内装饰的作用。其种类有木制的、金属的和塑料的等，图 5-59 为其线型。

木制挂镜线用料可用松木或硬杂木，木材的含水率不得大于

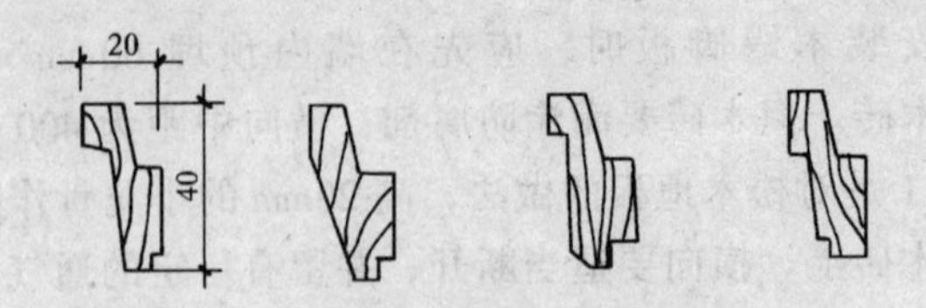

图 5-59　挂镜线安装方法

15%。挂镜线为一长的木线条，其规格尺寸为宽 40mm，厚 20mm，高度与窗顶和窗帘盒同高，沿室内四周钉结在墙上。安装操作方法与要求：

（一）混凝土墙安装

在安装挂镜线高度的位置上钻孔和下木楔，横向中距为 500mm 左右，再用铁钉暗钉固定。

（二）砖墙安装

在安装挂镜线高度的位置，砌砖时就将 60mm × 60mm × 120mm 的木砖防腐处理后，砌入墙体内，中距约 500mm。抹灰后再将挂镜线用铁钉暗钉固定（图 5-60）。

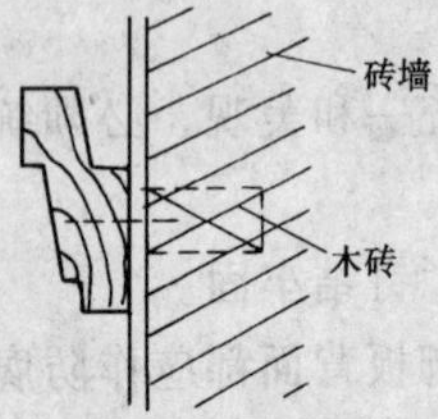

砖墙

木砖

图 5-60　挂镜线安装方法

（三）粘结挂镜线

如是较坚实的硬底墙，把安装挂镜线高度位置上的墙面清除干净，无油污或浮尘后，再用环氧树脂粘结牢固。

（四）挂镜线应用暗钉固定，接头需用斜茬搭接，在墙角处应以 45°斜茬接头。安装好后，上下边要平直一致。

七、壁柜及吊柜

壁柜、吊柜是最常用的柜，一般用来贮藏或摆放工艺纪念品，扇有透明玻璃扇和木扇之分。壁柜和吊柜的安装要满足装饰效果，达到美观大方，又要具有很强的功能要求。在安装壁柜、吊柜时要做到安装牢固；柜扇截口顺直、刨面平整光滑；活扇安装应开关灵活、稳定、无回弹和侧倾。柜的盖口板，压缝条压边尺寸一致。

壁柜、吊柜的框和架应在室内抹灰前完成，这样抹灰后使框架更加牢固，同时减少抹灰修补量。柜与墙的连接点间距应不大于50cm，预埋的木砖、埋件首先要牢固。轻骨料砌块预埋件和木砖应专门制作，预埋铁件和木砖的混凝土砌块，砌于框需固定的位置。

石膏板墙的GLC板上不宜安装吊柜，如需安装，上框要固定于楼板底皮，下框应用吊杆吊于楼板底下，不能直接受力于板墙上。框与木砖的连接钉子要钉牢；钢框与铁件要焊接牢固。吊柜如果是碗柜要适当加密连接点和吊杆。靠墙贴地面的木料要作防腐处理。利用室内统一标高和柜的尺寸，弹出柜框安装线，框架固定前应先矫正、套方、吊直，核对标高、尺寸，位置准确无误后，才可进行固定。如果遇到基体施工留洞不准，造成墙不方正，或楼板底高低不平时，不能在安装框时顺墙、板走，所造成的墙和板不平、不正问题单独处理。弹线找方正后进行检查，发现问题及时解决。

盖口条和压缝条的规格、尺寸应符合设计要求，进场时要进行核对。盖口条、压缝条进场后各方面应符合设计要求，进场时要进行核对。盖口条、压缝条进场后各面应涂刷底油漆一道，存放平整，保持通风。如果涂刷清漆的柜子，在安装盖、压条时要选材料的颜色，色差大的应挑出来，并进行修色处理。安装盖、压条时要仔细认真，做到接缝平整严密，拐角处做成八字角。

壁柜、吊柜加工时木材制品含水率不得超过12%，柜子进场后要认真进行检查验收，有窜角、翘扭、弯曲、劈裂缺陷的柜子应修理合格后再进行拼装。

活扇与框的对扇缝隙要均匀，上缝要小，夏天安装时缝隙可适当减少0.5mm，冬天安装时，缝隙要放大0.5mm以防冬夏变形，螺钉的数量、大小都应与合页配套，如果少螺钉，或松动也会造成开关不灵活。

八、各种形式的格扇制作、安装

格扇多用于建筑中的花窗、隔断、博古架等，这类格扇具有加工制作简便，饰件轻巧纤细，表面纹理清楚等特点。

（一）木格扇的制作

1. 料具选用

施工材料：

（1）木材：木格扇宜选用硬木或杉木制作，要求节疤少，无虫蛀、腐蚀现象。

（2）其他：铁板、铁钉、螺栓、胶粘剂等。

2. 制作工艺

（1）制作程序

木制格扇制作程序：选料、下料→刨面、做装饰线→开榫→做连接件、花饰。

（2）制作方法

1）选料、下料：按设计要求选择合适的木材。毛料尺寸应大于净料尺寸3~5mm，按设计尺寸锯割成段，存放备用。

2）刨面、做装饰线：用木公刨把毛料刨平、刨光，使其符合设计净尺寸，然后用线刨刮装饰线。

3）开榫：用锯、凿子在要求连接部位开榫头、榫根、榫槽，尺寸一定要准确，保证组装后无缝隙。

4）做连接件、花饰：竖向板式木格扇常用连接件与墙壁、梁固定，连接件应在安装前按设计做好，竖向板间的格扇也应做好。

（二）木制格扇的安装

1. 施工程序

木制格扇安装的施工程序：预埋（留）→安装→表面处理。

2. 安装方法

（1）预埋（留）：在拟安装的墙、梁、柱上预埋或预留铁件或凹槽。

（2）安装：分小格扇和竖向板式花格两种情况

1）小面积木质格扇可象制作木窗一样先预制好后，再安装到位。

2）竖向板式格扇则应将竖向饰料逐一定位安装，先用尺量出每一构件位置，检查是否与埋件相对，做出标记。将竖板立正吊直，与连件拧紧，随立竖板随装花饰如图形 5-61 所示。

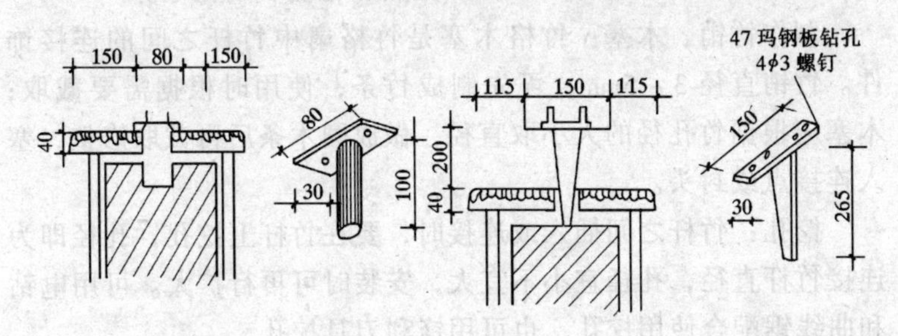

图 5-61　竖向板式格扇及随装花饰示意图

3）表面处理：木制格扇安装好后，表面应用砂纸打磨、批腻子、刷涂油漆。

（三）竹格扇制作

竹格扇多用于建筑物中的花窗、隔断、屏风、博古架等。这种格扇具有加工制作简便，构件轻巧纤细，表面纹理清楚等特点。

1. 料具选用

（1）施工材料

竹子：应选用质地坚硬、直径匀称、竹身光洁的竹子，一般整材使用，在使用前需做防腐处理，如用石灰浸泡等；

销钉：可用竹销钉或铁销钉；

其他：胶粘剂、螺栓等。

（2）施工工具

木工具、曲线锯、电钻或木工手钻、锤子、锋利刀具、砂纸等。

2. 制作工艺

（1）竹格扇的制作工序：选择并加工竹子→制作竹销、木塞→挖孔。

（2）制作方法

竹子的选择和加工：用于制作格扇的竹子要经过挑选。将符合要求的竹子进行修整，去掉枝杈，按设计要求切割成一定的尺寸，还可以在表面进行加工，如斑点、斑纹、刻花等。

制作竹销、木塞：竹格木塞是竹格扇中竹杆之间的连接饰件。竹销直径 3～5mm，可先制成竹条，使用时根据需要截取；木塞应根据竹孔径的大小取直径，做成圆木条后再截取修整，塞入连接点或封头。

挖孔：竹杆之间插入或连接时，要在竹杆上挖孔，孔径即为连接竹杆直径，孔径宜小不宜大，安装时可再行扩大。可用电钻和曲线锯配合使用挖孔，也可用锋利刀具挖孔。

（四）竹格扇安装

1. 安装施工

（1）施工工序

竹格扇安装施工工序：拉线定位→安装→连接→刷漆。

（2）安装方法

1）拉线定位：同其他格扇

2）安装：分小面积竹格扇、大面积竹格扇两种情况安装。竹格扇四周可与木框或水泥类地面层交接。

（A）小面积带边框格扇可在地面拼装成型后，再安装到位。大面积格扇则要现场安装。

（B）安装应从一侧开始，先立竖向竹杆，在竖向竹杆中插入横向竹杆后再安装下一个竖向竹杆，竖向竹杆要吊直固定，依次安装。

3）连接：竹与竹之间、竹与木之间用钉、套、穿等方法连接。以竹销连接要先钻孔，竹与木连接一般以竹杆钉向木板，或竹杆穿入榫中如图 5-62 所示。

4）刷漆：竹格扇安装好后，可以在表面刷清漆，起保护和装饰作用。

2. 注意事项

（1）竹格扇制作前，应认真选用优质原材料，并预先进行干燥、防虫、防腐等处理。

（2）原材料和成品都要防止暴晒，并尽量避免潮湿。

（3）堆放时要防止翘曲，要分层纵横交叉堆垛，便于通风干燥。堆放时要离地 30cm 以上，不可直接接触泥土。

（4）半成品未刷油漆前，要严格保持配料表面干净，否则将造成正式刷油漆时的困难。

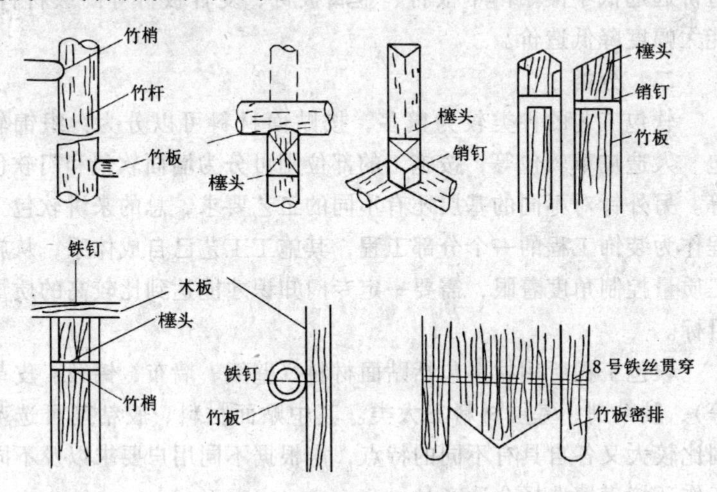

图 5-62　竹间连结示意图

第五节　软包墙面

一、特点

墙面及门窗的软包装饰是室内装饰最常用的手法之一，软包对墙面既起到很好的遮掩和保护作用，又有特殊的装饰效果。它具有很多的特点：一是装饰效果好，图案丰富多彩、色泽优雅。凹凸墙纸的立体感丰富，装饰层次感强。壁纸、墙布、锦缎和皮革等材料是贴面材料使用最为广泛的几类，其品种丰富，通过现代技术工艺经过压花、印花和发泡处理，能生产出具有特殊质感与纹理效果的贴面卷材。模仿砖、石、竹、木织物的贴面材料，几乎达到了可以乱真的地步。二是壁纸和墙布同时还具有吸声、隔热、防霉及耐水等特点，可以适应一些特殊装饰要求的工程，如影剧院、计算机房等。三是软包工程的施工工艺较为简单，壁纸和墙布的保洁和维护也较方便。四是大多数壁纸和墙布的使用寿命比较长（与传统的油性涂料相比）。五是壁纸和墙布的软包造价远远低于镶贴薄木板材、金属板材、复合板材等高级材料，能大幅度降低造价。

二、分类

软包工艺的种类较为繁多，按贴面材料可以分为：织锦软包、人造皮革软包等；按施工的部位则可分为墙面软包和门软包等。另外针对不同的基层还有不同的工艺要求，总的来讲软包工程作为装饰工程的一个分部工程，其施工工艺已自成体系，从施工质量控制角度着眼，需要一定专门知识才能达到比较高的质量目标。

软包工程所用材料包括贴面材料（壁纸、墙布、锦缎、皮革等）、胶粘剂、基层材料三大类。其中贴面材料、胶粘剂可选范围比较大又各自具有不同的特点，需根据不同用户要求以及不同工作环境谨慎选择合适产品。

三、贴面材料

主要指锦缎、皮革、人造革等需要特殊软包工艺的材料，一般不用胶粘剂，而是直接钉在五夹板的基层上，这类材料品种及特点见表5-3。

贴面材料品种及特点　　表5-3

品　种	说　　明	特　　点	用　　途
锦缎软包	以织锦缎为面料，基层为化纤无纺布、太空棉等，经特殊工艺制成	花纹图案绚丽多彩，古雅精致，可营造一种高雅的气氛，造价昂贵，不能擦洗，易发霉	适用于重点工程的室内高级饰面软包

续表

品种	说明	特点	用途
丝绸软包	以丝绸为主要面料，经特殊工艺制成	质轻柔软、富有弹性。无毒、无味、易清洗、易隔声、隔热、防火、防潮	适用于宾馆、舞厅、家庭和车内装饰
皮革、人造革软包	以皮革、人造革为主要装饰面料	柔软、消声、保暖特性好、装饰效果豪华、气质高贵	适用于防止碰撞的房间，用于环境要求较高的小餐厅和会客室等，使环境更高雅；用于客厅、起居室等，可使环境更舒适；也可用于健身房、幼儿园、录音室、电话间等一些有吸声要求的建筑

四、施工工艺

（一）人造革及锦缎软包基层处理

为了便于预制板材的安装，应在砖墙或混凝土中埋入木砖，间距400~600mm，然后抹灰做防潮层。在砌体上先抹20mm厚薄1:3水泥砂浆，刷底子油做防潮层，防止潮气使面板翘曲，织物发霉。做预制板时应立墙筋，墙筋断面（20~50）~（40~50）mm，用钉子钉于木砖上，并要求找平找直。

（二）五夹板外包人造革（皮革、织锦缎）

将450mm见方的五夹板板边刨平，沿一方向的两条边刨出斜面。用刨斜面的两边压入人造革（皮革、织锦缎），压长20~30cm，用钉子钉于木墙筋上，钉子埋入板内，另两侧不积压织物钉于墙筋上。将人造革（皮革、织锦缎）拉紧，使其伏在五夹板上，边缘织物贴于一条墙筋上23~30cm，再以下一块斜边板压紧织物和该板上包的织物，一起钉入木墙筋，另一侧不压织物钉牢。以此类推，直至安装完整个墙面。

（三）人造革（皮革、织锦缎）包括矿渣棉

在木墙筋上钉五夹板，钉头埋入板中，板的接缝在墙筋上。以规格尺寸大于纵横向墙筋中距 50~80mm 的卷材，包矿渣棉于墙筋上，铺钉方法与前述基本相同。铺钉后钉口均为暗钉口，暗钉钉完后，再以电化铝帽头钉钉在每一分块卷材的四角。

（四）锦缎软包前要根据其幅宽和花纹认真裁剪，并将每个裁剪好的开片编号，裱贴时对号进行，同时，在制作软包墙面时，一定要增加底板框，就是三合板底板四周要安装 1/4 圆的木线。木线有大小要根据所包海绵的厚度来定，如 30mm 厚的海绵，要用 25mm 的 1/4 圆的木线。把海绵裁割好后，装入木线框内。这样在绷布时，就不会出现坑陷现象。

（五）成品的保护

保护好贴完墙布的墙面、顶棚是非常重要的。在交叉流水施工作业中，人为的损坏、污染，施工期间与完工后的一段期间空气湿度与温度变化较大因素，都会严重影响墙面墙布的质量。故完工后，应尽量封闭通行或设保护覆盖物，严禁用脏手触摸墙面。在潮湿季节裱糊好的墙面竣工以后，应在白天打开门窗，加强通风，夜晚关闭门窗，防止潮湿气体侵袭。同时也要避免胶粘剂未干结前，墙面受穿堂风劲吹，破坏墙布的粘结牢度。

（六）软包工程质量验收。

1. 适用范围

软包分项工程质量验收。

2. 检查批划分

同一品种的软包工程每 50 间（大面积房间和走廊按施工面积 $30m^2$ 为一间）应划分为一个检验批，不足 50 间也应划分为一个检验批。

3. 检查数量

软包工程每个检验批应至少抽查 20%，并不得少于 6 间，不足 6 间时应全数检查。

4. 软包工程验收时应检查下列文件和记录

(1) 软包工程的施工图、设计说明及其他设计文件。

(2) 饰面材料的样板及确认文件。

(3) 材料的产品合格证书、性能检测报告、进场验收记录和复验报告。

(4) 施工记录。

5. 主控项目

(1) 软包面料、内衬面料及边框的材质、颜色、图案、燃烧性能等级和木材的含水率应符合设计要求及国家现行标准的有关规定。

检验方法：观察；检查产品合格证书、进场验收记录和性能检测报告。

(2) 软包工程的安装位置及构造做法应符合设计要求。

检验方法：观察；尺量检查；检查施工记录。

(3) 软包工程的龙骨、衬板、边框应安装牢固，无翘曲，拼缝应平直。

检验方法：观察；手摸检查。

(4) 单块软包面料不应有接缝，四周应绷压严密。

检验方法：观察；手摸检查。

6. 一般项目

(1) 软包工程表面应平整、洁净、无凹凸不平及皱折；图案清晰、无色差，整体应协调美观。

检验方法：观察。

(2) 软包边框应平整、顺直、接缝吻合。其表面涂饰质量应符合涂饰规范的有关规定。

检验方法：观察；手摸检查。

(3) 清漆涂饰木制边框的颜色、木纹应协调一致。

检验方法：观察。

(4) 软包工程安装的允许偏差和检验方法应符合表 5-4 的规定。

软包工程安装的允许偏差和检验方法　　表 5-4

项次	项　目	允许偏差（mm）	检验方法
1	垂直度	3	用垂直检测尺检查
2	边框宽度、高度	0；-2	用钢尺检查
3	对角线长度差	3	用钢尺检查
4	裁口、线条接缝高低差	1	用钢尺和塞尺检查

第六节　古建筑装饰木工工艺

一、古建筑装饰木工基本知识

中国古建筑在世界建筑中自成一体，是中华民族智慧的结晶和不断交流的结果。我国地域辽阔、人口众多，古时丰富的森林资源形成了建筑上以木结构为主的构造方式，它具有轻灵秀丽的外观和良好的抗震能力；是人类建筑史上的一颗璀璨的明珠。

中国古建筑中最主要的材料是木材，它具有轻质、高强、有弹性、能承受冲击、震动和容易加工等特点，各种木材的物理力学性能也差异较大，所以准确识别、正确使用、了解和掌握木材特征对古建筑技术工人是非常重要的。

识别木材一般除了根据树皮、年轮、木射线管孔、树脂道等特征外，也借助于颜色、气味、纹理、光泽等特征识别。

一般木材容重大的强度高，宜做承重构件；容重小的强度低，木质疏松宜做装饰材料；木质细密而较脆的木材宜做木雕构件。

古建筑装饰木工首先一定要熟练的掌握锯、刨、凿、钻、锛等传统的工艺技术，合理的应用这些技术，就能提高施工效率和工程质量。有条件的应认真学习北宋李诫的《营造法式》、明朝计成的《园冶》、清代工部《工程做法则例》、晚清姚承祖的《营造法原》及梁思成先生的《清营造则例》等建筑历史文献。

二、古建筑构造形式

中国古建筑中的殿堂楼阁、亭廊轩榭、石舫牌楼等各种建筑，都有各自不同的特点和韵味，但它们都是由五种基本形式的木构架所组成。这五种构架是：硬山式建筑木构架、悬山式建筑木构架、庑殿式建筑木构架、歇山式建筑木构架、攒尖顶建筑木构架，现分述如下：

（一）硬山式建筑木构架

硬山式建筑是指双坡屋顶的两段山墙式屋面封闭相交，将木构架全部封砌在山墙内的一种建筑型式。他的特点是山墙面没有伸出屋檐山尖显露突出，饰以砖雕博风和山花。

硬山式建筑根据进深的大小常分为五～九檩等几种构造，常见硬山檩架简图如图 5-63。

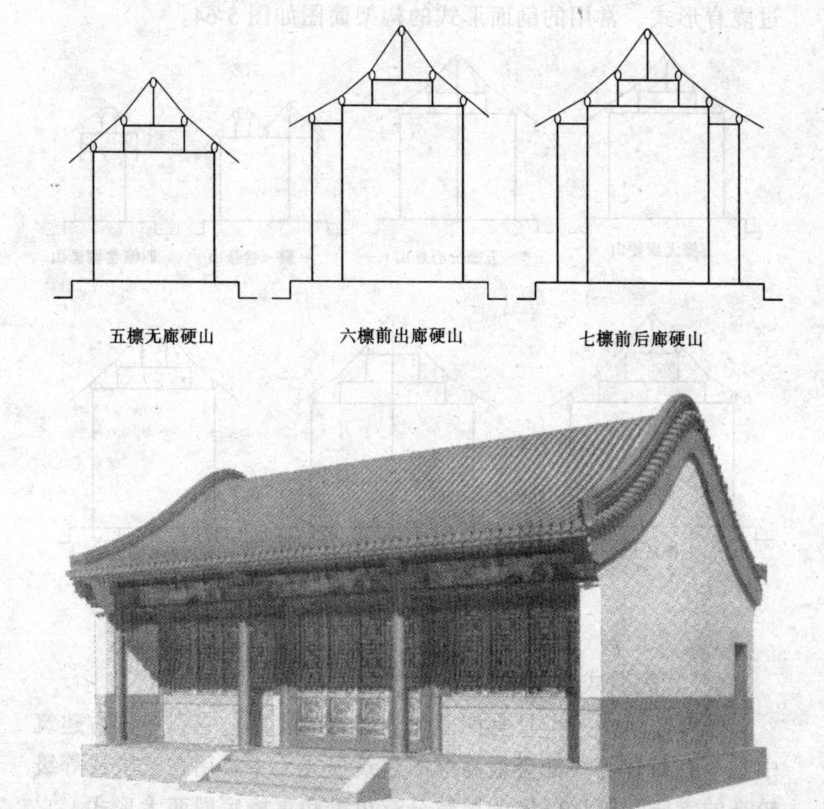

图 5-63　硬山檩架简图

（二）悬山式建筑木构架

悬山式建筑是在硬山式建筑的基础上，加以改进而成。改进的部位主要有以下三个：

（1）两端山墙的山尖部位，不是与屋面封闭相交，而是屋面悬挑出山墙以外，即为“悬山”式并饰以木制博风板、悬鱼及惹草。

（2）屋面檩数除五～七檩的单数外还有四、六檩的卷棚式，而且一般不做带廊形式。

（3）屋顶的屋脊部位，除两坡正交成屋脊形式外，还有卷棚过陇脊形式。常用的剖面形式的构架简图如图 5-64。

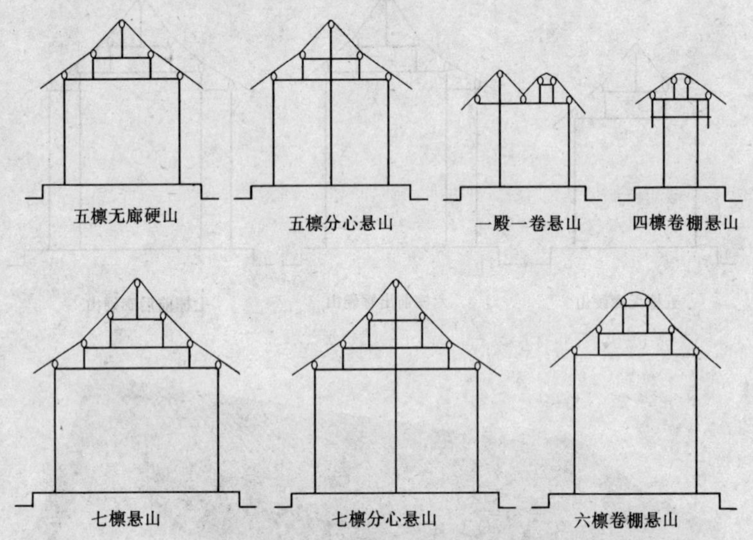

图 5-64　屋顶及屋脊部位剖面简图

（三）庑殿式建筑木构架

庑殿建筑是一个具有四面坡五条脊的屋面，它在中国古建筑中是享有封建等级社会最高级的建筑形式，主要用在宫殿或等级较高的寺庙。根据屋檐的层数分有单檐和重檐庑殿两大形式。它的木构架主要由两大部分组成，即正身部分、山面及翼角部分。

单檐庑殿正身部分构架与硬山建筑正身相同，重檐庑殿正身部分只需加高金柱并在重檐檐步架外端立童柱和横向承椽枋，围脊枋和围脊板等连接件。庑殿山面及翼角部分是庑殿建筑的主要特色。如图 5-65。

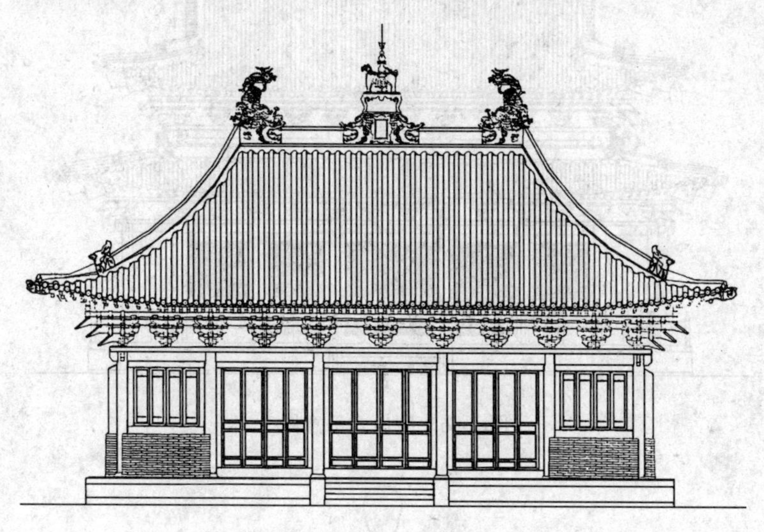

图 5-65　庑殿建筑示意图

（四）歇山式建筑木构架

歇山建筑的正身与庑殿建筑的正身完全相同，所不同的是山面部分。歇山的山面可以看成悬山的山面和庑殿相结合的一种改良形式，如图 5-66 所示：如果以歇山的下金檩为分界线，则在下金檩以下的山面构架同庑殿山面部分基本相似，所不同的是歇山建筑较庑殿建筑多了三个构架，即：踩步金、踏脚木、草架柱及其横穿。它常用于建筑级别较高的宫殿、寺庙等大型公共建筑上。其建筑造型非常华丽、优美如图 5-66。

（五）攒尖顶式建筑木构架

攒尖顶建筑大量用于亭子建筑，其他建筑如北京天坛祈年殿、皇穹宇等也采用这种形式。它分多角形和圆形两大类，每一类又有单檐和重檐两种形式，在重檐亭中又有单槽柱和双槽柱之

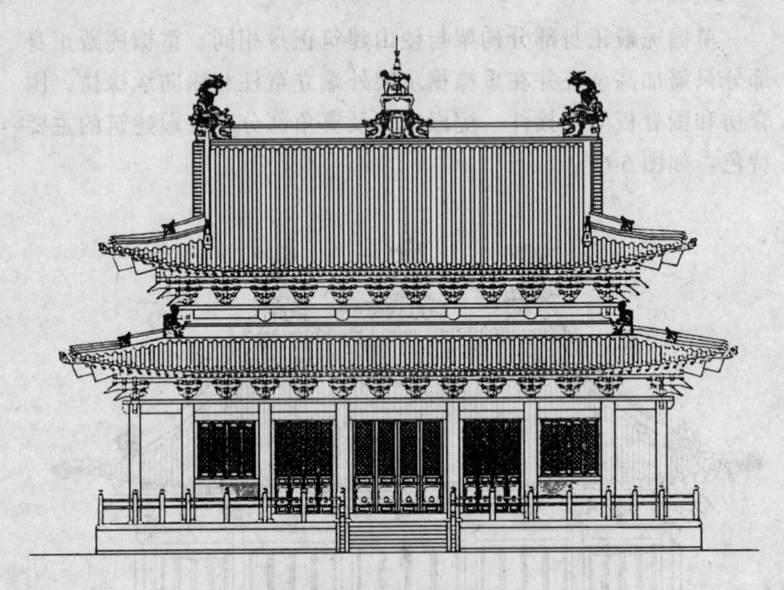

图 5-66 歇山式示意图

图 5-67 攒尖顶式示意图

分。除此之外还可将两种组合起来形成组合亭。亭子的形式很多，变化非常丰富，在中国古典园林中占有极为重要的地位。如图 5-67。

（六）游廊建筑木构架

游廊建筑是园林工程中较常用的一种建筑，在平地上的游廊也称“长廊”，沿山坡而上的又称“爬山廊”。它的基本构架是的四檩卷棚（也有少数作成五檩悬山），图 5-68 所示为三檩悬山，若干个基本构架连接起来即为长廊的构架。

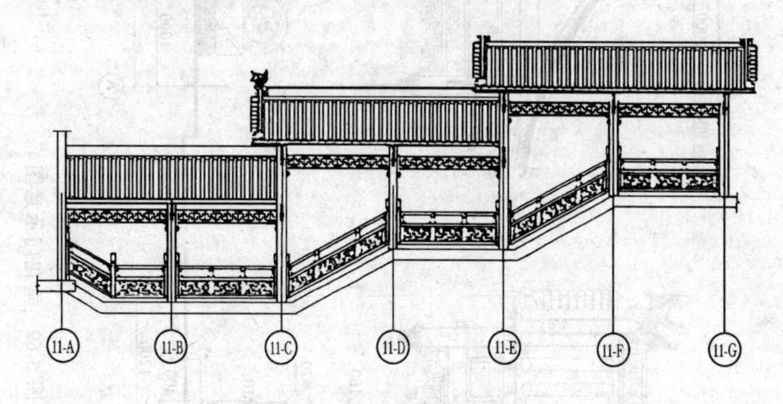

图 5-68 游廊建筑示意图

（七）垂花门木构架

垂花门常用于园中园的入口、隔景区通道口或住宅的院落间的连接通道等隔门。垂花门的类型有：担梁式垂花门、一殿一卷式垂花门、多檩卷棚垂花门等。

（1）单排柱“担梁式”垂花门木构架

“担梁式”垂花门，一般做成正脊悬山屋顶形式，其剖面的基本形式是由一根横梁像一扁担一样横搁在柱子上而组成，如图 5-69。

（2）一殿一卷式垂花门木构架

一殿一卷式垂花门，是单柱担梁式垂花门与四架梁卷棚式悬山结构的一种组合结构，前面是单排柱担梁式垂花门，后面是四

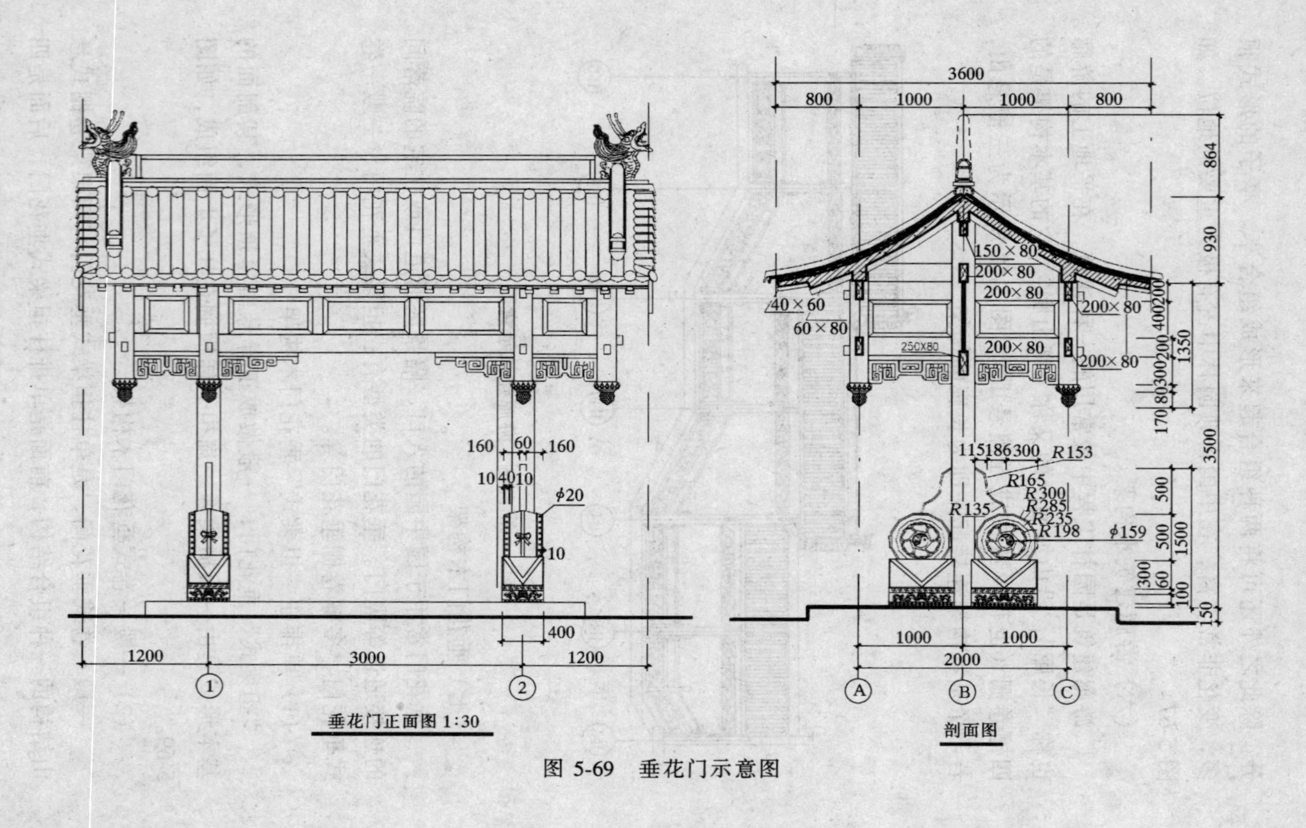

垂花门正面图 1:30
1200
3000
1200
400
160
60
160
10
40
10
φ20
10
1
2
剖面图
3600
800
1000
1000
800
864
930
3500
150
1350
1500
150×80
200×80
200×80
200×80
200×80
200×80
250X80
40×60
60×80
115
186
300
R153
R165
R300
R285
R235
R198
R135
φ159
1000
1000
2000
A
B
C

图 5-69 垂花门示意图

架梁卷棚式悬山结构，前屋顶的后檐檩和后屋顶的前檐檩合并为一公用檩，中间形成屋面排水天沟，如图 5-70。

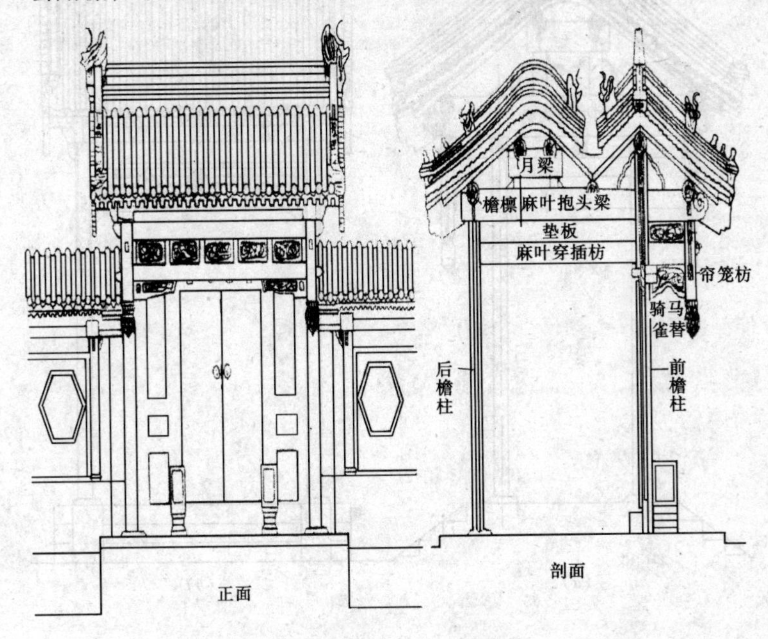

图 5-70　一殿一卷式垂花门

(3) 四檩卷棚式垂花门木构架

四檩卷棚垂花门的木构架，是在剖面为四架梁卷棚构架的基础上，延长四架梁的两端并做成麻叶抱头梁，然后将前后檐檩也移至抱头碗槽内，形成双悬臂梁。在两端抱头下面悬吊垂莲柱，并在麻叶抱头梁下安装随梁和穿插枋，将垂莲柱与檐柱连成整体即可。如图 5-71。四檩垂莲柱，也可做成六檩垂莲柱。

五檩卷棚垂花门是在剖面为五架梁结构的基础上，将前檐柱后移并直通金檩下，承托三架梁；而五架梁做成腰子榫与前檐柱十字交叉安装，并延长至前檐檩作成麻叶抱头，在抱头下方吊挂垂莲柱。垂莲柱用穿插枋与前檐柱连接，其他构造与前述垂花门相同。剖面图如图 5-72。

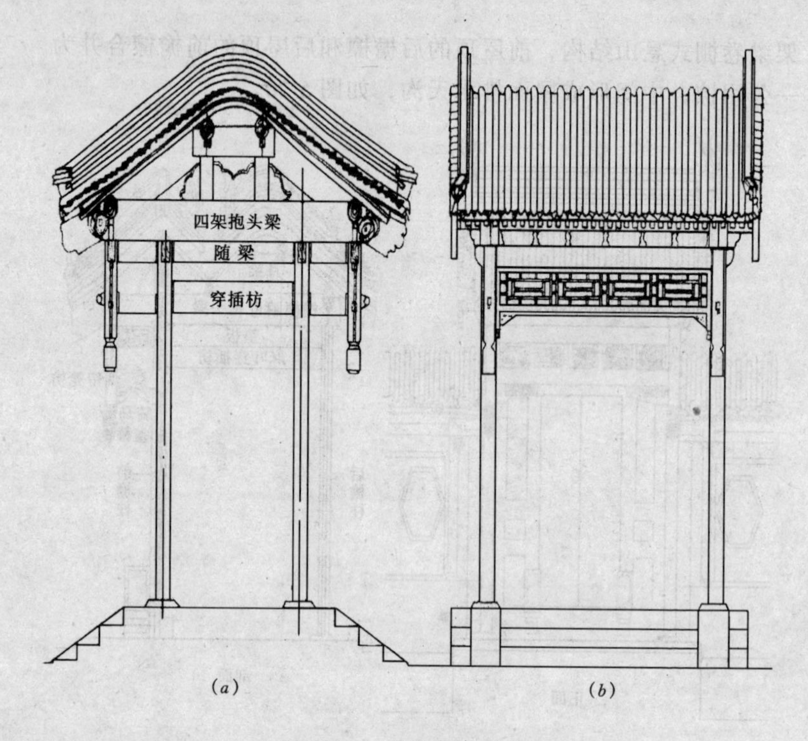

图 5-71　四檩卷棚式垂花门

（八）牌楼木构架

在园林工程中牌楼常用于公园、景区的入口，在城市也作为街道上的过街建筑，它是一种象征和标志性建筑，一般分为冲天牌楼和屋脊顶式两大类。

（1）冲天式牌楼木构架

冲天式牌楼较常用的有：四柱三楼和两柱一间带边楼两种，如图 5-73 所示。它的主要构件由下而上有：夹杆石、落地冲天柱、雀替、小额枋、折柱花板、大额枋、平板枋、斗栱、檐楼、大挺钩等，二柱一间式边跨加垂莲柱如图 5-74。

（2）屋脊顶式牌楼木构架

这种牌楼的柱子不冲出屋面，有完整的屋顶形式。较常用的有四柱三楼和四柱七楼，如图 5-75、图 5-76。现在最复杂的有四

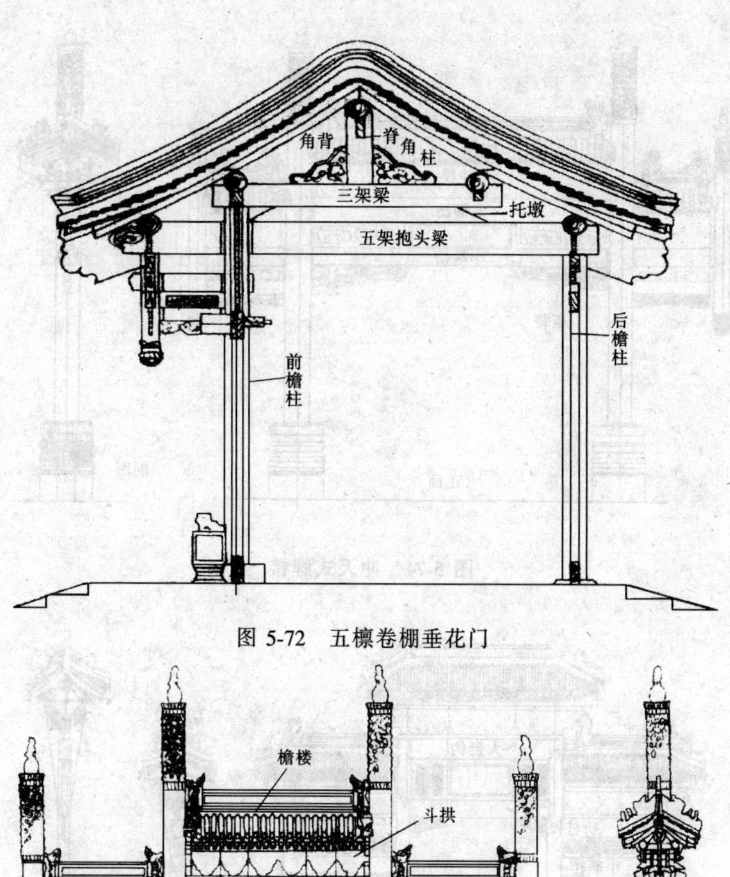

图 5-72　五檩卷棚垂花门

图 5-73　牌楼木构架

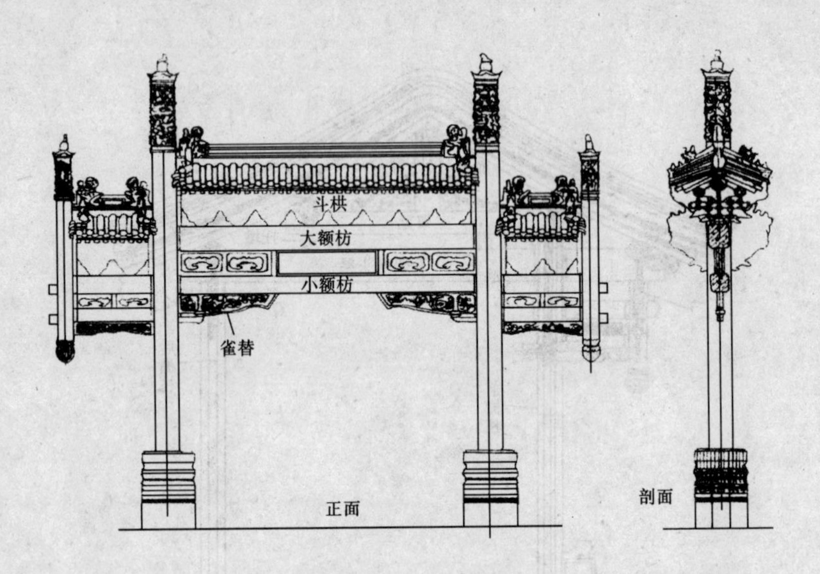

图 5-74　冲天式牌楼

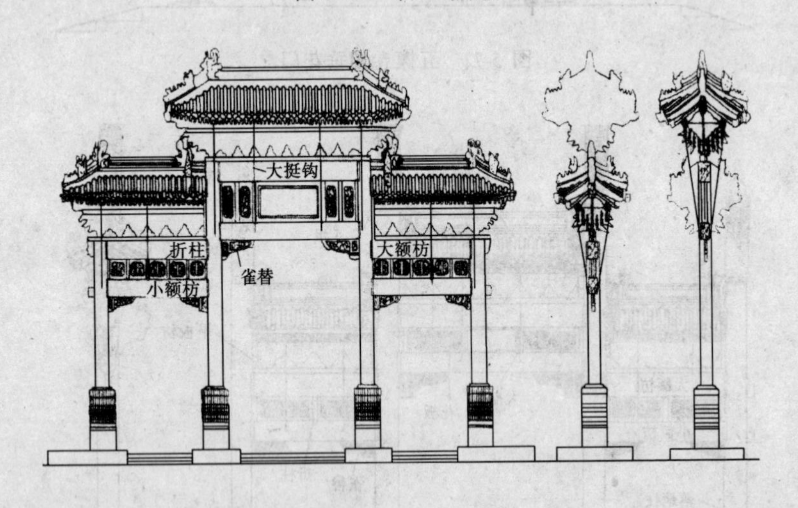

图 5-75　屋脊顶式牌楼

柱十三楼牌楼。它们的基本结构与冲天牌楼大致相同，不同处大略如下：

1）柱子不穿过屋面。

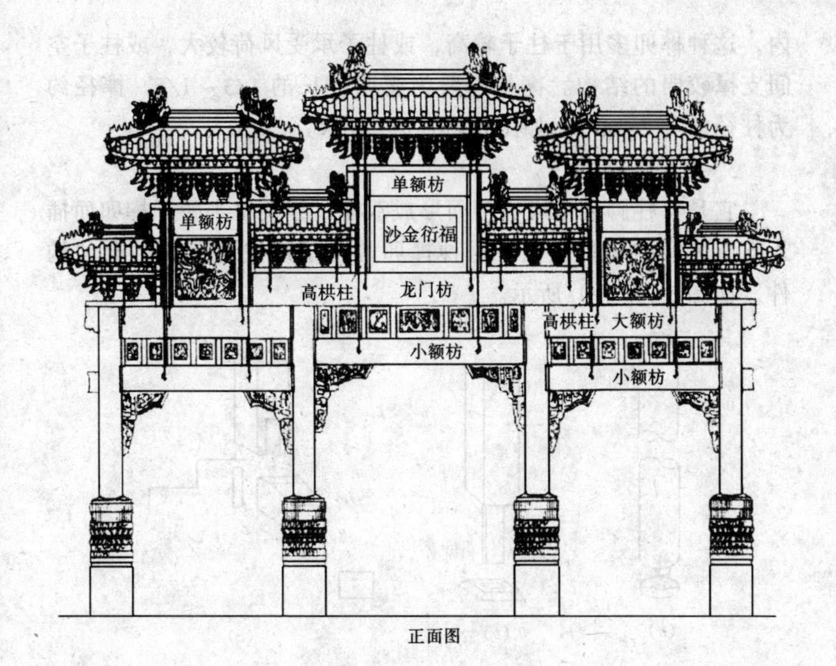

图 5-76 屋脊顶式牌楼

2）明间柱头上增加“龙头枋”并延伸至两边次间的四分之一处。

三、木构架的榫卯工艺

（一）垂直构件的连接榫卯

垂直构件主要为柱子，它的连接包括柱脚和柱顶的连接，一般有以下三种榫卯连接方式。

1. 管脚榫卯

这是指柱脚根部的榫卯连接，一般建筑的落地柱都采用这种连接方法。它是将柱头端部或柱脚根部作成馒头榫，插入支承体（如柱顶石等）上剔凿相应的卯口（海眼）内，榫长为柱径的1/5～1.5/5，如图 5-77（*a*）所示。

2. 套顶榫卯

它是指将柱脚根部的插榫加粗加长，套入到支承体的穿透眼内，这种榫卯多用于柱子较高，或柱子承受风荷较大，或柱子空间支撑较弱的结构。榫长一般为露明柱长的 1/3 ~ 1/5，榫径约为柱径的 1/2 ~ 4/5，如图 5-77（*b*）所示。

3. 半脚夹榫卯

它是将柱脚剔凿成夹槽而形成双榫，穿夹着半腰子榫卯而插入支承体上的一种做法。这种榫卯常用于瓜柱角背相结合的构件，如图 5-77（*c*）所示。

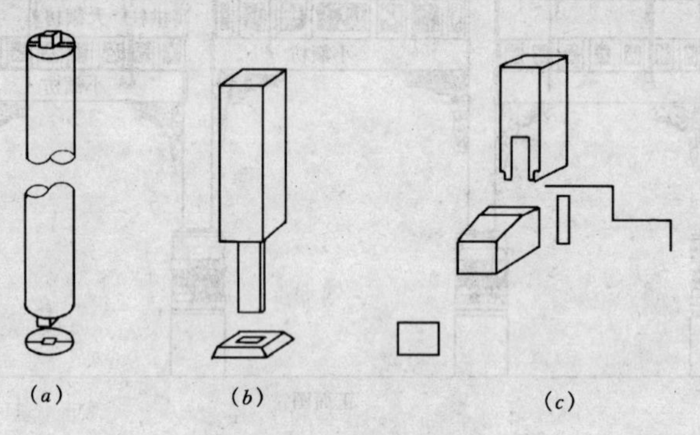

图 5-77　榫卯示意图

（*a*）管脚榫；（*b*）套顶榫；（*c*）半脚夹榫卯

（二）水平构件的连接榫卯

1. 水平构件与垂直构件连接的常用榫卯

（1）燕尾榫卯

这种榫卯在石活中称为“银锭榫”，也有叫大头榫，它是先宽后窄具有拉结作用的一种榫卯型。多用于需要接结并可进行上起下落安装的构件连接，如梁、枋与间柱之间的连接等。榫卯长一般为柱径的 1/4 ~ 1.5/5，如图 5-78（*a*）所示，分带袖肩和不带袖肩两种构造。

（2）穿透榫卯

它是指穿过柱子而榫头留在柱外的一种榫卯，一般将榫头作成蚂蚱头（有称三岔头）或方形或雕刻成麻叶花状，如图 5-78（*b*）所示，常用于穿插枋与柱子的连接。

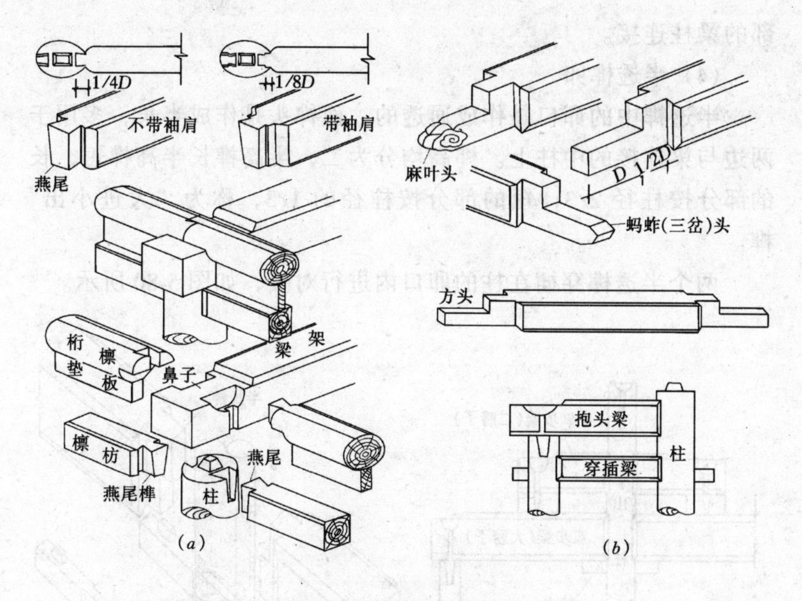

图 5-78　榫卯连结图

(3) 箍头榫卯

箍头即箍住柱头的之意，它是将梁、柱端部作成相互插入的腰榫和卡口，并使梁头对柱有卡住作用的一种榫卯。箍头的形式常做成霸王拳（即刻成如拳头的凸指花纹）形或三岔头形，如图 5-79 所示。箍头榫有单开口和双开口两种构造，一般用于建筑端

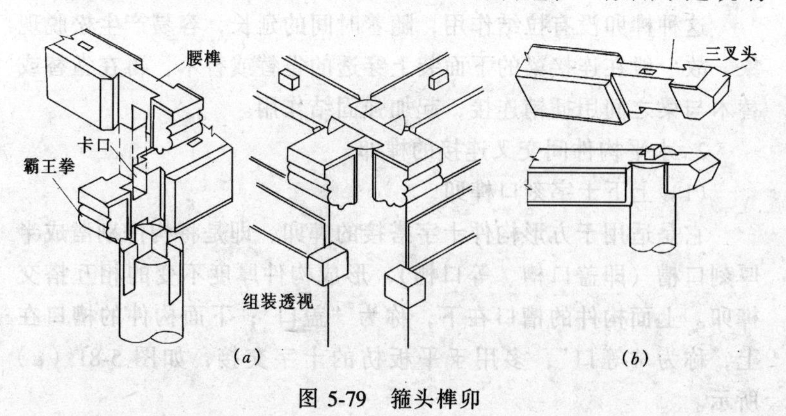

图 5-79　箍头榫卯

部的梁柱连接。

(4) 半透榫卯

半透榫中的卯口是作成通透的，而榫头是作成半长，多用于两边与梁连接的中柱上。榫高均分为二，半高榫长半高榫短，长的部分按柱径 2/3，短的部分按柱径的 1/3，称为“大进小出”榫。

两个半透榫穿插在柱的卯口内进行对接，如图 5-80 所示。

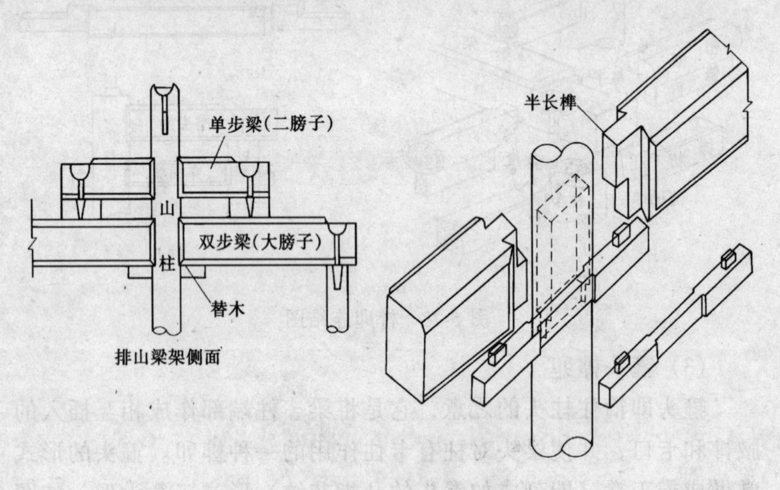

图 5-80 半透榫卯

这种榫卯没有拉结作用，随着时间的延长，容易产生松脱现象，故一般在连接梁的下面装上穿透的雀替或替木，再在雀替或替木与梁之间用插销连接，起加强固结作用。

2. 水平构件间交叉连接的榫卯

(1) 上下十字刻口榫卯

它是适用于方形构件十字搭接的榫卯，即是将构件剔凿成半厚刻口槽（即盖口槽、等口槽），形成构件厚度不变的相互搭交榫卯。上面构件的槽口在下，称为“盖口”；下面构件的槽口在上，称为“等口”，多用于平板枋的十字交接，如图 5-81（*a*）所示。

(2) 上下十字卡腰榫卯

这也是一种上下刻口槽，不过是适用于圆形构件搭接的一种榫卯。它是将圆形构件的宽向面分为四等份，按所交角度刻去两边各一份形成腰口；将其高厚面分为二等份，剔凿开口一份，形成盖口和等口，上下搭接相交。如搭交檐檩和搭交金檩都是采用这种方式，如图 5-81（*b*）所示。

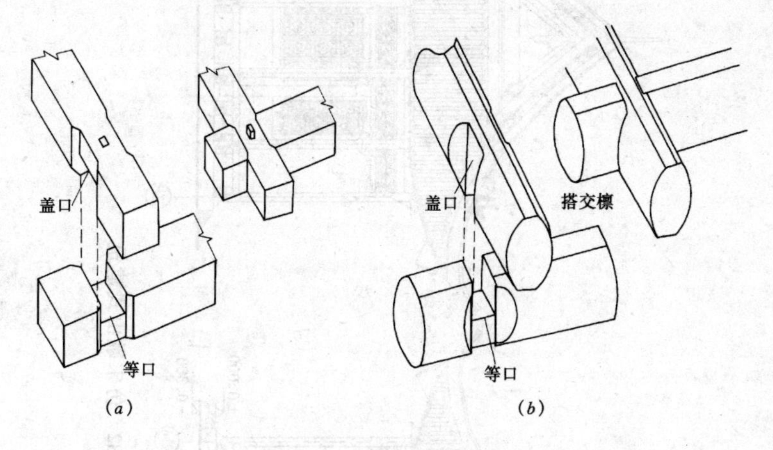

图 5-81　上下十字卡腰榫卯

3. 水平构件上下叠合连接的榫卯

水平叠合连接的构件比较多，如架梁与随梁、额枋与平板枋、角背与架梁、梁枋与雀替、斗拱构件之间、老角梁与仔角梁之间的连接等，这些连接都是采用插销（有称栽销）连接法，它是把上下叠合构件，在同一位置处凿成销眼，将销木栽插在下面构件的销眼中，然后将上面构件销眼对准插入即可。如图 5-81 所示。

四、建筑木做装修

全木质的仿古建筑在保护方面有很多缺点，如防火、防腐、防虫等都很不利。所以现在有很多的仿古建筑都用砖混结构作为建筑的主体，用部分木构件加以装饰同样也能表达中国古建筑的轻灵秀丽。现以单檐歇山建筑为例，将仿古建筑木装修介绍如

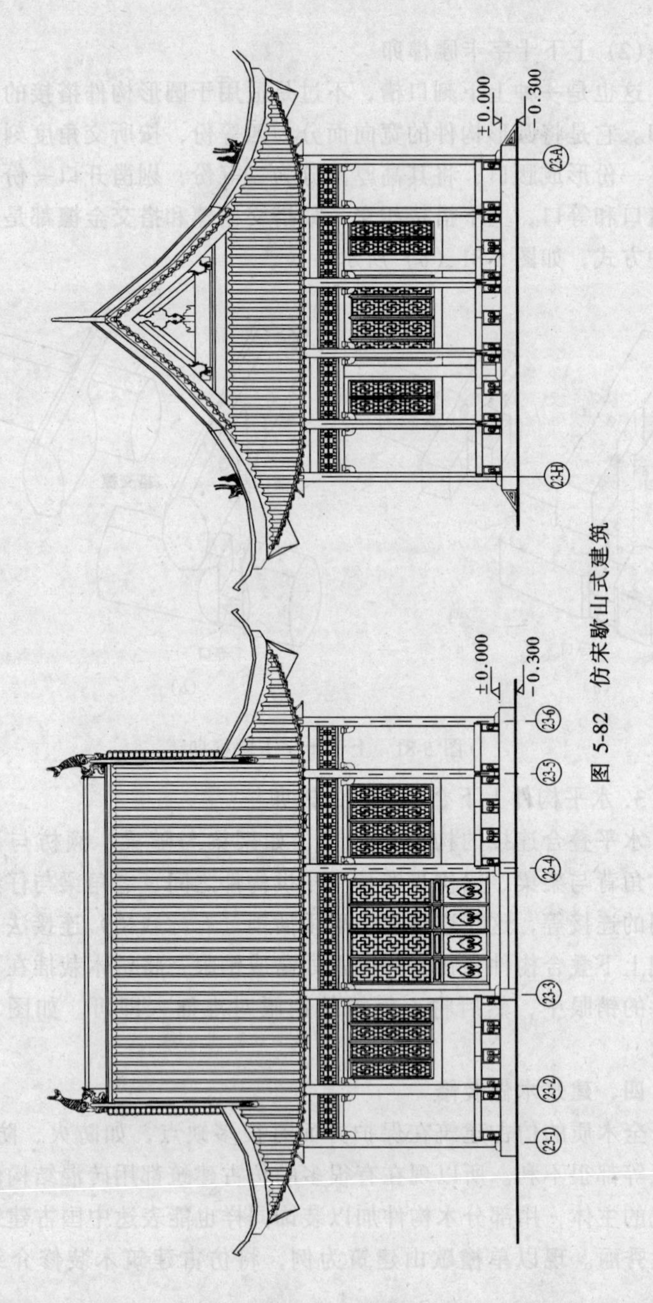

图 5-82 仿宋歇山式建筑

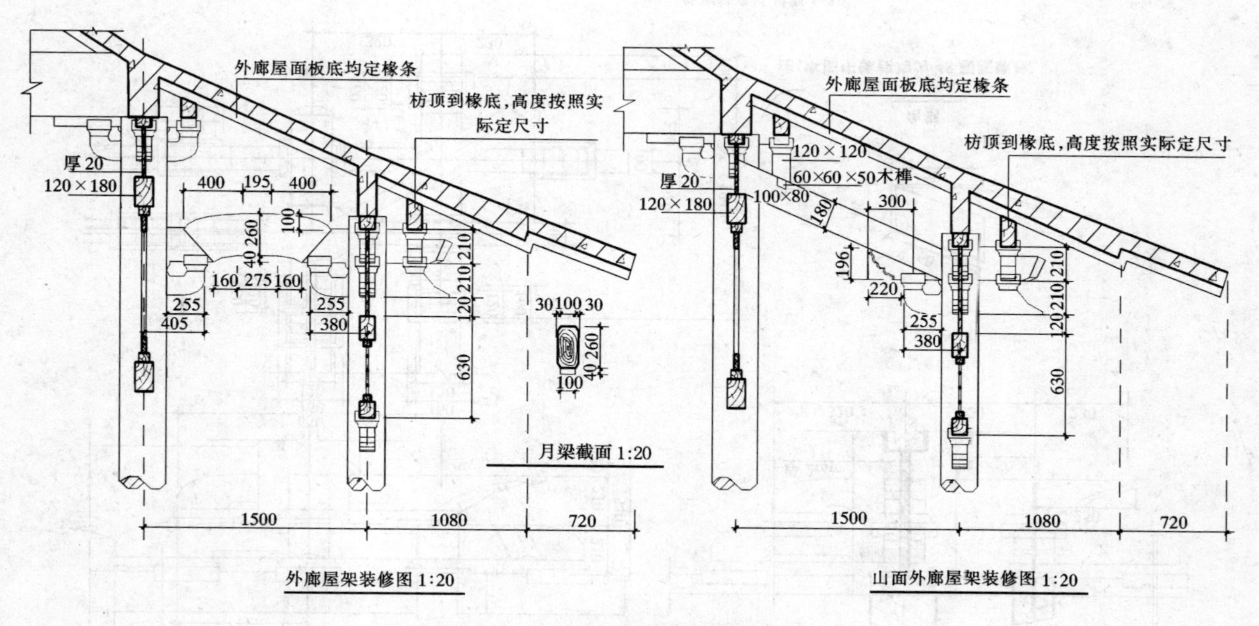

图 5-83　木望板、椽子和飞椽的固定

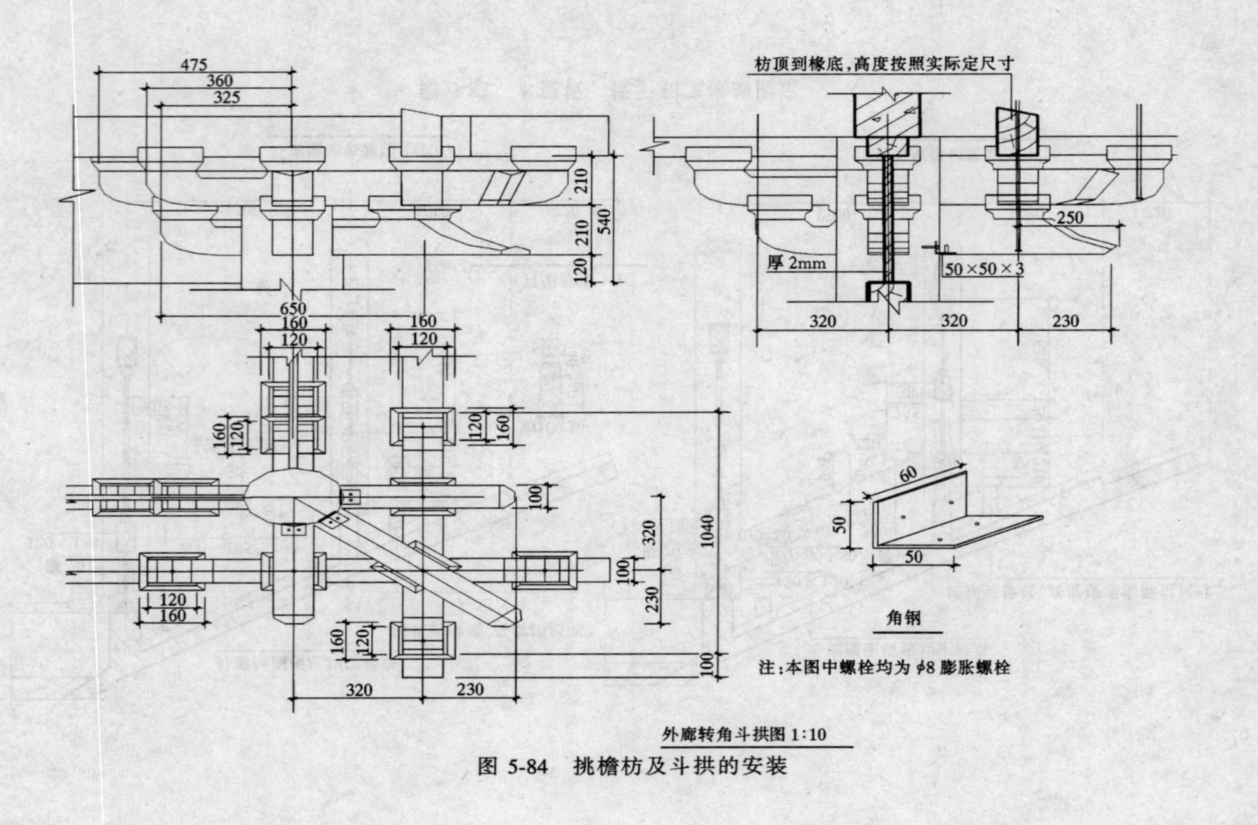

外廊转角斗拱图 1:10

图 5-84 挑檐枋及斗拱的安装

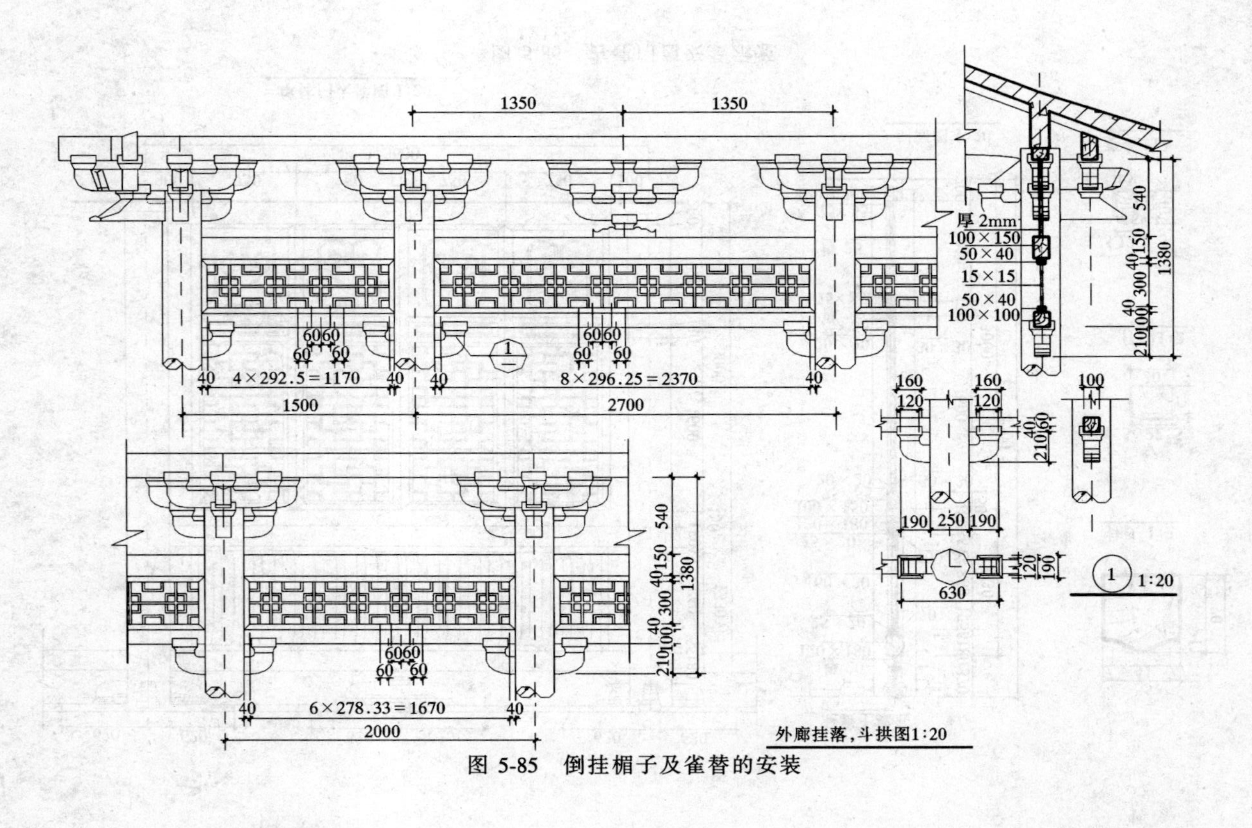

图 5-85 倒挂楣子及雀替的安装

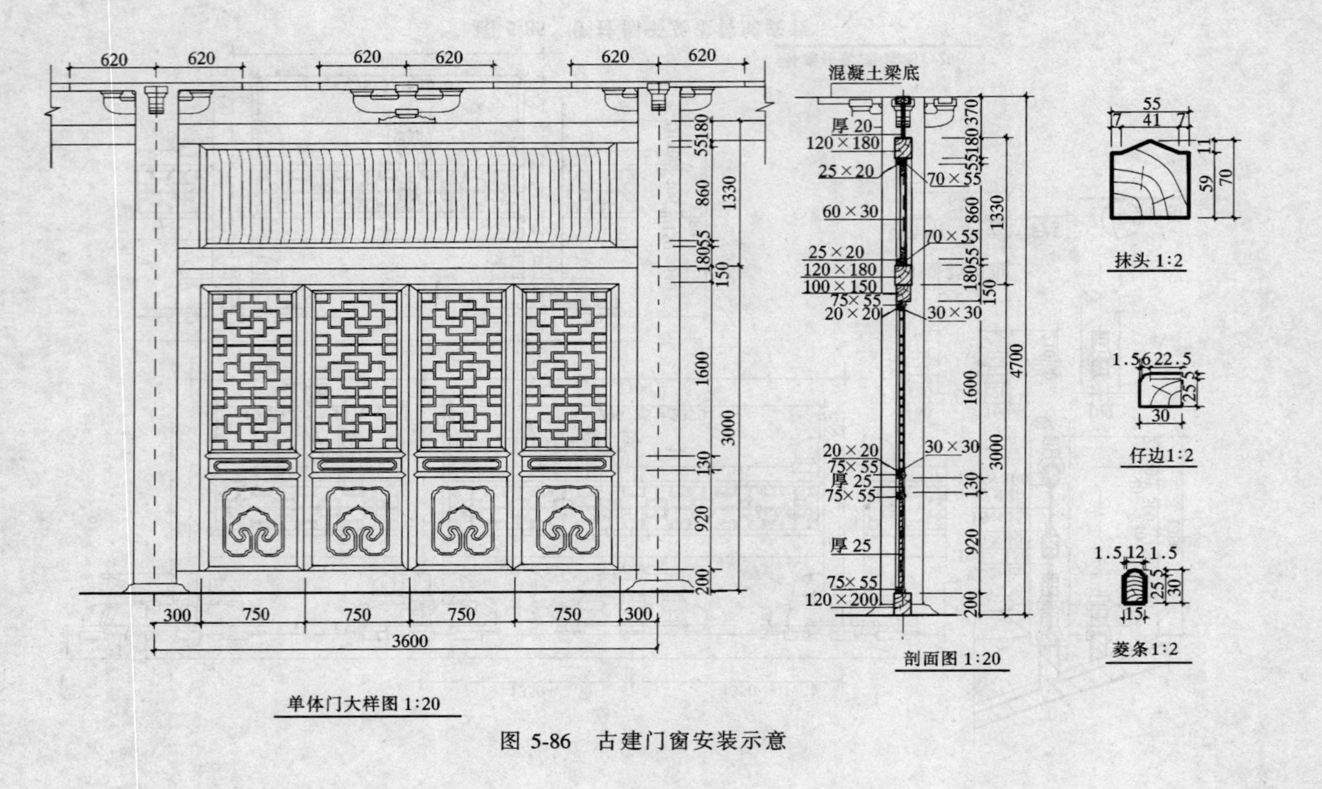

图 5-86　古建门窗安装示意

下：

如图5-82所示的仿宋歇山式建筑的主体完全是用钢筋混凝土框架结构。

在钢筋混凝土屋面下用膨胀螺钉固定木望板、椽子和飞椽如图5-83。

在椽下的相应位置上安装挑檐枋等木枋、斗拱等如图5-84。斗拱可在沿檩方向分为两个半攒分别固定在钢筋混凝土梁的里外位置上。

钢筋混凝土檐檩下可将成片的倒挂楣子、雀替等用膨胀螺栓固定在梁下和柱边如图5-85。

檩廊下的月梁和轩等也用木材加工好固定在钢筋混凝土柱、梁上。

门窗也按古建形式安装在门窗的位置上，如图5-86所示。

这样装饰好的仿古建筑再经油漆彩绘后在视觉上完全可以乱真。

第七节　建筑装饰工程质量控制与评定

一、运用全面质量管理原理对工程质量进行控制和评定

全面质量管理对质量是一种新的广义概念，认为产品质量是由工序质量决定的，工序质量是由工作质量决定的，工作质量是由人的素质决定的，并提出了质量管理的首要任务，是提高人的素质。这是全面质量管理的概念。

(一) 全面质量管理概论

1. 全面质量管理的概念

全面质量管理是企业为了保证和提高产品质量，在企业的生产过程中，组织全体职工，综合运用管理技术、专业技术和科学方法，经济合理地对生产全过程各因素的管理活动。

全面质量管理中质量的含义是全面的。它包括；产品质量(即：适用性、可靠性、经济性、交货期质量和技术服务质量)、

工序质量（即：人、设备、工艺、材料、环境5个因素对工程质量的影响程度）和工作质量（即：企业的经营管理、技术、组织、思想工作的质量）。

2. 全面质量管理的特点

全面质量管理具有5个基本观点和一整套管理方法。

(1) 全面质量管理基本观点

1) 三全管理的观点　即：全过程管理、全企业管理和全员管理的三全观点。

2) 为用户服务的观点　为用户服务和下道工序就是用户，是全面质量管理的一个基本观点。

3) 以预防为主的观点　以预防为主，实行质量控制，是全面质量管理的一个重要观点。

4) 用数据说话的观点　广泛地运用数字理论和统计方法，是全面质量管理区别于旧式质量管理的显著特点之一。

5) 讲求经济效益的观点　企业经营的目的是为了提高劳动效率，降低工程成本，提高企业的经济效益是企业经营之本。

(2) 全面质量管理方法　常用的质量管理方法可分为三大类：第一类，用于寻找影响产品质量主要因素的方法，如：排列图法、因果图法和统计调查分析法；第二类，用于找出数据分布，进行质量控制和预测的方法，如：频数直方图法、控制图法；第三类，用于找出影响产品质量各种因素之间内在联系、规律的方法，如：相关图法。下面仅简要介绍对施工质量管理应用较多的排列图和因果分析图。

1) 排列图　排列图是寻找影响产品质量主要因素的一种有效方法。一般有两个纵坐标，左边纵坐标表示频数即不合格品件数，右边的为频率即不合格品的累计百分数，横坐标则表示影响质量的各种不同因素，按各因素影响程度的大小，即按造成不合格品数的多少从左到右排列。直方形的高度表示某个因素影响的大小。曲线表示各影响因素的累计百分数，该曲线称为巴氏曲线。

通常把累计百分数分为3类：0~80%为A类；80~90%为B类；90~100%为C类。A类为影响质量的主要因素，B类为次要因素，C类为一般因素，如图5-87所示。作图步骤如下：

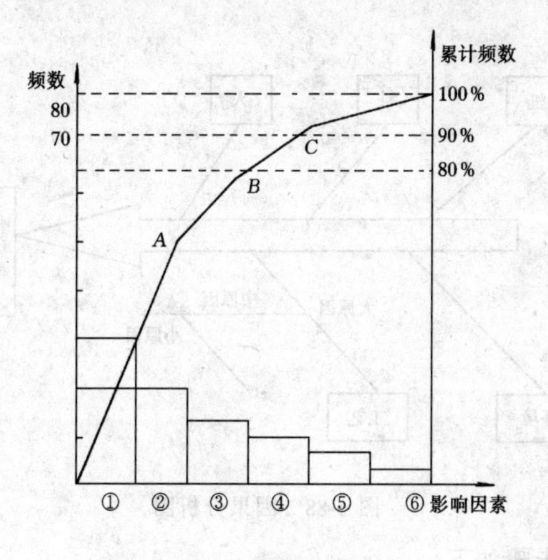

图 5-87 排列图

①确定排列图分类项目；

②明确所取数据的时间和范围；

③作各种影响质量因素的频率统计和累计频率；

④画排列图。

总之，用排列图分析工程或产品质量问题，可以使工作数字化、系统化、科学化，使质量管理工作抓住主要问题，事先采取预防措施。用图表表达质量问题，具有鲜明性，各级管理人员和操作工人都可一目了然。

2）因果分析图　因果分析图是根据质量存在的主要因素进一步寻找产生原因的图示方法。在生产过程中，任何一种质量因素的产生往往是由多种原因造成的，甚至是多层原因造成的。在质量管理中，为了寻找这些原因的起源，可以采取一种从大到小，从粗到细，顺藤摸瓜，追根到底的方法。然后，针对各种原因，研究对策，制定措施，加以改进。

简单地说，因果分析就是对影响特性的因素进行分析和分类，找出影响它的大原因、中原因、小原因和更小原因，并在同一图上把其关系用箭头表示出来，然后，采取措施去解决，见图5-88所示。

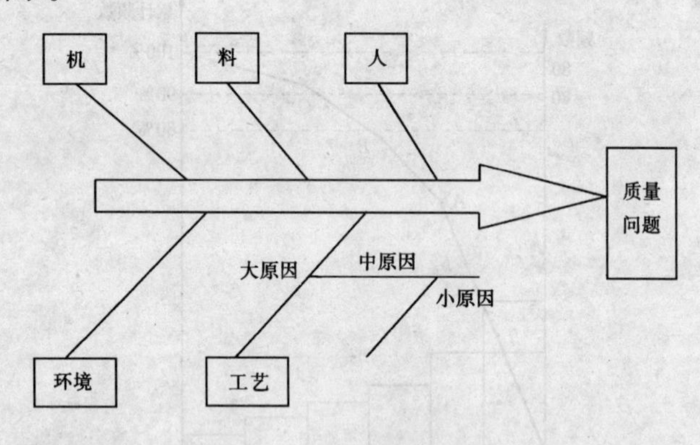

图 5-88 因果分析图

作图步骤如下：

①明确质量问题对工程的影响；

②画出质量问题主干，注明问题；

③画出影响质量的大枝，注明要素；

④画出中、小、细枝干，找出影响质量的详细原因；

⑤针对影响质量因素，有的放矢地制定对策。

(二) 全面质量管理的工作程序

全面质量管理工作程序，概括起来分为四个阶段，八个步骤。所谓四个阶段是：计划、实施、检查、处理。这四个阶段不断地循环，产品质量就能不断提高，又称为 PDCA 循环。而每一个循环都要经过八个步骤，各个步骤都有相应解决问题的方法。

1. 四个阶段

PDCA 循环是一种科学的管理方法。它好象一个车轮，不停地向前转动。每转动一周，即通过计划、实施、检查、处理循环一次，就实现一定的质量目标，解决一定的问题，使质量水平有新的提高，不断的循环，质量水平就不断地提高。PDCA循环不仅适用于企业，也适用于各级、各部门、各班组或个人。

2. 八个步骤

为了解决质量管理中出现的问题，可以按照下列八个步骤进行：

(1) 找出质量存在的问题；

(2) 分析产生质量问题的各种原因或影响因素；

(3) 找出影响质量问题的主要因素；

(4) 制定对策和措施（要考虑六个问题，即：原因、目的、地点、时间、执行人和方法）；

(5) 按照措施去实施；

(6) 检查采取措施后的效果，并找出还存在的问题；

(7) 总结经验，巩固措施，制定标准或制度；

(8) 提出尚未解决的问题，转入下一个PDCA循环。

(三) 工程质量检查与评定

建筑工程施工质量验收统一标准按GB 50300—2001执行，其主要内容如下。

1. 基本规定

(1) 施工现场质量管理应有相应的施工技术标准、健全的质量管理体系、施工质量检验制度和综合施工质量水平评定考核制度。

(2) 建筑工程应按下列规定进行施工质量控制：

1) 建筑工程采用的主要材料、半成品、成品、建筑构配件、器具和设备应进行现场验收。凡涉及安全、功能的有关产品，应按各专业工程质量验收规范规定进行复验，并应经监理工程师（建设单位技术负责人）检查认可。

2) 各工序应按施工技术标准进行质量控制，每道工序完成后，应进行检查。

3) 相关各专业工种之间，应进行交接检验，并形成记录。未经监理工程师（建设单位技术负责人）检查认可，不得进行下道工序施工。

(3) 建筑工程施工质量应按下列要求进行验收:

1) 建筑工程施工质量应符合本标准和相关专业验收规范的规定。

2) 建筑工程施工应符合工程勘察、设计文件的要求。

3) 参加工程施工质量验收的各方人员应具备规定的资格。

4) 工程质量的验收均应在施工单位自行检查评定的基础上进行。

5) 隐蔽工程在隐蔽前应由施工单位通知有关单位进行验收,并应形成验收文件。

6) 涉及结构安全的试块、试件以及有关材料,应按规定进行见证取样检测。

7) 检验批的质量应按主控项目和一般项目验收。

8) 对涉及结构安全和使用功能的重要分部工程应进行抽样检测。

9) 承担见证取样检测及有关结构安全检测的单位应具有相应资质。

10) 工程的观感质量应由验收人员通过现场检查,并应共同确认。

(4) 检验批的质量检验,应根据检验项目的特点在下列抽样方案中进行选择:

1) 计量、计数或计量-计数等抽样方案。

2) 一次、两次或多次抽样方案。

3) 根据生产连续性和生产控制稳定性情况,尚可采用调整型抽样方案。

4) 对重要的检验项目当可采用简易快速的检验方法时,可选用全数检验方案。

5) 经实践检验有效的抽样方案。

(5) 在制定检验批的抽样方案时,对生产方风险(或错判概率 α)和使用方风险(或漏判概率 β)可按下列规定采取:

1）主控项目：对应于合格质量水平的 α 和 β 均不宜超过5%。

2）一般项目：对应于合格质量水平的 α 不宜超过5%，β 不宜超过10%。

2. 建筑工程质量验收的划分

（1）建筑工程质量验收应划分为单位（子单位）工程、分部（子分部）工程、分项工程和检验批。

（2）单位工程的划分应按下列原则确定：

1）具备独立施工条件并能形成独立使用功能的建筑物及构筑物为一个单位工程。

2）建筑规模较大的单位工程，可将其能形成独立使用功能的部分为一个子单位工程。

（3）分部工程的划分应按下列原则确定：

1）分部工程的划分应按专业性质、建筑部位确定。

2）当分部工程较大或较复杂时，可按材料种类、施工特点、施工程序、专业系统及类别等划分为若干子分部工程。

（4）分项工程应按主要工种、材料、施工工艺、设备类别等进行划分。

（5）分项工程可由一个或若干检验批组成，检验批可根据施工及质量控制和专业验收需要按楼层、施工段、变形缝等进行划分。

（6）室外工程可根据专业类别和工程规模划分单位（子单位）工程。

3. 建筑工程质量验收

（1）检验批合格质量应符合下列规定：

1）主控项目和一般项目的质量经抽样检验合格。

2）具有完整的施工操作依据、质量检查记录。

（2）分项工程质量验收合格应符合下列规定：

1）分项工程所含的检验批均应符合合格质量的规定。

2）分项工程所含的检验批的质量验收记录应完整。

(3) 分部（子分部）工程质量验收合格应符合下列规定：

1）分部（子分部）工程所含分项工程的质量均应验收合格。

2）质量控制资料应完整。

3）地基与基础、主体结构和设备安装等分部工程有关安全及功能的检验和抽样检测结果应符合有关规定。

4）观感质量验收应符合要求。

(4) 单位（子单位）工程质量验收合格应符合下列规定：

1）单位（子单位）工程所含分部（子分部）工程的质量均应验收合格。

2）质量控制资料应完整。

3）单位（子单位）工程所含分部工程有关安全和功能的检测资料应完整。

4）主要功能项目的抽查结果应符合相关专业质量验收规范的规定。

5）观感质量验收应符合要求。

(5) 当建筑工程质量不符合要求时，应按下列规定进行处理。

1）经返工重做或更换器具、设备的检验批，应重新进行验收。

2）经有资质的检测单位检测鉴定能够达到设计要求的检验批，应予以验收。

3）经有资质的检测单位检测鉴定达不到设计要求、但经原设计单位核算认可能够满足结构安全和使用功能的检验批，可予以验收。

4）经返修或加固处理的分项、分部工程，虽然改变外形尺寸但仍能满足安全使用要求，可按技术处理方案和协商文件进行验收。

(6) 通过返修或加固处理仍不能满足安全使用要求的分部工程、单位（子单位）工程，严禁验收。

4. 建筑工程质量验收程序和组织

(1) 检验批及分项工程应由监理工程师（建设单位项目技术负责人）组织施工单位项目专业质量（技术）负责人等进行验收。

(2) 分部工程应由总监理工程师（建设单位项目负责人）组织施工单位项目负责人和技术、质量负责人等进行验收；地基与基础、主体结构分部工程的勘察、设计单位工程项目负责人和施工单位技术、质量部门负责人也应参加相关分部工程验收。

(3) 单位工程完工后，施工单位应自行组织有关人员进行检查评定，并向建设单位提交工程验收报告。

(4) 建设单位收到工程验收报告后，应由建设单位（项目）负责人组织施工（含分包单位）、设计、监理等单位（项目）负责人进行单位（子单位）工程验收。

(5) 单位工程有分包单位施工时，分包单位对所承包的工程项目应按本标准规定的程序检查评定，总包单位应派人参加。分包工程完成后，应将工程有关资料交总包单位。

(6) 当参加验收各方对工程质量验收意见不一致时，可请当地建设行政主管部门或工程质量监督机构协调处理。

(7) 单位工程质量验收合格后，建设单位应在规定时间内将工程竣工验收报告和有关文件，报建设行政管理部门备案。

二、铝合金门窗工程质量通病及防治措施

（一）门窗框与墙体间隙裂缝

1. 现象

门窗框与墙体间隙处出现裂缝。

2. 原因

(1) 框料周边用水泥砂浆嵌缝。

(2) 门窗内外未留槽口，未填严密。

3. 防治措施

(1) 门窗外框四周应为弹性连接，至少应填 20mm 厚保温软质材料，同时避免门窗框四周形成冷热交换。

(2) 门窗内外框边应留槽口，用密封胶填平、压实。严禁用

水泥砂浆直接与门窗框接触，以防腐蚀。

（二）组合门窗的明螺钉未加处理

1. 现象

明螺钉未进行防锈处理。

2. 原因

未按设计要求或处理遗漏。

3. 防治措施

门窗组装过程中应尽量减少或不用明螺钉，如非用不可，应用同样颜色的密封材料填埋密封。

（三）带形组合门窗之间产生裂缝

1. 现象

带形组合门窗，在使用后不久，组合处产生裂缝。

2. 原因

组合处搭接长度不足，在受到温度及建筑结构变形时，产生裂缝。

3. 防治措施

横向及竖向带形窗、门之间组合杆件必须同相邻门窗套插、搭接，形成曲面组合，其搭接量应大于8mm，并用密封胶密封，可防止门窗因受冷热和建筑结构变化而产生裂缝。

（四）砖砌体用射钉紧固门窗铁脚

1. 现象

砖砌体用射钉连接门窗框铁脚不牢固。

2. 原因

因砖砌体质地不匀，有灰缝，使射钉锚固不牢。

3. 防治措施

当门窗洞口为砖砌墙体时，应用钻孔或凿孔方法，孔径不小于ϕ10mm，用膨胀螺栓固定连接件，不得用射钉固定铁脚。

（五）推拉窗槽内积水、渗水

1. 现象

外墙可推拉窗在雨后或窗玻璃结露后发生槽内积水、渗水。

2. 原因

未钻排水孔，窗台未留排水坡或密封胶过厚掩埋了下边框，阻塞了排水孔。

3. 防治措施

(1) 下框外框和轨道根部应钻排水孔；横竖相交丝缝注硅酮胶封严。

(2) 窗下框与洞口间隙的大小应根据不同饰石材料留设，一般间隙不小于50mm，使窗台能放流水坡。切忌密封胶掩埋框边，避免槽口积水无法外流。

(六) 弹簧门开关不灵活

1. 现象

弹簧门开关时间超过15s。

2. 原因

弹簧转轴与定位销不在一个垂直线上。

3. 防治措施

将弹簧转轴与定位销调整到一个垂直线上。

三、塑料门窗工程质量通病及防治措施

(一) 门窗框松动

1. 现象

门窗安装后不牢固，松动。

2. 原因

不同材料墙体，未分别采用相应的固定方法和固定措施。

3. 防治措施

(1) 先在门窗外框上按设计规定位置钻孔，用合适的自攻螺钉把镀锌连接件紧固。

(2) 用电锤在门窗洞口的墙体上打孔，装入尼龙胀管，门窗安装校正后，用木螺钉将镀锌连接件固定在胀管内。

(3) 门窗安装在单砖墙或轻质墙上时，应在砌墙时砌入混凝土砖，使镀锌连接件与混凝土砖能连接牢固。

（二）门窗扇关闭不严密

1. 现象

门窗框安装后变形，待门窗扇安装后关闭不严密或关闭困难。

2. 原因

安装连接螺钉松紧不同，框周围间隙填嵌材料过紧或施工中在门窗上搭脚手板，吊重物等。

3. 防治措施

(1) 调整各螺钉的松紧程度使其基本一致，不得有的过松，有的过紧。

(2) 门窗框周围间隙填塞软质材料时，不得有的填塞过紧，有的过松，以免门窗框受挤变形。

(3) 严禁施工时在门窗上搭脚手板，搁支脚手杆或悬挂物件。

（三）门窗框周围间隙裂缝

1. 现象

门窗框四周施工完毕后出现裂缝。

2. 原因

(1) 门窗框四周填以硬质材料或有腐蚀性的材料。

(2) 把软质材料填得过满，无法再做密封。

3. 防治措施

(1) 保证门窗框与墙体为弹性连接，其间隙应填嵌泡沫塑料或矿棉、岩棉等软质材料。

(2) 含沥青的软质材料不得填入，以免 PVC 受腐蚀。

(3) 必须按构造要求施工，填塞软质材料时，门窗框四周内外框边应留出一条凹槽，并用密封胶嵌填严密、均匀，使之与框面齐平。

（四）门窗料褪色、老化变脆

1. 现象

塑料门窗料使用不久即褪色、老化变脆甚至出现裂纹、强度降低。

2. 原因

(1) 采用了劣质型材加工门窗,相当数量的 PVC 型材厂,为了压价,原材料配方设计不规范,少加或不加各种改性剂,使型材达不到国家标准《门窗框硬聚氯乙烯 (PVC)型材》(GB8814—88)的要求。

(2) 一些型材生产厂配料系统工艺落后, 计量、化验、试验、检测手段不配套, 向用户提供的型材质量检测报告和实际产品质量不相符。

3. 防治措施

(1) 选购门窗时, 应选购工艺先进、质量管理严格的国营大厂的产品。

(2) 出厂前应对产品进行硬度、抗冲击、加热后状态 (尺寸变化率) 及角强度检测, 确保各项技术指标达到国家标准的要求。

(3) 购买时, 施工单位应对门窗型材送交有相应资质证书的材料试验单位进行测试、检验, 以复验材料质量。

四、微波自动门、金属转门工程质量通病及防治措施

(一) 门扇滑行速度慢

1. 现象

微波自动门使用滑行速度慢。

2. 原因

(1) 门扇地面滑行轨道安装位置有偏差, 或施工中槽内留有异物。

(2) 使用中清理不及时, 严寒结冰季节水流入下轨道。

(3) 传动部分零件未定期加油, 装配过紧。

3. 防治措施

(1) 施工中准确安装门扇地面滑行轨道, 槽内不得留有异物。

(2) 安装时传动部分零件松紧适当。

(3) 使用中经常清理垃圾杂物，严寒结冰季节防止水流入下轨道。

(4) 对机械部位定期加油。

(二) 旋转门开关不灵活，有噪声

1. 现象

开关不灵活，转动时有噪声。

2. 原因

旋转轴不在一条垂直轴线上。

3. 防治措施

(1) 安装时，旋转轴必须吊线测量，使旋转轴垂直在一个中心线上，上、下点重合。

(2) 扇面应对对角线和平整度进行检查，符合验收标准方可使用。

(3) 安装放样时，转扇平面角应平分均匀，不得大小不一。转扇距圆弧边的间隙，必须调整达到一致，不允许有擦边或间隙过大。

(4) 封闭条带的位置应做到准确。

五、钢门窗工程质量通病及防治措施

(一) 门窗框变形

1. 现象

门窗框不方正、翘曲。

2. 原因

(1) 包装、运输、存放过程中，固定方法不当，造成门窗框对角线长度差超过规范定值。

(2) 门窗框的平整度不合格。

3. 防治措施

(1) 运输过程中，运输车辆车厢内保持清洁，搬运、装卸时轻抬、轻放。严禁将工具穿入框扇内抬、扛，严禁撬、甩、丢、持等动作。机械吊装用非金属绳索绑扎。选择平稳牢靠着力点，严禁框扇等局部或点受力。

(2) 运输门窗时，各包装件之间应加轻质衬垫，并用木板与车体隔开，绑扎固定牢靠，严禁松动运输。

(二) 门窗扇开关不灵活

1. 现象

门窗扇区开关不灵活，甚至框扇相卡。

2. 原因

(1) 安装、固定方法不当，或运输过程中方法不当，造成框扇变形。

(2) 安装中竖框偏斜。

3. 防治措施

(1) 运输、起吊过程中采用正确方法。

(2) 安装固定时，预备孔应清扫干净，先浇水湿透，门窗装入洞口按安装线摆正，横平竖直，找平，吊线合格后，用木楔固定。伸入孔中的铁脚，必须用 1:2 水泥砂浆填满嵌实，浇水养护，待水泥砂浆凝固后方可取出木楔进行二次塞缝。

(3) 中竖框与预埋件焊接或嵌固在预备孔中，应用水平尺找平，线锤吊正，严防中竖框向扇方向偏斜，造成框扇摩擦或相卡。

六、木门窗工程质量通病及防治措施

(一) 木门窗框松动

1. 现象

框松动与抹灰层间产生缝隙。

2. 原因

(1) 木砖预埋不牢固，特别是半砖墙中的木砖不稳固。安装时，锤击木砖造成松动，未修补。

(2) 框与墙体间缝隙未嵌实。

3. 防治措施

(1) 木砖的数量、位置应按图纸或有关规定设置，间距一般不超过 600mm，单砖墙或轻隔墙应埋特制木砖。

(2) 较大的门窗框或硬木门窗框要用铁掳子与墙体组合。

(3) 门窗洞口每边与框空隙不应超过 20mm，如超过 20mm，钉子应加长，并在木砖与门窗框之间加垫木，保证钉子钉进木砖 50mm。

(4) 门窗框与木砖结合时，每一木砖要用 4 英寸 (101.60mm) 钉子两个，而且上下要错开，不得钉在一个水平线上。垫木必须通过钉子钉牢，不应垫在钉子外边。

(5) 门窗框与洞口之间的缝隙超过 30mm 时，应灌细石混凝土；不足 30mm 的应塞灰，要分层填实，严禁在缝内塞嵌水泥袋纸或其他杂物。

(6) 木砖松动或间距过大，应预先固牢或补埋；要加大钉子，为防止垫木或门窗劈裂，可先用手电钻引钻一孔，然后再钉进。塞灰脱落，应按有关规定重新填塞。

(二) 门窗扇开关不灵活

1. 现象

扇与框之间有局部碰擦，开关困难。

2. 原因

(1) 门窗框、扇的侧面不平整，留缝宽度太小。

(2) 铰链槽深浅不均匀，安装不平整、不垂直，门窗扇下垂、倒翘，与门框相碰。

(3) 地面不平整，门扇与地面局部摩擦。

3. 防治措施

(1) 验扇前应检查框的立梃是否垂直。如有偏差，需修整后再安装。

(2) 安装合页，应保证合页进出、深浅一致，上、下合页轴保持在一个垂直线上。

(3) 选用五金要配套，螺钉帽要平卧到螺钉窝内。

(4) 针对出现问题，采取相应措施修理。

七、门窗工程质量要求及检验方法

(一) 铝合金门窗安装质量要求和检验方法

铝合金门窗安装质量要求和检验方法见表 5-5。

铝合金门窗安装的允许偏差和检验方法 表 5-5

项次	项目		允许偏差(mm)	检验方法
1	门窗槽口宽度、高度	≤1500mm	1.5	用钢尺检查
		>1500mm	2	
2	门窗槽口对角线长度差	≤2000mm	3	用钢尺检查
		>2000mm	4	
3	门窗框的正、侧面垂直度		2.5	用垂直检测尺检查
4	门窗横框的水平度		2	用1m水平尺和塞尺检查
5	门窗横框标高		5	用钢尺检查
6	门窗竖向偏离中心		5	用钢尺检查
7	双层门窗内外框间距		4	用钢尺检查
8	推拉门窗扇与框搭接量		1.5	用钢直尺检查

(二)塑料门窗安装质量要求和检验方法

塑料门窗安装质量要求和检验方法见表5-6。

塑料门窗安装的允许偏差和检验方法 表 5-6

项次	项目		允许偏差(mm)	检验方法
1	门窗槽口宽度、高度	≤1500mm	2	用钢尺检查
		>1500mm	3	
2	门窗槽口对角线长度差	≤2000mm	3	用钢尺检查
		>2000mm	5	
3	门窗框的正、侧面垂直度		3	用1m垂直检测尺检查
4	门窗横框的水平度		3	用1m水平尺和塞尺检查
5	门窗横框标高		5	用钢尺检查
6	门窗竖向偏离中心		5	用钢直尺检查
7	双层门窗内外框间距		4	用钢尺检查

续表

项次	项目	允许偏差(mm)	检验方法
8	同樘平开门窗相邻扇高度差	2	用钢直尺检查
9	平开门窗铰链部位配合间隙	+2；-1	用塞尺检查
10	推拉门窗扇与框搭接量	+1.5；-2.5	用钢直尺检查
11	推拉门窗扇与竖框平行度	2	用1m水平尺和塞尺检查

（三）钢门窗安装质量要求和检验方法

钢门窗安装质量要求及检验方法见表5-7。

钢门窗安装的留缝限值、允许偏差和检验方法　　表5-7

项次	项目		留缝限值(mm)	允许偏差(mm)	检验方法
1	门窗槽口宽度、高度	≤1500mm	—	2.5	用钢尺检查
		>1500mm	—	3.5	
2	门窗槽口对角线长度差	≤2000mm	—	5	用钢尺检查
		>2000mm	—	6	
3	门窗框的正、侧面垂直度		—	3	用1m垂直检测尺检查
4	门窗横框的水平度		—	3	用1m水平尺和塞尺检查
5	门窗横框标高		—	5	用钢尺检查
6	门窗竖向偏离中心		—	4	用钢尺检查
7	双层门窗内外框间距		—	5	用钢尺检查
8	门窗框、扇配合间隙		≤2	—	用塞尺检查
9	无下框时门扇与地面间留缝		4~8	—	用塞尺检查

（四）木门窗安装质量要求及检验方法

木门窗制作允许偏差和检验方法见表5-8。

木门窗安装的留缝限值、允许偏差和检验方法应符合表5-9的规定。

木门窗制作的允许偏差和检验方法　　表 5-8

项次	项目	构件名称	允许偏差（mm）		检验方法
			普通	高级	
1	翘曲	框	3	2	将框、扇平放在检查平台上，用塞尺检查
		扇	2	2	
2	对角线长度差	框、扇	3	2	用钢尺检查，框量裁口里角，扇量外角
3	表面平整度	扇	2	2	用1m靠尺和塞尺检查
4	高度、宽度	框	0；-2	0；-1	用钢尺检查，框量裁口里角，扇量外角
		扇	+2；0	+1；0	
5	裁口、线条结合处高低差	框、扇	1	0.5	用钢直尺和塞尺检查
6	相邻棂子两端间距	扇	2	1	用钢直尺检查

木门窗安装的留缝限值、允许偏差和检验方法　　表 5-9

项次	项目	留缝限值（mm）		允许偏差（mm）		检验方法
		普通	高级	普通	高级	
1	门窗槽口对角线长度差	—	—	3	2	用钢尺检查
2	门窗框的正、侧面垂直度	—	—	2	1	用1m垂直检测尺检查
3	框与扇、扇与扇接缝高低差	—	—	2	1	用钢直尺和塞尺检查
4	门窗扇对口缝	1～2.5	1.5～2	—	—	用塞尺检查
5	工业厂房双扇大门对口缝	2～5	—	—	—	用塞尺检查
6	门窗扇与上框间留缝	1～2	1～1.5	—	—	
7	门窗扇与侧框间留缝	1～2.5	1～1.5	—	—	
8	窗扇与下框间留缝	2～3	2～2.5	—	—	
9	门扇与下框间留缝	3～5	3～4	—	—	

续表

项次	项　　目		留缝限值（mm）		允许偏差（mm）		检验方法
			普通	高级	普通	高级	
10	双层门窗内外框间距		—	—	4	3	用钢尺检查
11	无下框时门扇与地面间留缝	外门	4~7	5~6	—	—	用塞尺检查
		内门	5~8	6~7	—	—	
		卫生间门	8~12	8~10	—	—	
		厂房大门	10~20	—	—	—	

八、搁栅层工程质量通病及防治措施

吊顶搁栅存在的主要问题是拱度不均匀，其现象、原因及防治措施如下：

1. 现象

吊顶搁栅装钉后，其下表面的拱度不均匀、不平整，严重者成波浪形；其次，吊顶搁栅周边或四角不平。有的吊顶完工后，只经过短期使用，就产生凹凸变形等质量问题。

2. 原因

（1）吊顶搁栅材质不好，变形大，不顺直，有硬弯，施工中又难于调直；木材含水率过大，在施工中或交工后产生收缩翘曲变形。

（2）不按规程操作，施工中吊顶搁栅四周墙面上不弹平线或平线不准，中间不按平线起拱，造成拱度不匀。

（3）吊杆或吊筋间距过大，吊顶搁栅的拱度不易调匀。同时，受力后易产生挠度，造成凹凸不平。

（4）受力节点结合不严，受力后产生位移变形。常见的有：

1）装钉吊杆、吊顶搁栅接头时，因材质不良或钉径过大，节点端头被钉劈裂，导致松动而产生位移。

2）吊杆与吊杆搁栅未用半燕尾榫相联结，极易造成节点不牢或使用不耐久。

3）当用螺杆作吊筋时，螺母处未加垫板，搁栅上的吊筋孔径又较大，受力后螺帽吃入搁栅内，造成面层局部下沉；或因螺帽长度不足，不能用螺帽固定，实际加大了吊筋间距，受力后变形也加大。

(5) 吊顶搁栅接头装钉不平或接出硬弯，直接影响吊顶的平整。

3. 防治措施

(1) 吊顶应选用比较干燥的松木、杉木等软质木材，并防止受潮或烈日曝晒。不宜用桦木、柞木等硬质木材。

(2) 吊顶搁栅装钉前，应按设计标高在四周墙壁上弹线找平。装钉时，四周以平线为准，中间按平线起拱，起拱高度应为房间短向跨度的1/200，纵横拱度均应吊匀。

(3) 搁栅及吊顶搁栅的间距、断面尺寸应符合设计要求。木料应顺直，如有硬弯，应在硬弯处锯断，调直后再用双面夹板连接牢固。木料在两吊点间如稍有弯度，弯度应向上。

(4) 各受力节点必须装钉严密、牢固，符合质量要求。其措施有：

1）吊杆和接头夹板必须选用优质软质木材制作，其长度、直径、间距要适宜，既能满足强度要求，装钉时又不能劈裂。

2）吊杆应刻半燕尾榫，交错地钉固在吊顶搁栅的两侧，以提高其稳定性。吊杆与搁栅必须钉牢，钉长宜为吊杆厚的2～2.5倍，吊杆端头应高出搁栅上皮40mm，以防装钉时劈裂。

3）如用吊筋固定搁栅，吊筋位置和长度必须埋设准确，吊筋螺母处必须设置垫板。如木料因弯曲与垫板接触不严，可利用撑木、木楔靠严，以防吊顶变形。必要时，应在上、下两面均设置垫板，用双螺母紧固。

4）吊顶搁栅接头的下表面必须装钉顺直、平整，其接头要错开，以加强整体性。板条抹灰吊顶，其板条接头必须分段错槎钉在吊顶搁栅上，每段错槎宽度不宜超过500mm，以加强吊顶搁栅的整体刚度。

5）在墙体砌筑时，应按吊顶标高沿墙牢固地预埋木砖，间距1m，以固定墙周边的吊顶搁栅，或在墙上留洞，把吊顶搁栅固定在墙内。

（5）吊顶内应设置通风窗，使木骨架处于干燥环境中。室内抹灰时，应将吊顶人孔封严，待墙面干后，再将人孔打开通风，使吊顶保持干燥环境。

（6）如吊顶搁栅拱度不匀，局部超差较大，可利用吊杆或吊筋螺栓把拱度调匀。

（7）如吊筋未加垫板，应及时安设，并把吊顶搁栅的拱度调匀。如吊筋太短，可用电焊将螺栓加长，并重新安好垫板、螺母，再把吊顶搁栅拱度调匀。

（8）凡吊杆被钉劈裂必须将劈裂的吊杆换掉重钉。吊顶搁栅接头有硬弯的，应将夹板起掉，调直后再钉牢。

九、面层工程质量通病及防治措施

（一）轻质板材吊顶面层变形

1.现象

轻质板块吊顶装钉后，部分纤维板或胶合板逐渐产生凹凸变形。

2.原因

（1）纤维板或胶合板，在使用中要吸收空气中的水分，特别是纤维板不是均质材料，各部分吸湿程度差异大，易产生凹凸变形；装钉板块时，板块接头未留空隙，吸湿膨胀后，没有伸胀余地，会使变形程度更为严重。

（2）板块较大，装钉时未能使板块与吊顶搁栅全部贴紧，就从四角或四周向中心排钉装钉，板块内储存有应力，致使板块凹凸变形。

（3）吊顶搁栅分格过大，板块易产生挠度变形。

3. 防治措施

(1) 选用优质板材，胶合板宜选用五层以上的椴木胶合板，纤维板宜选用硬质纤维板。

(2) 为使纤维板的含水率与大气中的相对含水率相平衡或接近，减少纤维板吸湿而引起的凹凸变形，对纤维板宜进行水处理。具体作法是：将纤维板放在水池中浸泡 15 ~ 20min，一般硬质纤维板用冷水，掺有树脂胶的纤维板要用 45℃左右的热水。板从水中取出后背面向上，堆放在一起，约一昼夜打开垛，使整个板面处在室温 10℃以上的大气中，与大气湿度平衡，一般放置 5 ~ 7d 后就可使用。

胶合板则不得受潮。纤维板或胶合板安装前应两面涂刷一道油漆，以提高抗吸湿变形能力。

(3) 轻质板块宜先加工成小块后再装钉，并应从中间向两端排钉，避免产生凹凸变形。接头拼缝留 3 ~ 6mm 间隙，以适应膨胀变形要求。

(4) 纤维板、胶合板吊顶搁栅的分格间距不宜超过 450mm，否则中间应加一根 25mm × 40mm 的小搁栅，以防板块下挠。

(5) 合理安排施工顺序，当室内湿度较大时，宜先安吊顶木骨架，然后做室内抹灰，待抹灰干燥后再装钉吊顶面层。周边吊顶搁栅应离开墙面 20 ~ 30mm，以便安装板块及压条，并应保证压条与墙面接缝严密。

4. 治理方法

个别板块变形较大时，可由人孔进入吊顶内，补加一根 25mm × 40mm 的小搁栅，再在下面将板块钉平。

(二) 轻质板材吊顶拼缝装钉不直，分格不均匀、不方正

1. 现象

轻质板材吊顶中，同一直线上的分格木压条或板块明拼缝，其边棱不在一条直线上，有错牙、弯曲；纵横木压条或板块明拼缝分格不均匀、不方正。

2. 原因

（1）未弹线便安装板块或木压条。

（2）安装搁栅时，拉线找直和归方控制不严，搁栅间距分得不均匀，且与板块尺寸不相符。

（3）明拼缝板吊顶，板块裁得不方正或尺寸不准。

3. 防治措施

（1）装钉板块前，应在每条纵横搁栅上按所分位置弹出拼缝中心线及边线，然后按弹线装钉板块，发生超线应及时修整。

（2）选用软质优材制作木压条，表面应刨至平整光滑。装钉前，先在板块上拉线，弹出压条分格线，按线装钉木压条，接头缝应严密。

（3）根据搁栅弹线计算出板块拼缝间距或压条分格间距，准确确定搁栅（注意扣除墙面抹灰厚度），保证分格均匀。安装搁栅时，按位置拉线找直、归方、固定，注意顶面起拱及平整。

（4）按分格尺寸裁截板块。板块尺寸等于吊顶搁栅间距，减去明拼缝宽度（8～10mm）。板块要求方正，不得有棱角，板边应挺直光滑。

4. 治理方法

当木压条或板块明拼缝装钉不直且超差较大时，应根据产生原因进行返工修整。

（三）吸声板吊顶的孔距排列不均匀

1. 现象

无论什么材质板材，凡带孔吸声板拼装后，孔距不等，孔眼横、竖、斜看时，不成直线，或有弯曲及错位现象。

2. 原因

（1）未按设计要求制作板块样板；或曾有标准样板，但因板块及孔位加工精度不高，偏差大，致使孔洞排列不均。

（2）装钉板块时，操作不当，致使拼缝不直，分格不均匀、不方正，从而造成孔距不均匀，排列错位。

3. 防治措施

板块应装匣钻孔，即用5mm厚钢板做成样板，将吸声板按计划尺寸分成板块，板边应刨直、刨光。将样板放在被钻板块上面，用夹具螺栓夹紧，垂直钻孔，每匣放12～15块。第一匣加工后试拼，合格后再继续加工。

4. 治理方法

吸声板吊顶的孔距排列不均匀，不易修理，应严格操作，一次装钉合格。

（四）铝合金板吊顶不平

1. 现象

吊顶安装后，明显不平，甚至产生波浪形状。

2. 原因

（1）水平标高线控制不好，误差过大。

（2）龙骨未调平就安装铝合金板条，然后再进行调平，使板条应力不均匀。

（3）龙骨上悬吊重物，承受不住而发生局部变形。

（4）吊杆固定不牢而局部下沉。

（5）板条变形，未加校正就安装，易产生不平。

3. 防治措施

（1）标高线应准确弹到墙上，并控制其误差不大于±5mm；跨度较大时，应在中间适当位置加设标高控制点。

（2）应在铝合金板条安装前就将龙骨调平。

（3）将不能直接悬吊的设备直接与结构固定。

（4）吊杆应固定牢固，施工中要加强保护。

（5）长形板条安装前应检查平、直情况，不妥处要及时调整。

4. 治理方法

变形的吊顶铝合金板条，一般难于在吊顶面上调整，应取下进行调整。

（五）铝合金板吊顶接缝明显

1. 现象

接缝处接口露白茬；接缝不平，接缝处产生错台。

2. 原因

(1) 切口部位未作修整。

(2) 板条切割角度控制不好。

3. 防治措施

(1) 切口部位应用锉刀修平，并将毛边修整好。

(2) 做好板条下料工作，控制好切割角度。

4. 治理方法

用同色硅胶对接口部位修补，使安装密合，并遮掩白边。

十、顶棚质量标准及检验方法

吊顶罩面板安装质量及允许偏差必须符合《建筑装饰装修工程施工质量验收规范》(GB 50210—2001) 规定。

十一、细木工程质量通病及防治措施

(一) 木龙骨施工缺陷

1. 现象

(1) 木龙骨不牢，有松动现象。

(2) 木龙骨表面局部不平直。

(3) 预留洞口不规则。

(4) 木龙骨的分格间距不符合要求。

(5) 木龙骨与墙体接触面的防腐处理不符合要求。

2. 原因

(1) 木墙裙施工前的结构施工阶段，没有为装修施工创造相应的条件，装修专业也未提出木龙骨固定的要求，未在固定点处预埋木砖或预埋位置不符合要求，木龙骨施工时未周密做好固定木龙骨的补充措施，因而造成木龙骨固定不牢，有松动等现象。

(2) 木龙骨的木材含水率不符合要求，施工后产生变形。

(3) 预留的洞口位置存在偏差，在配置木龙骨时，未适当调整。

(4) 对现行的施工规范和质量检验标准不熟悉或执行不严。

3. 防止措施

(1) 装修施工前必须认真掌握装修施工图的要求，并应在工程结构施工阶段为装修工程的配合工作提出要求，如对木墙裙施工前，应在墙体上定出正确的位置并对预埋木砖或埋件等做出详细交底，提出要求。

(2) 所用木龙骨材料应符合设计的树种和木材选料，不得使用有腐朽、扭曲、劈裂等弊病材，其木材的含水率不应大于15%，木材厚度不应小于20mm，防止因木材变形而造成表面质量问题。

(3) 木龙骨安装前，如墙面预留洞口的尺寸偏差不符合装修要求时，应进行一次修整，若偏差较大时，应先对墙面进行修整。

(4) 木龙骨固定前，应检查预留木砖或固定点的位置，数量，间距等是否符合要求，如固定点的位置不符时，应预先补设或调整。补设固定点时，可采用先打洞后加榫的方法来固定。

(5) 木龙骨面应垂直，平整，其横向根据墙面抹灰的标筋拉线找平。竖向吊线找直，根部及阴阳角处用角尺靠方。固定点处所垫木垫块必须与木龙骨顶牢，不得松脱，以确保木墙面、筒子板骨架的平整度、垂直度。

(6) 木墙裙、筒子板遇阴阳角处在拐角的两个方向必须有木棱。

(7) 木龙骨与墙体等接触处应进行防腐处理，细木制品与砌体、混凝土或抹灰层接触处、埋入砌体或混凝土中的木砖均应进行防腐处理。其周边应刷防火涂料，此项工作完成后，作好中间验收，并作好记录。

(二) 面层板施工缺陷

1. 现象

(1) 面层板的木纹（花纹）不协调，色泽不匀，棱角不齐，表面局部不平。

(2) 压条线接缝及割角不严，起线处粗糙。

(3) 钉帽有外露，钉孔明显。

2. 原因

(1) 对面层材料的选材不够认真，施工时也未按板的色泽木纹等进行排列。

(2) 木线条制作加工粗糙，规格不一，木材含水率偏高。

(3) 钉帽未做处理。钉的细部位置不当。

3. 防治措施

(1) 对面层板的选择，是确保木墙裙、筒子板质量的重要一环，如木材面采用清漆时，更应严格选择好面层板。为整体观感严格把好材料这一环。

(2) 在同一房间内，首先按设计要求的树种和色泽、材料等级等要求进行选料，应选择色泽、花纹基本一致的面层板。

(3) 当设计要求面层板采用木板时，其板厚应大于10mm；如要求木材拼花时，其厚度应加厚，一般不宜小于15mm，并在板背面起浅槽防止木板变形。木材的含水率应严格控制，一般应控制在12%以内。当选用胶合板时，其厚度应不小于5mm。

(4) 当采用木板作墙裙或筒子板时，为防止木板干缩变形，应将木板的年轮凸面向内放置，同时作竖向分格拉缝，每格之间留缝宽度一般为8mm左右为宜，也可留缝后加钉压缝条，以增强感观效果。

(5) 当使用切片胶合板时，应尽力将木纹拼的自然、匀称，一般将木花纹大的使用在下部，花纹小的使用在上部，特别是在主要立面处，应精心选用色泽一致、木纹匀称的面板。

(6) 钉面层板时，应按设计分块要求，宜自下而上进行，达到接缝严密，相邻间面层板的颜色尽可能协调一致。筒子板采用胶合板时，在板长度范围内尽量不设接缝，必须设接缝时，应避开视线敏感范围，板背面与龙骨相接处应涂胶。

(7) 筒子板应先从顶部安装，找平后再安装两侧面，必须挂线使其垂直。

(8) 贴脸条安装留边应一致，并应压过抹灰面，一般为

20mm，不得少于10mm。贴脸条转角必须交圈，割角应为45°，接缝处应严密、平整。贴脸条应尽量避免接缝，需要接缝时，必须在视线次要部位。应选择颜色基本一致，采用平口斜接，接缝应严密平整，起线处应通顺。

（9）贴脸条（板）下部应设贴脸墩（也称门墩子），其厚度宜大于踢脚线3~5mm，贴脸墩宽度也应比贴脸条相对宽些，形状应协调一致。如不设贴脸墩时贴脸条的厚度宜大于踢脚的厚度。

（10）木墙裙、筒子板上所用外露的木线条，必须选用不易变形、开裂，木纹较细、干燥、色泽一致的木材。如木材面做清漆的更应严格选择材种，控制木材的弊病，加工时应达到规格一致，起线正确，表面光洁，不得出现毛刺、刨痕、戗槎等现象。

（11）采用明钉时，应将圆钉的钉帽打扁，以减少对木纹的影响。凡使用小圆钉时，应使用小锤，施钉时应将打扁钉帽的圆钉顺木纹方向钉入，锤击时应平整，避免出现锤印，这样能减少损坏木纹；再用钉冲将钉帽送入板面1mm左右，以使油漆将钉帽封闭。如采用硬木时，应先钻孔，再钉圆钉，以防木材开裂。遇起线条时，圆钉尽可能钉在起线的凹处，避免在凸面明显处出现钉孔造成缺陷。钉孔尽可能小些，便于批嵌封闭处理。

（三）窗帘盒、挂镜线施工缺陷

1. 现象

（1）窗帘盒、挂镜线变形、弯曲，接缝不严密。

（2）窗帘盒上部铁脚外露。

（3）窗帘盒位置有偏差。

2. 原因

（1）木材含水率控制不严，安装后产生收缩或变形。

（2）预埋固定铁脚用料和外型尺寸过大。

（3）安装前没认真找准水平基准线，没拉通线定出水平、垂直正确位置。

3. 防治措施

(1) 木窗帘盒、挂镜线所用的木材宜采用不易开裂变形、收缩性小的软性材料，其木材含水率必须控制在12%以内。

(2) 挂镜线加工成型时必须规格一致，起线刨槽后表面必须光洁。

(3) 窗帘盒安装应找准水平线，通常的窗帘盒应以下口为准拉通线，将窗帘盒两端固定在端板上，且与墙面垂直，上部也可找到顶棚底，窗帘盒内侧板中间，应用铁脚埋件固定。

(4) 单个窗帘盒安装，应以水平线为准，达到水平准确。在同一房间内安装，应按相同标高线拉通线找平，并各自保持水平，两侧伸出窗洞以外的长度应一致。

(5) 固定窗帘盒的预埋铁脚不准外露。采用悬挂法时，安装后在室内任何位置应看不见窗帘盒上部的预埋铁角。

(6) 窗帘盒的顶盖板厚度不宜太薄，一般不小于15mm，以便安装窗帘轨。如设计有多层窗帘轨时，则顶盖板厚度可适当加厚。

(7) 挂镜线的接头和阴阳角相交处应作45°割角相交圈，长度方向的接头应严密刨平，起线通顺、接头和阴阳角处均应有木砖或木榫，并用钉子固定牢固，钉帽必须打扁，且不得外露。挂镜线的钉距应不大于500mm以确保平直。

(四) 木窗台板安装缺陷

1. 现象

(1) 窗台板两端高低偏差。

(2) 窗台板挑出墙面的尺寸不一，两端伸出窗框的长度不一致。

(3) 窗台板有翘曲，泛水不准。

2. 原因

(1) 在安装窗框时，窗框本身存在与墙的安装偏差，即两端离墙宽窄不一。

(2) 室内抹灰时标筋找平有变动，框两侧的抹灰厚度不一致。窗台板安装时，未按中心线分匀。

3. 防治措施

(1) 设有木窗台板的窗框安装，必须离墙面尺寸一致，位置正确，两侧抹灰也应一致，找方，内窗台找平。

(2) 窗台板应选择干燥木材，厚度不宜太薄，一般不小于20mm。宽度大于150mm的窗台板拼合时应穿暗带，防止翘曲。

(3) 安装木窗台板前，应按标高填平固定点。在同一房间内，应按相同的标高安装窗台板，并各自保持水平。两侧伸出窗洞的长度应一致。

(4) 窗台板安装应平整，不允许有倒泛水，要用水平尺找平。两端的高低差应不大于2mm，固定牢固，不显钉帽。

(5) 窗台板外侧应紧贴窗框，板内侧和两端上口应刨小圆角，底部可以钉阴角小线条。

(五) 楼梯木扶手安装缺陷

1. 现象

(1) 扶手弯曲，接头不严密、不平整。

(2) 木扶手表面不光滑。

(3) 扶手弯不顺，以割角代替弯头。

(4) 基准面铁栏杆不直，造成扶手底部结合不整齐。

2. 原因

(1) 木扶手制作加工粗糙，加工后的产品放置不当造成扶手变形、弯曲。

(2) 扶手和弯头木材含水率过大，安装后因风干产生收缩开裂。

(3) 扶手及弯头的基准面栏杆扁铁本身弯曲不平整。安装扶手前又未进行平直处理。

3. 防治措施

(1) 木扶手宜选用硬木，弯头木材宜选用不宜变形、收缩小、韧性较好的木材，一般选用经干燥处理的樟木做弯头最为适宜，易加工制作。

(2) 木扶手及扶手弯头，应选用木材含水率不大于12%的干燥木材。

(3) 加工成型的木扶手应达到圆弧正确表面光滑，起槽整齐，并加强产品的保护，避免曝晒或受潮。

(4) 扶手弯头处不宜用割角交接代替弯头。用整料做弯头应先斜纹出方，按楼梯斜度划线，锯成毛坯加工使其基本成型。将基本成型的弯头按扶梯栏杆扁铁为基准面作准弯头底面，再按扶手划线加工成半成品，然后安装在栏杆扁铁上，与扶手找平、刨顺，使其弯头处光滑通顺。

(5) 安装扶手前，要检查栏杆的平整度、斜度和垂直度，使其符合要求后再安装。

(6) 扶手底部的扁铁必须平整，焊接处应认真整理，螺栓孔位置应正确，便于操作和拧紧。

(7) 扶手各段的接头应用暗榫，加胶连接，扶手与整体弯头的接头，应用暗大头钉。并在弯头上或下面的扶手上作铆榫连结紧密。

(8) 硬木扶手的螺栓应先钻孔，以避免拧断，拧歪，钻孔深度为螺栓长度的2/3，然后拧螺栓，将扶手和弯头牢固地固定在栏杆扁铁上。

(六) 细木制品工程质量要求及检验方法

(1) 细木制品的树种、材质等级，含水率和防腐处理必须符合设计要求和《木结构工程施工及验收规范》(GB50206—2002)规定。

检验方法：观察检查和检查测定记录。

(2) 细木制品与基层（或木砖）必须镶钉牢固，无松动现象。

检验方法：观察和手扳检查。

(3) 细木制品的制作质量应符合下列规定：

合格：尺寸正确，表面光滑，线条顺直。

优良：尺寸正确，表面平直光滑，棱角方正，线条顺直，不露钉帽，无戗槎、刨痕、毛刺、锤印等缺陷。

检验方法：观察、手摸检查或尺量检查。

(4) 细木制品安装质量应符合以下规定：

合格：安装位置正确，割角整齐，接缝严密。

优良：安装位置正确，割角整齐，交圈、接缝严密，平直通顺，与墙面紧贴，出墙尺寸一致。

检验方法：观察检查。

(5) 细木制品安装的允许偏差和检验方法符合《建筑装饰装修工程施工质量验收规范》(GB 50210—2001) 规定。

十二、木地面工程质量通病及防治措施

(一) 行走时响声大

1. 现象

人行走时，地板有响声。复合木地板发出地板从胶粘剂上揭下来又粘上去的声音。

2. 原因

(1) 木搁栅安装时，由于地面不平，搁栅下用木榫垫嵌，由于木榫未固定牢靠，一经走动，木榫滑动，造成搁栅松动，行走时，木地板就会有响声。

(2) 木搁栅含水量较高，安装后收缩，使锚固铁丝扣松动或预埋螺钉不紧固，松动后，走动时面层产生响声。

(3) 施工时，用冲击钻在混凝土楼板上打洞，洞内打入木榫，搁栅用圆钉钉入木榫。时间久后，木榫与圆钉松动，就会有响声。

(4) 复合木地板是由于：

1) 胶粘剂的涂刷量少和早期粘结力小。

2) 粘结地板时没有及时进行早期养护。

3) 地板的尺寸稳定性不好或基层不平。

3. 防治措施

(1) 控制木材含水率。木搁栅含水率不大于12%。

(2) 采用预埋铁丝和螺钉锚固木搁栅，木搁栅的铁丝要扎紧，螺钉要拧紧。

（3）锚固铁件埋设要合理，间距不宜过大。一般锚固铁件间距顺木搁栅方向不大于800mm，顶面宽不小于100mm，且弯成直角，用双股14号铁丝与木搁栅绑扎牢固，然后用翘棒翘起木搁栅，垫好木垫块。木垫块表面要平整，并用铁丝与木垫块垫牢。

（4）如采用木搁栅直接固定在地坪预埋木块上，预埋小木块的间距不宜过大，一般顺木搁栅不大于400mm，木搁栅横断面锯成八字形。安装时，拉好搁栅表面水平线，搁栅下垫实木块，木垫块表面要平，用铁钉与木搁栅钉牢。搁栅安装完毕后，木搁栅间用细石混凝土或保温隔声材料洗灌，洗灌高度应低于木搁栅面，中间低于搁栅面20mm以上，便于通气。洗捣后，要待细石混凝土强度到100%，才能铺设木地板。

（5）在混凝土楼板上不应用冲击钻打洞，打入木榫，并用圆钉固定木搁栅，应用膨胀螺栓或用铁件固定。

（6）复合木地板应采取以下措施：

1）选用较厚板材。

2）基层的平整度在2m以内。

3）使用的胶粘剂要有早期强度，而且不能浸入苯乙烯类材料。

4）要充分涂抹胶粘剂，粘结初期要用重物加压，防止翘曲、剥落。

5）在地板保管中，要注意避免太阳照射或雨淋。

4. 处理方法

（1）检查走动时木板有无响声、最好在木搁栅铺钉后检查一次。如有响声，针对产生响声的原因进行修理。

（2）垫木不实或有斜面可在原垫木附近增加一、二块厚度适合的木垫块，用钉子在侧面钉牢。

（3）铁丝松动时，重新绑紧或加绑一道铁丝。

（4）锚固铁件顶部呈弧形，造成木栅栏不稳定，可在该处用混凝土将其筑牢。

(5) 锚固铁件间距过大时，应增加固定点。方法是凿眼绑钢筋棍或用射钉枪在木搁栅两边射入螺栓，再加铁板将木搁栅固定。

(二) 面层起鼓、变形

1. 现象

木地板局部拱起。木地板收缩后缝隙偏大，影响美观和使用。复合木地板局部翘鼓，拼缝加大，表面损伤。

2. 原因

(1) 面层木地板含水率偏高或偏低。偏高时，在干燥空气中失去水分，断面产生收缩，而发生翘曲变形；偏低时，铺后吸收空气中的水分，而产生起拱。

(2) 木搁栅之间铺填的细石混凝土或保温隔声材料不干燥，地板铺设后，造成吸收潮气起鼓、变形。

(3) 未铺防潮层或地板四周未留通气孔，面层板铺设后内部潮气不能及时排出。

(4) 毛地板未拉开缝隙或缝隙过少，受潮膨胀后，使面层板起鼓、变形。

(5) 复合木地板产生上述现象的原因是：

1) 基层没有充分干燥或地板表面的水分沿缝隙进入板下，引起地板受潮膨胀。

2) 安装时，基层未充分找平，使地板表面有凹凸。导致使用一段时间后各板块磨成厚薄不均，使板块变形大小不一，以致出现拼缝加大，或大小不均。

3) 复合木地板表面的聚酯漆被烫或被硬物磕碰，造成表面有损伤，影响美观。

3. 防治措施

(1) 控制木地板含水率，其含水率应不大于12%。

(2) 木搁栅间浇灌的细石混凝土或保温隔声材料，必须干燥后，才能铺设木地板。

(3) 合理设置通气孔。木搁栅应做到孔槽相通，与地板面层通气孔相连。地板面层通气孔每间不少于两处，通气孔不要堵塞，以利于通气流通。

（4）木地板下层板（即毛地板）板缝应适当拉开，一般为2~5mm。表面应刨平，相邻板缝应错开，四周离墙10~15mm。

（5）复合木地板的防治措施：

1）基层充分干燥，以防地板受潮膨胀起鼓。

2）安装时，充分找平基层，平整度不大于2mm。

3）使用中注意防止硬物碰撞和烫伤地板表面。

4. 处理方法

将起鼓的木地板面层拆开，在毛地板上钻若干通气孔，晾一星期左右，待木搁栅、毛地板干燥后再重新封上面层。此法返工面积大，修复席纹地板铺至最后两档时，要两档同时交错向前铺设。最后收尾的一方块地板，一头有榫另一头无榫，应互相交错并用胶粘剂。

（三）板缝不严

1. 现象

木地板面层板缝不严，板缝宽大于0.3mm。

2. 原因

（1）地板条规格不合要求。地板条不直，宽窄不一，企口榫太松等。

（2）拼装企口地板条时缝太虚，表面上看结合严密，刨平后即显出缝隙；或拼装时敲打过猛，地板条回弹，钉后造成缝隙。

（3）面层板铺设至接近收尾时，剩余宽与地板条宽不成倍数，为凑整块，加大板缝；或将一部分地板条宽加以调整，经手工加工后，地板条不很规矩，因而产生缝隙。

（4）板条受潮，在铺设阶段含水率过大，铺设后将风干收缩产生大面积“拔缝”。

3. 防治措施

（1）地板条的含水率应符合规范要求，一般不大于12%。

（2）地板条拼装前，需要将严格挑选，有腐朽、疖疤、劈裂、翘曲等疵病者剔除，宽窄不一、企口不符合要求的应经修理后再用。地板条有顺弯应刨直，有死弯应从死弯处截断，修整后使用。

(3) 铺钉前，房间应弹线找方，并弹出地板周边线。踢脚板周围有凹形槽的，周边先钉凹形槽。

(4) 长条地板与木搁栅垂直铺钉，当地板条为松木或宽度大于70mm的硬木时，其接头必须在搁栅上。接头应互相错开，并在接头的两端各钉一枚钉子。长条地板铺至接近收尾时，要先计算一下差几块到边，以便将该部分地板条修成合适的宽度。装最后一块地板条时可将其刨成略有斜度的大小头。以小头插入并楔紧。

(5) 木地板铺完应及时苫盖，刨平磨光后立即上油或烫蜡，以免“拔缝”。

4. 处理方法

缝隙小于1mm时，用同种材料的锯末加树脂和腻子嵌缝。缝隙大于1mm时，用同种材料刨成薄片（成刀背形），醮胶后嵌入缝内刨平。如修补面积较大，影响美观，可将烫蜡改为油漆，并加深地面的颜色。

(四) 表面不平整

1. 现象

走廊与房间、相邻两房间或两种不同材料相交处高低不平，以及整个房间不水平。

2. 原因

(1) 房间内水平线弹的不准，使每一房间实际标高不一，或木搁栅不平等。

(2) 先后施工的地面，或不同房间同时施工的地面，操作时互相不照应造成高低不平。

(3) 房间的中间部分用电刨刨的较深，周边用手工找刨较浅，使整个房间地面不平。另外，由于操作电刨速度不匀，或换刀片处刀片的利钝变化使刨的深度不一，也使地面不平。

3. 防治措施

（1）木搁栅经检验后方可铺设毛地板或面层。

（2）施工前校正、调整水平线（室内 +500mm）。

（3）地面与墙面的施工顺序除了遵守先湿后干作业原则外，最好先施工走廊面层，或先将走廊面层标高线弹好，各房间有走廊的面层标高往里找以达到里外交圈一致。相邻房间的地面标高应先施工为准。

（4）使用电刨时，刨刀要细要快，转速不宜过低（每分钟 4000 转以上），行走速度要均匀，中途不要停。

（5）人工修边要尽量找平。

4. 处理方法

（1）两种不同材料的地面如高差在 3mm 以内，可将高处刨平或磨平，但必须在一定范围内顺平，不得有明显痕迹。

（2）门口处高差为 3~5mm 时，可加过门石处理。

（3）高差在 5mm 以上时，需将木地板拆开，调整木搁栅高度（砍或垫），并在 2m 以内顺平。

（五）拼花不规矩

1. 现象

拼花地板对角不方、错牙、端头不齐、圈边宽窄不一致。

2. 原因

（1）有的地板条不合要求，宽窄长短不一，使用前未挑选，安装时未套方。

（2）铺钉时没有弹设施工线或弹线不准。

3. 防治措施

（1）拼花地板条应挑选，规格应整齐一致，分类、分色装箱。

（2）房间应先弹线后施工，席纹地板弹十字线，人字地板弹分档线，各对称边留空一致，以便圈边。但圈边的宽度最多不大于 10 块地板条。

（3）铺设拼花地板时，宜从中间开始，各房间人员不要过多，铺设第一方或第一趟检查合格后，继续从中央向四周铺钉。

4. 处理方法

（1）局部错牙，端头不齐在2mm以内者，用小刀锯将该处锯一小缝，按“地板缝不严”的方法治理。

（2）一块或一方地板条偏差过大时，将此方（块）挖掉，换上合格的地板条并用胶补牢。

（3）错牙不齐面积较大不易修补的，可加深地板油漆的颜色进行处理。

（4）对称两边圈边宽窄不一致时，可将圈边加宽或作横圈边处理。

（六）地板表面戗槎

1. 现象

木地板戗槎，出现毛刺，或呈现异常粗糙的表面。尤其在地板上油烫蜡后更为明显。

2. 原因

（1）电刨刨刃太粗，吃刀太深，刨刃太钝，或电刨转速太慢。

（2）电刨的刨刃太宽，能同时刨几根地板条，而地板的木纹有顺有倒，倒纹易戗槎。

（3）机械磨光时所用砂布太粗，或砂布绷得不紧有皱褶。

3. 防治措施

（1）使用电刨时刨口要细，吃力要浅，要分层刨平。

（2）电刨的转速不应小于4000r/min，速度要匀。

（3）机器磨光时砂布要先粗后细，要绷紧绷平，停留时先停转。

（4）人工净面要用细刨认真刨平，再用砂纸打光。

4. 处理方法

（1）有戗槎的部位应用细刨手工刨平。

（2）如局部戗槎较深，细刨不能刨平时，可用扁铲将该处剔掉，再用相同的材料涂胶镶补。

（七）木踢脚板安装缺陷

1. 现象

木踢脚板表面不平，与地面不垂直，接头高低不平、不严密。

2. 原因

（1）木砖间距过大，垫木表面不在同一平面上，踢脚板钉完后呈波浪形。

（2）踢脚板变形翘曲，与墙面接触不严。

（3）踢脚板与地面不垂直，垫木不平或铺钉时未经套方。

（4）踢脚板上方不水平，铺钉时未拉通线。

3. 防治措施

（1）墙体内应留木砖，中距不大于400mm。木砖要上下错位设置或立放，转角处或最端头处必须设木砖。

（2）加气混凝土墙或其他轻质隔墙踢脚以下要砌普通机砖墙，以便埋木砖。

（3）钉木踢脚前先在木砖上钉垫木，垫木要平，并拉通线找平。

（4）为防止木踢脚翘曲，应在其靠墙的一面设两道变形槽，槽深3~5mm，宽不少于10mm。

（5）木踢脚上面的平线要从基本平线往下量，而且要拉通线。

（6）墙面抹灰要用大杠刮平，安踢脚板时要贴严，踢脚板上边要压抹灰墙不小于10mm，钉子尽量往上部钉。

（7）踢脚板与木板交接处有缝隙时，可加构三角形或半圆形木压条。

（八）席纹地板不方正

1. 原因

施工控制线方格不方正或铺钉时找方不严。

2. 防治措施

（1）施工控制线弹完，应复检方正度，必须达到合格标准；

否则，应返工重弹。

(2) 坚持每铺完一块都应规方拔正。

(九) 硬质纤维板地面空鼓

1. 原因

(1) 粘贴不牢；未钉钉子。

(2) 受板伸缩影响。

2. 防治措施

(1) 胶粘剂应先经试贴，合格后方能使用。每块板四周边缘须用圆钉钉牢。

(2) 硬质纤维板铺贴前，必须用清水浸泡 24h，晾干后才能使用。铺贴时板的接缝留 1～2mm 缝隙。

(十) 硬质纤维地板地面表面不平

1. 原因

板厚不一致或找平层不平。

2. 防治措施

同一房间的板，其厚度应一致；找平层应用灰饼标筋，用长刮尺刮平。

十三、地面工程质量标准及检验方法

(1) 木材材质和铺设时的含水率必须符合《木结构工程施工及验收规范》(GB50206—2002) 的有关规定。

(2) 木搁栅、毛地板和垫木等必须作防腐处理。木搁栅安装必须牢固、平直。在混凝土基层上铺设木搁栅，其间距和稳固方法必须符合设计要求。

(3) 木质板面层必须铺钉牢固无松动，粘结牢固无空鼓。

(4) 木质板楼、地面工程质量要求必须符合《建筑地面工程施工质量验收规范》(GB 50209—2002) 规定。

第六章　建筑装饰工程施工组织设计与管理

建筑装饰工程施工组织设计与管理是施工单位用来指导建筑装饰施工全过程各项活动的一个经济、技术、管理等方面的综合性文件。在其编制过程中，应根据工程特点、装饰要求、施工条件和组织管理要求，选择合理的施工方案，制定切实可行的进度计划，合理规划施工现场布置，组织施工物资供应，拟定降低工程成本和保证工程质量与施工进度的技术、安全措施。

本章着重介绍单位建筑装饰工程施工组织设计与管理的一般内容和步骤。

第一节　建筑装饰工程施工组织设计与管理的编制依据和程序

单位建筑装饰工程施工组织设计与管理一般由该工程主管工程师组织有关人员进行编制，并根据工程项目的大小，分别报主管部门审批。

一、建筑装饰工程施工组织设计与管理的编制依据

1. 主管部门的有关批文及要求

主管部门的有关批文及要求，主要是指上级主管部门对该工程的批示，装饰单位对工程质量、工期等的要求，以及施工合同的有关规定等。

2. 经过会审的施工图

经过会审的施工图，主要是指该工程经过会审以后的全部施工图纸、图纸会审记录、设计单位变更或补充设计的通知以及有

关标准图集等。

3. 施工时间计划

施工时间计划，主要是指工程的开、竣工日期的规定，以及其他穿插项目施工的要求等。

4. 施工组织总设计

如果单位建筑装饰工程是整个建筑装饰工程中的一个项目，那么应将建筑装饰工程施工总组织设计中的总体施工部署，以及与本工程施工有关的规定和要求作为编制的依据。

5. 工程预算文件及有关定额

工程预算文件及有关定额，主要指详细的分部、分项工程量，预算定额和施工定额等。

6. 现场施工条件

现场施工条件，主要是指水、电的供应，临时设施的来源，劳动力、材料、机具等资源的来源及供应情况等。

图 6-1　单位建筑装饰工程施工组织设计的编制程序

7. 有关规范及操作规程

如施工验收规范、质量验评标准以及技术、安全操作规程等。

二、建筑装饰工程施工组织设计与管理的编制程序

建筑装饰工程施工组织设计的编制程序，是指单位建筑装饰工程施工组织设计的各个组成部分形成的先后顺序，以及它们相互间的制约关系。其编制程序，如图 6-1 所示。

第二节　建筑装饰工程施工方案的选择

建筑装饰工程施工方案选择的合理与否，是整个建筑装饰工程施工组织设计成败的关键。建筑装饰工程施工方案的选择，主要包括施工方法和施工机械的选择、施工段的划分、施工开展的顺序以及流水施工的组织安排等。要选择合理的建筑装饰工程施工方案，就必须熟悉建筑装饰工程施工图纸，明确工程特点和施工任务的要求，充分研究施工条件，正确进行技术经济比较。而且，选择的建筑装饰工程施工方案的合理与否，还直接关系到工程的成本、工期和工程质量。

一、熟悉施工图纸，确定施工程序

熟悉建筑装饰工程施工图纸是掌握建筑装饰工程设计意图、明确建筑装饰工程施工内容、弄清建筑装饰工程特点的主要环节。对此，一般应注意以下几个方面的内容：

(1) 核对图纸说明是否完整，规定是否明确、有无矛盾。

(2) 检查图中尺寸、标高有无错误。

(3) 检查设计是否满足施工条件，有无特殊施工方法和特定技术措施要求。

(4) 弄清设计对材料有无特殊要求，对设计规定材料的品种、规格及数量能否满足。

(5) 弄清设计是否符合生产工艺和使用要求。

(6) 明确场外制备工程项目。

(7) 确定与单位工程施工有关的准备工作项目。

施工单位的有关人员在充分熟悉图纸的基础上，由单位技术负责人主持召集由建设、设计、施工等单位有关人员参加的“图纸会审”会议。由设计人员向施工单位作技术交底，讲清设计意图和对施工的主要要求；施工人员则对施工图纸以及与该工程施工有关的问题提出咨询，对施工人员提出的咨询，各方应认真研究、充分讨论，逐一作出解释并做好详细记录。对图纸会审提出的问题或合理化建议，如需变更或补充设计时，应及时办理设计变更手续。未征得设计单位同意，施工单位不得随意更改图纸。

建筑装饰工程施工程序即施工流向，一般要求结合建筑装饰工程的特征、施工条件及装饰要求来确定。在确定时，应考虑以下几个因素：

(1) 生产工艺或使用要求。这是确定建筑装饰工程施工程序的最基本的因素。在一般情况下，生产上影响其他工段投产或生产使用上要求急的工段或部位，应先安排施工。例如，某大厦装饰，一、二、三层为商场，四层以上为办公用房，要求商场在规定的时间内（整个大厦没有完全装饰好之前）开张营业。显然，在组织施工时，应先对商场进行装饰，以保证在规定的时间内交付使用，然后再对办公用房进行装饰。如果办公用房交付紧急，就应先对办公用房进行装饰，然后再对商场进行装饰。

(2) 施工的繁简程度。通常将施工进度较慢、工期相对较长、技术较复杂的工段或部位先施工。

(3) 选用的施工机械。

(4) 施工组织的分层分段。施工层、施工段的划分部位，也是确定施工程序应考虑的因素。

(5) 分部工程或施工阶段的特点。例如，对于外墙装饰可以采用自上而下的流向；对于内墙装饰，则可采用自上而下、自下而上或者自中而下再自上而中的三种施工程序。

1）自上而下。这是指在土建结构封顶或屋面防水层完成后，装饰由顶层开始逐层向下的施工程序，一般有水平向下和垂直向下两种形式，如图 6-2 所示。其特点是主体结构完成后，建筑物有一个沉降时间，沉降变化趋向稳定，这样可保证室内装饰质量，减少或避免各工种操作互相交叉，便于组织施工，而且自上而下的清理也很方便。

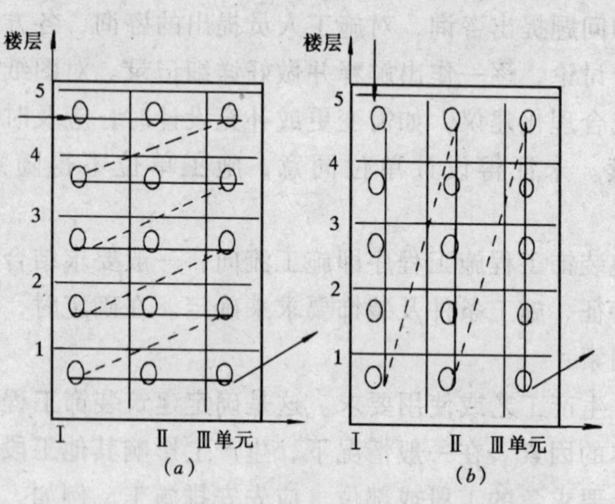

图 6-2 自上而下的施工流向

（a）水平向上；（b）垂直向上

2）自下而上。这指主体结构施工到三层以上时，装饰从底层开始，逐层向上的施工流向，通常可与土建主体结构平行搭接施工。同样，它也有水平向上和垂直向上两种形式，如图 6-3 所示。为防止雨水或施工用水从上层板缝内渗漏而影响装饰质量，应先做好上层楼板面层的抹灰施工，再进行本层墙面、顶棚、地面的抹灰施工。它的特点是可以与土建主体结构平行搭接施工，这样工期（指总工期）能相应缩短。但是，当装饰采用垂直向上施工时，如果流水节拍控制不当，就可能超过主体结构的施工速度，从而被迫中断流水。

3）自中而下再自上而中。这种施工程序综合了前两种的特点，一般适用于高层建筑的装饰工程施工。

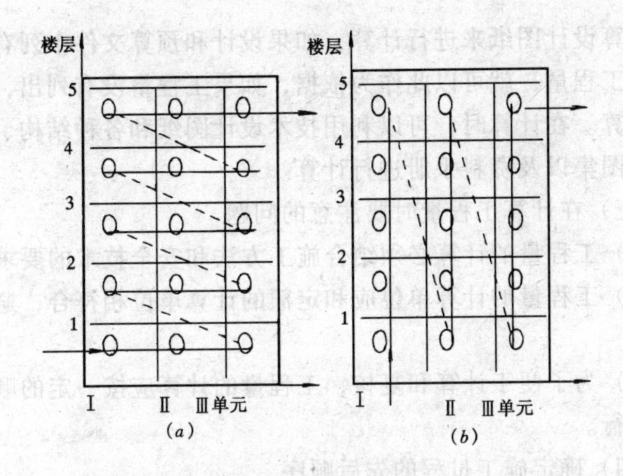

图 6-3　自下而上的施工流向

（a）水平向上；（b）垂直向上

二、计算工程量，确定施工过程的先后顺序

（一）确定施工过程名称

任何一个建筑装饰工程都是由许多施工过程所组成的，每一个施工过程只能完成整个装饰工程的某一部分。因此，在编制施工进度计划时，需要对所有的施工过程进行合理安排。对于劳动量大的施工过程，要一一列出；对于劳动量很小并且又不重要的施工过程，可以合并起来，作为一个施工过程。

在确定施工过程名称时，应注意以下几个问题：

(1) 施工过程划分的粗细。分项越细项目就越多，整个施工就失去了主次；分项越粗项目就越少，就失去了划分施工段的意义。

(2) 施工过程的划分，要结合具体的施工方法。

(3) 凡是在同一时期内，由同一工作队进行的施工过程可以合并在一起，否则就应当分列。

（二）工程量的计算

在划分施工段、编制施工进度计划时，要根据施工图和装饰工程预算工程量的计算规则计算工程量。在没有施工图时，可以根据计算设计图纸来进行计算，如果设计和预算文件中列有主要工程的工程量，就可以此作为依据，如果工程量没有列出，则应另行计算。在计算时，可以利用技术设计图纸和各种结构、配件的标准图集以及资料手册进行计算。

（三）在计算工程量时要注意的问题

(1) 工程量的计算必须结合施工方法和安全技术的要求。

(2) 工程量的计算单位应和定额的计算单位相符合，避免换算。

(3) 为了便于计算和复核，工程量的计算应按一定的顺序和格式进行。

（四）确定施工过程的先后顺序

施工过程先后顺序的确定，主要与下列因素有关：

1. 施工工艺

由于各施工过程之间客观上存在着工艺顺序的关系，因此在确定施工顺序时，必须遵循这种关系。例如，门窗框没有安装好，地面或墙面抹灰就不能开始；抹灰罩面应待基层完工后，并经一段时间干燥才能进行。

2. 施工方法和施工机械

例如，当室内有水磨石地面时，为避免水磨石施工对外墙抹灰的影响，应当先做室内水磨石地面；当采用单排脚手架砌墙时，由于墙面脚手眼很多，所以应先做外墙装饰，拆除脚手架，填补脚手眼后，再进行内墙抹灰。

3. 施工组织的要求

在门窗工程施工中，门窗扇的安装，通常是在抹灰后进行，而油漆和安装玻璃的顺序视具体情况而定，可以先油漆后玻璃，也可以先玻璃后油漆，但从施工组织的角度来看，前一种方案比较合理，因为先油漆后玻璃，避免了在油漆时弄脏玻璃。

4. 施工质量要求

例如，某多层结构房屋的装饰与土建施工平行搭接，若要对内墙面及顶棚抹灰，应待上层楼地面做完后再进行，否则抹灰容易遭损坏，造成返工修补。

5. 气候条件

气候条件对施工顺序的确定影响也较大。例如，在雨期或冬季来临之前，应先做室外工程为室内施工创造条件，同时，在冬季施工时，可先安装门窗玻璃，再做室内地面及墙面抹灰等，这样就有利于保温和养护。

6. 安全技术要求

合理的施工顺序，必须使各施工过程的搭接不致于引起安全事故。例如，在与土建相配套的装饰工程中，不能在同一层上既安装楼板又进行内墙抹灰。

7. 作业条件

安排施工顺序时应依据作业条件明确其利弊特点，部分装饰装修工序间的施工顺序，作业条件及其优缺点见表6-1。

部分装饰装修工序间的施工顺序 表6-1

项次	施工顺序或作业内容	作业条件	主要优点	主要缺点
1	楼（地）面→墙面、吊顶、顶棚	1. 基层应验收合格； 2. 现制水磨石楼（地）面最后一遍应后磨； 3. 里脚手架立杆下应垫软垫； 4. 严禁在楼（地）面上拌砂浆	1. 减少大量清扫用工； 2. 基层较洁净，易保证楼（地）面施工质量； 3. 吊顶、顶棚和墙内安装暗管线时间较充裕； 4. 吊顶、顶棚不受湿作业潮湿的影响	1. 楼地面需采取保护措施； 2. 楼地面养护推迟了顶、墙的施工，工期略长
2	墙面、吊顶、顶棚→楼（地）面	1. 基层质量验收合格； 2. 吊顶、顶棚和墙暗装管线应提前安装完毕	1. 楼（地）面面层污损少； 2. 楼（地）面养护时间充裕，工期略短	1. 基层落地灰不易清扫干净，难以保证楼地面施工质量； 2. 楼地面施工易污损墙面； 3. 吊顶、顶棚和墙内暗装管线时间紧迫； 4. 湿作业时吊顶易吸湿干裂

续表

项次	施工顺序或作业内容	作业条件	主要优点	主要缺点
3	室内抹灰、饰面吊顶、顶棚、隔断	隔墙、木门窗框、钢窗、暗装的管道、电线管、电器埋件等均已完工	1. 技术条件合理； 2. 易于保证施工质量	
4	木门窗框、钢窗、钢门框安装	湿作业未做	1. 技术条件合理； 2. 能保证施工质量	
5	木门窗扇、钢门扇、铝合金、涂色镀锌钢板、塑钢门窗及玻璃安装	湿作业已完成	1. 技术条件合理； 2. 能保证施工质量	
6	有抹灰基层的饰面板作业及安装吊顶和轻型花饰	抹灰工程已完工	1. 技术条件合理； 2. 能保证施工质量	
7	涂料、刷(喷)浆作业及吊顶、顶棚、隔断罩面板的安装	1. 管道及设备已经试压和已试运； 2. 各种楼地面面层和明装电器未做	1. 不致污损后继工程； 2. 方便后继工程施工	工期稍长
8	裱糊工程作业	1. 吊顶、顶棚、墙面和门窗已完工； 2. 各种涂料和刷浆工程已完工	裱糊不受污损	工期稍长
9	实木地板面层最后一遍涂料或复合木地板及其踢脚安装	裱糊作业已完工	面层不受污损	

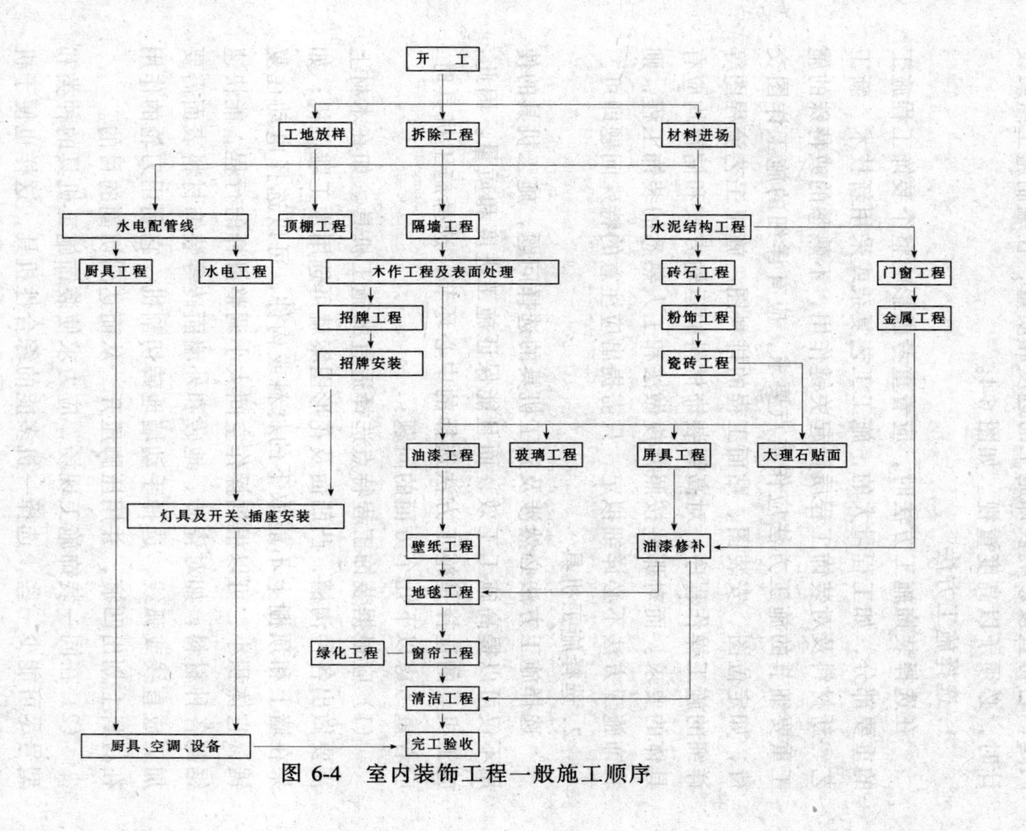

图 6-4　室内装饰工程一般施工顺序

三、选择施工方法和施工机具

正确选择施工方法和施工机具是建筑装饰施工方案中的关键问题，它将直接影响装饰施工的进度和质量，在编制施工组织设计时，必须予以高度重视。如图 6-4。

1. 选择施工方法

在选择装饰施工方法时，应着重考虑影响整个装饰工程施工的重要部分，如工程量大的，施工工艺复杂或采用新技术、新工艺、新材料及对装饰工程质量起关键作用，不熟悉的或特殊的施工重要细节的施工方法应作重点要求，应有详细的施工详图交待，如定位图、安装图、贴面工程的排料图、施工工艺流程图等详细的施工操作程序。对高级装饰材料的运输方式和储存均应有具体的要求。而对那些按照常规做法和工人熟悉的装饰工程，则装饰施工方法不必详细拟定，只需提出应注意的特殊问题即可。

2. 选择施工机具

选择施工方法必然涉及施工机具的选择问题，施工机具的使用不仅可以提高施工工效，而且能保证施工进度和质量。因此，施工机具的选择是施工方法选择的中心环节，选择施工机具时，应着重考虑以下几个方面的问题：

（1）应根据装饰工程特点选择适宜的施工机具。如在木材上需要做出各种沟槽，凸凹面及花形图案就可选用木工雕刻机；如果在墙上和顶棚上不能取下的材料或构件，可以选择电动往复锯，它体积小，可以根据操作空间大小调整滑杆的行程，能快速锯割各种材料；如对瓷砖、地砖和外墙面砖等装饰材料表面需要加工成直线或弧线，选择手动墙地砖切割机，它利用刀轮的作用在材料上划出凹痕，并用压脚压开，从而达到切割的目的。

（2）在同一装饰施工现场，应力求使装饰施工机具的种类和型号尽可能少一些，选择一机多能的综合性机具，这样也便于机具的管理。

（3）选择装饰施工机具时，应考虑建筑结构特征，比如在混凝土、砖石等结构材料上钻孔、开槽、打毛，选择电锤并配置相应的钻头和凿头，满足不同混凝土、砖石强度的钻孔等要求。

(4) 施工机具选择还应考虑充分发挥现有机具的能力，当本单位的机具能力不能满足装饰工程施工需要时，则应购置或租赁所需新型机具或多用途机具。

第三节　建筑装饰工程施工进度计划

施工进度计划是建筑装饰工程施工组织设计的重要组成部分，它是按照组织施工的基本原则，由已选定的施工方案在时间和空间上作出安排，达到以最少的人力、财力，保证在合同规定的工期内保质保量地完成施工任务。

一、编制的作用

编制建筑装饰工程施工进度计划的作用是确定装饰工程各个工序的施工顺序及需要的施工延续时间，组织协调各工序之间的衔接、穿插、平行搭接、协作配合等关系，指导现场施工安排，控制施工进度和确保施工任务的按期完成。同时，也为施工企业计划部门提供编制月、季计划的基础，为职能部门调配材料、机具、构配件及进场的依据。若装饰工程为新建项目时，其施工进度计划应是在建筑工程施工进度计划规定的工期控制范围内来编制；若为改造项目时，则应在合同规定的工期范围内来编制。从而使整个装饰工程在施工进度计划的控制范围内组织施工。

二、编制的依据

建筑装饰工程施工进度计划主要根据下列资料进行编制：

(1) 建筑装饰工程设计施工图及详图、设备工艺配置图等有关技术资料；

(2) 建筑装饰工程施工合同规定的工期，即开工和竣工日期；

(3) 已选择确定的施工方案和施工方法；

(4) 施工条件；

(5) 有关的劳动定额。

横道图进度计划　　　　**表 6-2**

日期 / 工程项目	11/29	30	12/1	2	3	4	5	6	7	8	9	10	11	12	13	14	15	16	17	18	19	20	21	22	23	24	25	26	27	28	29	30	31	1/1	2	3	4	5	6	7	8
折旧工程																																									
砌墙工程																																									
电工程																																									
木顶棚工程																																									
木墙板工程																																									
门面工程																																									
钢门窗工程																																									
木货柜工程																																									
不锈钢货柜工程																																									
招牌工程																																									
油漆工程																																									
壁纸工程																																									
外墙粉刷工程																																									
玻璃镜工程																																									
大理石工程																																									
水磨石地面工程																																									

施工单位	工程名称	编　号	开工日期	完工日期	线条用意	
					施工期	安装期
					——	-----

三、施工进度计划的表达形式

施工进度计划一般采用横道图和网络图的形式，其格式见表6-2，图6-5、图6-6（附后）。

四、编制施工进度计划的一般步骤

（一）确定施工过程

施工过程是包括一定的工作内容的施工工序，是施工进度计划的基本组成部分。装饰工程施工过程确定的方法如下：

1.明确施工过程划分的内容

根据装饰施工图纸，施工方案和施工方法，确定拟建装饰工程可划分成哪些施工过程，明确其划分的范围和内容，应将一个比较完整的工艺过程划分一个施工过程，比如油漆工程、铝合金门窗工程、石膏板吊项工程、乳胶漆墙面工程等。

2.施工过程划分粗细适宜

对于一般控制性施工进度计划，施工过程可划粗一些。对于指导性施工进度计划，施工过程可划细一些。其主导施工过程均应详细列出，以便掌握进度，起到指导施工的作用。比如外墙面砖装饰一般只列一项，如果外墙有大理石、花岗石饰面，可以分别列出。室内装饰项目可以划分细一些，如地面、顶棚、墙面、楼梯面踏步等，以便组织施工和进度安排。

3.将施工过程适当合并

为了使施工进度计划简明清晰、重点突出，对次要的施工过程应合并到主要施工过程中去，如油漆工程，包括钢、木门窗油漆，铁栏杆、木扶手的油漆均可合并为一项；再如外墙饰面砖和搭脚手架可以合并为一项等。

4.施工过程确定应考虑施工方法

比如铝合金门窗工程，如果在工厂制作，现场只负责安装，则划分一个施工过程即可；若制作安装均在施工现场进行，则应列出制作和安装两个施工过程。

5.装饰设备安装应单独划分施工过程

施工过程划分确定之后，应按施工的先后顺序排列，加以适

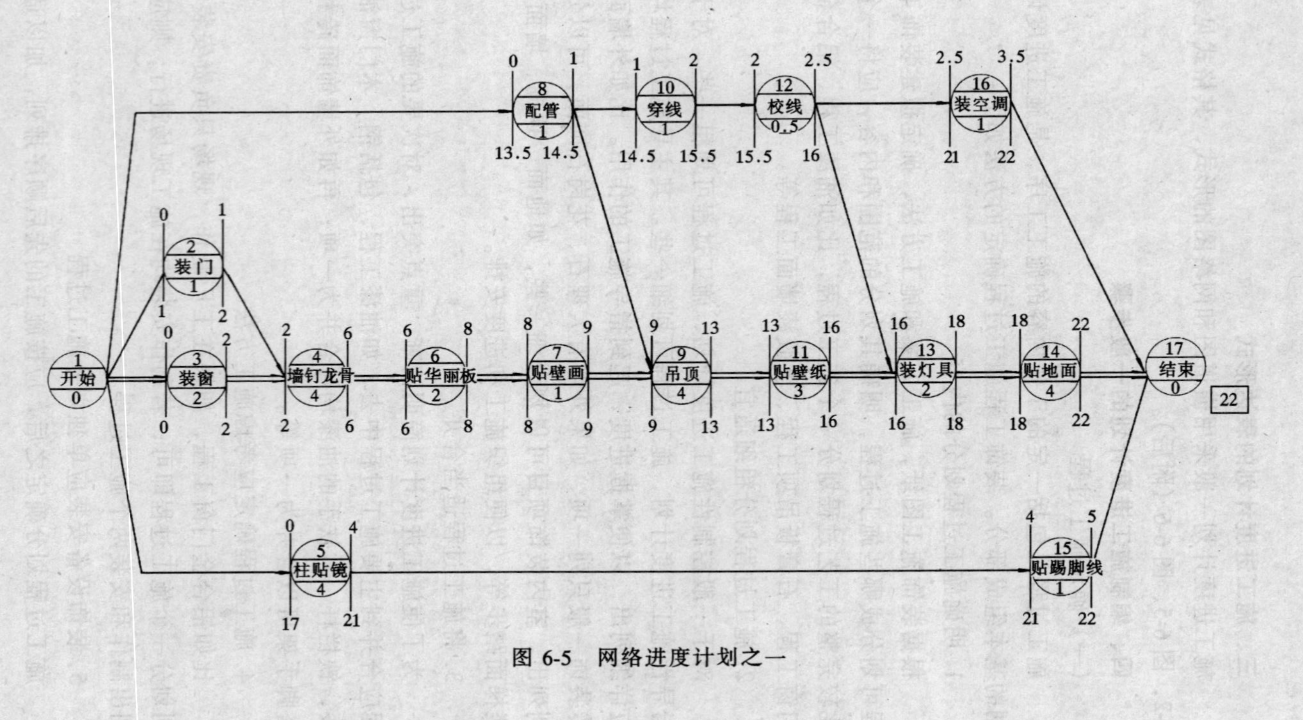

图 6-5　网络进度计划之一

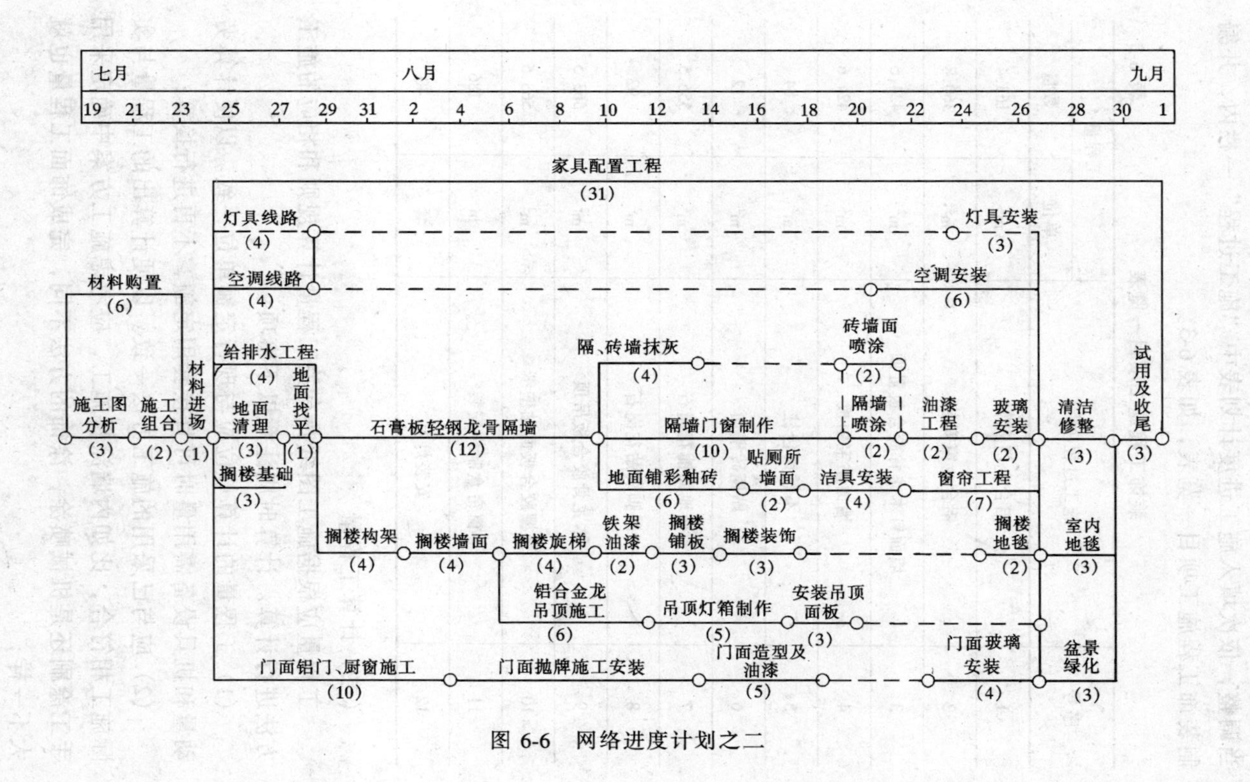

图 6-6　网络进度计划之二

当调整，依次填入施工进度计划表中“施工过程”一栏内，并编制装饰工程施工项目一览表，如表6-3。

装饰工程施工项目一览表　　表6-3

序号	施工过程项目	工程量	
		单位	数量
1	铝合金门安装	m^2	163.4
2	铝合金窗安装	m^2	360.8
3	墙面钉木龙骨胶合板置面	m^2	424.6
4	墙面贴宝丽板	m^2	424.6
5	不锈钢包柱	m^2	84
6	贴瓷砖壁面	m^2	12
7	楼地面铺花岗石	m^2	556.5
8	踢脚线贴花岗石	m^2	92
9	木龙骨胶合板吊顶	m^2	563.5
10	顶棚胶合板面贴壁纸	m^2	563.5
11	窗帘盒制作安装	m	186
12	安装灯具	套	40

（二）计算工程量

工程量应根据施工图纸及有关工程量计算规则和相应的施工方法进行计算。计算时应注意以下事项：

（1）工程量的计算单位应与现行定额单位一致。以便计算劳动量和机具设备需用量时可直接套用定额，不再进行换算；

（2）应与已采用的施工方法一致。以便计算出的工程量与实际施工相符合，比如内墙涂料施工，应考虑施工方案中确定采用手工涂刷还是机械喷涂，涂饰的方法不同，完成饰面工程量也就大不一样；

(3) 当施工方案要求组织施工按分层、分段进行，工程量也应按分层、分段分别计算；

(4) 如已编制了施工预算时，可直接利用其工程量，不必再算，但应根据施工实际情况加以调整、合并、补充。

(三) 施工定额的套用

根据已划分的施工过程、工程量和施工方法，即可套用施工定额，以确定劳动量和机械台班数量。施工定额一般有两种形式：即时间定额和产量定额。时间定额是指某种专业、某种技术等级工人在合理的技术组织条件下，完成单位合格产品所必需的工作时间。它是以劳动工日数为单位，便于综合计算，故在劳动量统计中用得比较普遍。产量定额是指在合理的技术组织条件下，某种专业、某种技术等级工人在单位时间内所应完成的合格产品的数量。它以产品数量来表示，具有形象化的特点，故在分配任务时用得比较普遍。

在套用国家和当地颁发的定额时，应结合本单位工人的技术等级，实际施工技术操作水平，施工机械情况和施工现场条件等因素，确定完成定额的实际水平，使计算出来的劳动量、台班量符合实际需要，为准确编制施工进度计划打下基础。但这里须注意，对有些新技术、新材料、新工艺或特殊施工项目，定额中尚未编入，这时可参照同类型施工项目的定额、经验资料，结合实际情况来确定。

(四) 劳动量和机械台班量的确定

根据计算的工程量和实际采用的定额水平，即可计算出各施工过程的劳动量和机械台班量，其计算公式如下：

$$P = \frac{Q}{S} \text{或} P = Q \cdot H \tag{6-1}$$

式中 P——某施工过程所需要的劳动量或机械台班量（工日或台数）；

Q——某施工过程的工程量；

S——某施工过程的产量定额；

H——某施工过程的时间定额。

当某施工过程是由若干个分项项目合并而组成时，则可按下式计算合并后的综合产量定额（应当注意，综合产量定额不是取平均值的概念）。

$$\overline{S}=\frac{Q_1+Q_2+\cdots+Q_n}{\frac{Q_1}{S_1}+\frac{Q_2}{S_2}+\cdots+\frac{Q_n}{S_n}} \tag{6-2}$$

式中　　$\overline{S}$——某施工过程的综合产量定额；

Q_1、Q_2…Q_n——各个参加合并项目的工程量；

S_1、S_2…S_n——各个参加合并项目的产量定额。

例如，假设门窗油漆一项是由木门油漆及钢窗油漆两项组成，则计算综合定额的方法如下：

Q_1：木门面积 246.32m^2

Q_2：钢窗面积 438.64m^2

S_1：木门油漆的产量定额为 8.22m^2/工日

S_2：钢窗油漆的产量定额为 11.0m^2/工日

综合产量 $\overline{S}=\frac{246.32+438.64}{\frac{246.32}{8.22}+\frac{438.64}{11.0}}=9.80\text{m}^2$/工日

（五）施工过程施工持续时间计算

施工过程施工持续时间的计算方法有两种：即经验估算法和定额计算法。

1. 经验估算法

这种方法是根据过去的经验进行估算，一般适用于新技术、新材料、新工艺等无定额可循的装饰施工项目，为了提高其准确程度，常采用“三时估计法”，即先估计出完成该项目最乐观时间 A、最悲观时间 B、最可能时间 C 三种施工时间，然后按下式确定该工程施工的持续时间：

$$t=\frac{A+4C+B}{6} \tag{6-3}$$

式中　t——工作持续时间。

2. 定额计算法

这种方法是根据施工过程需要的劳动量以及配备的劳动人数或机械台数来确定其施工持续时间，当施工过程所需的劳动量或机械台班量确定后，可按下式计算确定其完成施工过程的持续时间。

$$T = \frac{P}{R \cdot b} \tag{6-4}$$

式中　T——某施工过程施工持续时间（天）；

P——某施工过所需的劳动量或机械台班数量（工日、台班）；

R——某施工过程所配备的施工人数；

b——每天采用的工作班制（1~3 班制）。

在确定施工过程的每天的工人人数时，应考虑最小劳动组合人数、最小工作面和可能安排的工人人数等因素。有时为了缩短工期可在保证足够的工作面的条件下组织非专业工种的支援。如果在最小工作面的情况下，安排最高限度的工人仍不能满足工期要求时，可组织两班制或三班制来达到缩短工期的目的。

（六）施工进度计划初步方案的编制

上述各项计算的内容完成之后，可以直接在施工进度计划表上编排初步方案，首先安排主导施工过程的施工进度，其余施工过程尽可能配合主导施工过程，使各施工过程在工艺和工作面允许的条件下，并最大限度地合理搭接、配合、穿插、平行施工。

（七）检查和调整施工进度计划的初始方案

施工进度计划初步方案编排完成之后，应检查各施工过程之间的施工顺序是否合理，工期是否满足国家和合同规定要求，劳动力等资源需用量是否均衡，然后进行调整，直至满足要求，最后编制出正式的施工进度计划。

应当指出，建筑装饰施工是一个很复杂的过程，它是在工程开工前预先计划与安排的方案，每个施工过程的安排不是孤立的，它们必然互相联系、互相依赖、互相影响。在编制施工进度计划时，虽然作了周密的考虑，充分的预测，全面的安排，精心的设计，由于在实际装饰施工中受客观条件变化的影响较大，受环境变化的制约因素也很多，所以，在编制施工进度计划时应留有余地，以便在执行过程中随时根据施工条件变化进行修改、调整原计划，真正达到指导施工的目的，增强计划的实用性。

五、各项资源需用量计划

建筑装饰工程施工进度计划编制完成后，即可着手编制施工准备工作计划和各项资源需用量计划，这是装饰工程安排施工准备及各项资源供应的主要依据。

（一）施工准备工作计划

建筑装饰工程施工前应编制施工准备工作计划，它主要反映装饰工程开工前、施工过程中必须提前做好的准备工作，其内容包括：技术准备，现场准备，资源准备及其他准备。其计划表格形式见表 6-4。

施工准备工作计划表 **表 6-4**

序号	施工准备工作项目	工程量		进度											
		单位	数量	××月						××月					
				1	2	3	4	5		1	2	3	4	5	
									……						……

（二）各种资源需用量计划

根据装饰工程施工进度计划编制的各种资源需用量计划，是做好各种资源的供应、调度、平衡、落实的依据，它一般包括劳动力、施工机具、材料、成品、半成品等需用量计划。其计划见表6-5、表 6-6、表 6-7、表 6-8。

劳动力需要量计划表 表 6-5

序号	工种名称	人数（工日）	月份												
			1	2	3	4	5	6	7	8	9	10	11	12	…

主要材料需用量计划性 表 6-6

序号	材料名称	规格	需用量		需用时间												备注
					× 月			× 月			× 月			× 月			
			单位	数量	上	中	下	上	中	下	上	中	下	上	中	下	

施工机具需用量计划 表 6-7

序号	机具名称	规格	需要量		来源	使用起止时间	备注
			单位	数量			

构配件需用量计划 表 6-8

序号	构配件名称	规格	需要量		来源	要求供应起止日期	备注
			单位	数量			

六、施工平面图

建筑装饰工程平面图是结合装饰工程施工特点和施工现场条件，按照一定的设计原则，对施工机具、施工道路、材料、成品、半成品仓库、临时设施、水电管线等，对拟建装饰工程施工现场所作的平面规划和布置，将其布置方案绘制成图，即称为施工平面图。它是施工组织设计的重要内容，也是现场安全文明施工的基本保证。

建筑装饰工程施工平面图的内容与装饰工程的性质、规模、施工条件、施工方案有着密切关系，如果拟建装饰工程具有一定规模，应单独绘制施工平面图，使整个施工现场布置井然有序，方便施工。如果装饰工程为新建工程时，在充分利用土建施工平面图的基础上，作适当调整、补充即可；对于改造工程装饰或局部装饰工程，由于可以利用的平面空间较小，应根据具体情况，对材料、成品、半成品仓库，运输计划，临时设施等做好妥善安排布置。总之，建筑装饰工程施工平面图应在满足施工安全，保证现场施工顺利进行的条件下，要布置安排紧凑，尽量避免材料二次搬运，减少临时设施的搭设，还必须符合劳动保护、安全生产、消防、环保、市容等要求。

第四节　制定建筑装饰工程施工措施

一、技术组织措施

技术组织措施是建筑装饰企业施工技术和财务计划的一个重要组成部分，其目的就在于通过采取技术方面和组织方面的具体措施，以全面和超额完成企业的计划任务。

（一）技术组织措施的内容

技术组织措施的内容，一般包括以下几个方面：

（1）技术组织措施的项目和内容；

（2）各项措施所涉及到的工作范围；

（3）各项措施预期取得的经济效益。

技术组织措施的最终成果反映在工程成本的降低和施工费用支出的减少上。有时，在采取某种措施以后，一些项目的费用可以得到节约，但另一些基础上的费用将增加。这时，在计算经济效果时，增加和减少的费用都需计算进去。

认真编制单位工程降低成本计划对于保证最大限度地节约各项费用，充分发挥潜力以及对工程成本作系统的监督检查，具有十分重要的意义。

例如，怎样提高施工的机械化程度；改善机械的利用情况；采用新工艺、新材料、新机械、新工具；改善劳动组织以提高劳动生产率；采用先进的施工组织方法；减少材料运输损耗和运输距离等。

单位工程施工组织设计中的技术组织措施，应根据施工企业技术组织措施计划，结合工程的具体条件，参考表 6-9 逐项拟订。

技术组织措施计划 **表 6-9**

<table>
<tr><th rowspan="3">措施项目和内容</th><th colspan="2">措施涉及的工程量</th><th colspan="6">经 济 效 果</th><th rowspan="3">执行单位及负责人</th></tr>
<tr><th rowspan="2">单位</th><th rowspan="2">数量</th><th rowspan="2">劳动量约额（工日）</th><th colspan="5">降低成本额（元）</th></tr>
<tr><th>材料费</th><th>工资</th><th>机械台班费</th><th>间接费</th><th>节约总额</th></tr>
<tr><td></td><td></td><td></td><td></td><td></td><td></td><td></td><td></td><td></td><td></td></tr>
<tr><td></td><td></td><td></td><td></td><td></td><td></td><td></td><td></td><td></td><td></td></tr>
</table>

（二）技术经济指标分析

在单位工程施工组织设计基本完成后，要计算各项技术经济指标，并反映在施工组织设计文件中，作为对施工组织设计进行评价和决策的依据。单位工程施工组织设计的技术经济指标应包括：工期指标；劳动生产率指标；质量指标；安全指标；降低成本率；机械化施工程度；主要材料节约指标等。其中主要指标及计算方法如下：

（1）总工期

从开工至竣工的全部日历天数，它反映了施工组织能力与生产力水平。可与定额规定工期或同类工程工期相比较。

（2）单方用工

指完成单位合格产品所消耗的主要工种、辅助工种及准备工作的全部用工。它反映了施工企业的生产效率及管理水平，也可反映出不同施工方案对劳动量的需求。计算式如下：

$$单方用工=\frac{总用工数（工日）}{建筑面积（m^2）}$$

（3）质量优良品率

这是施工组织设计中确定的控制目标。主要通过保证质量措施实现，可分别对单位工程、分部分项工程进行确定。

（4）主要材料节约指标

亦为施工组织设计中确定的控制目标。靠材料节约措施实现。可分别计算主要材料节约量和主要材料节约率。

$$主要材料节约量=预算用量-施工组织设计计划用量$$

$$主要材料节约率=\frac{主要材料计划节约额（元）}{主要材料预算金额（元）}\times 100\%$$

（5）降低成本指标

$$降低成本额=预算成本-施工组织设计计划成本$$

$$降低成本率=\frac{降低成本额（元）}{预算成本（元）}\times 100\%$$

预算成本是根据施工图按预算价格计算的成本，计划成本是按施工组织设计所确定的施工成本。降低成本率的高低可反映出不同施工组织设计所产生的不同经济效果。

（三）施工费用构成

1. 直接费用

直接费用，是指与建筑装饰产品直接有关的费用的总和。它由工人工资、机械费、材料费以及其他直接费用四个部分组成。

2. 间接费用（施工管理费用）

间接费用，即施工管理费用，是指组织与管理施工并为施工服务而支出的各种费用。

在制定降低成本计划时，要对具体工程对象的特点和施工条件，如劳动力、机械、运输、临时设施及资金等，进行充分的分析研究。通常应从以下几个方面考虑：

（1）采用先进技术、改进施工操作方法，提高劳动生产率，节约单位工程施工劳动量以减少工资支出。

（2）科学地组织生产，正确地选择施工方案。

(3) 节约材料、减少损耗、选择经济合理的运输工具，有计划地综合利用材料，修旧，利废，合理代用，推广新的优质廉价材料。

(4) 充分发挥施工机械的效能，提高其利用率，节约单位工程施工机械台班费支出。

二、质量保证与安全及防止环境污染的施工措施

在单位工程施工组织设计中，从具体工程的建筑特征、施工条件、技术要求以及安全生产的要求出发，制定保证工程质量和施工安全及防止环境污染的技术措施。它是明确施工技术要求和质量标准，进行施工作业交底，预防可能发生的质量事故和生产安全事故的一个重要内容，一般应考虑以下几点：

(一) 保证质量措施

是对该类工程经常发生的质量通病制定防治措施，并建立质量保证体系。保证质量措施一般应考虑以下内容：

(1) 有关装饰装修材料的质量标准、检验制度、保管方法和使用要求；

(2) 主要工种工程的技术要求、质量标准和检验评定方法；

(3) 对可能出现的技术问题或质量通病的改进办法和防范措施；

(4) 新工艺、新材料、新技术和新构造以及特殊、复杂、关键部位的专门质量措施等。

(二) 安全施工措施

安全施工措施应贯彻安全操作规程和安全技术规范，对施工中可能发生安全问题的环节进行预测，从而提出预防措施。安全施工措施主要包括：

(1) 高空作业、立体交叉作业的防护和保护措施；

(2) 施工机械、设备、脚手、施工电梯的稳定和安全措施；

(3) 防火防爆措施；

(4) 安全用电和机电设备的保护措施；

(5) 预防自然灾害（防台风、防雷击、防洪水、防地震、防暑降温、防冻、防寒、防滑等）的措施；

（6）新工艺、新材料、新技术、新构造及特殊工程的专门安全措施等。

（三）季节性施工措施

当工程施工跨越冬季和雨季时，就要制定冬、雨期施工措施。其目的是保证工程的施工质量、安全、工期和费用节约。

雨期施工措施要根据当地的雨量、雨期及雨期施工的工程部位和特点进行制定。要在防淋、防潮、防泡、防淹、防质量安全事故、防拖延工期等方面，分别采用“遮盖”、“疏导”、“堵挡”、“排水”、“防雷”、“合理储存”、“改变施工顺序”、“避雨施工”、“加固防陷”等措施。

冬期施工措施要根据工程所处地区的气温、降雪量、工程部位、施工内容及施工单位的条件，按有关规范及《冬期施工手册》等有关资料，制定保温、防冻、改善操作环境、保证质量、控制工期、安全施工、减少浪费的有效措施。

（四）防止环境污染的措施

为了保护环境、防止污染，应严格遵守施工现场及环境保护的有关规定，并主要制定以下几方面的措施：

（1）防止废水污染的措施。如搅拌机冲洗废水、油漆废液、磨石废水等。

（2）防止废气污染的措施。如熬制沥青、熟化石灰、某些装饰涂料或防水涂料的喷刷等。

（3）防止垃圾、粉尘污染的措施。如垃圾的运输，水泥、白灰等散装材料的装卸与堆放等。

（4）防止噪声污染的措施。如搅拌、打孔、剔凿、射钉、锯割材料等。

（5）室内环境保护措施。如室内环境保护、材料是否可回收利用及对自然环境影响问题等。

第五节　编制装饰施工组织设计应注意的问题

一、对编制装饰装修工程施工组织设计的要求

编制装饰装修工程施工组织设计必须在充分研究工程的客观情况和施工特点的基础上，结合施工企业的技术、管理力量和装备水平，从人力、财力、材料、机具和施工方法等五个环节着手，进行统筹规划，合理安排，科学组织，充分利用有限的作业时间和空间，建立正常的生产秩序，以达到用最经济的投入生产出质量好、成本低、工期短、效益好、业主满意的建筑装饰装修产品的目的。因此在编制装饰装修工程施工组织设计时应做到以下几点：

(1) 编制的依据应先进可靠，方案方法要符合规定。譬如，工期上是否先进，技术上是否可靠，施工顺序是否合理，是否考虑了技术停歇时间，施工是否符合有关政策法规和规范的要求。

(2) 编制的内容要繁简适度，切实可行。编制内容的简化是一个方向，施工组织设计不能面面俱到。对于已经掌握，大家十分熟悉的施工内容，不必用冗长的文字去阐述，而对那些难、新、尖的施工项目则应较详细地编写施工方法与技术措施。做到简详并举、因需制宜。

(3) 编制的深度应突出重点，抓住关键。对工程上的技术难点，质量进度的关键部位，企业施工管理的薄弱环节，应该编制得详尽一些，做到有的放矢，注重实效。

二、装饰施工组织设计的编制和实施中存在的问题

目前，在装饰施工组织设计的编制中，往往存在以下问题：

(1) 装饰施工组织设计的针对性差。业主为缩短工期，要求早出方案，早进场，装饰装修企业往往来不及进行细致的调研分析，缺少编制施工组织设计所必需的准备时间；缺乏实际调查的依据，闭门造车，全凭个人发挥或抄袭类似项目的施工方案，缺

乏针对性。

(2) 装饰施工组织设计的指导性差。由于图纸不全，装修方案变化大，对项目存在的隐含问题又缺少前瞻性等原因，造成施工组织设计的指导性和预见性不强。投标阶段的施工组织设计对招标书响应程度不够，只注重形式的奢华、外表的美观、哗众取宠，而不注重内在品质。编制的施工组织设计没有实际指导作用和控制能力，给施工组织活动带来难度；仓促编写，审批手续不全，方案得不到优化等。

(3) 装饰施工组织设计的可实施性差。由于针对性及指导性不强，再加上不正当竞争、压价、垫资、要求工期过短、现行定额相对滞后、编制资料不足等对施工组织设计编制质量的影响，使施工组织设计几乎无法实施。

在装饰施工组织设计实施环节上存在的问题主要有：

(1) 设计变更多，方案变化大，施工中计划赶不上变化，频繁变更造成材料的积压和人员的窝工，加上其他专业配合的影响，造成施工的不均衡性，窝工、抢工时有发生。

(2) 装饰装修材料供货渠道多样，材料质量参差不齐，为确保工程质量，增加一些操作工序，造成材料、人员费用的增加。

(3) 管理人员和工人技术素质存在较大差异，工艺水平、装饰构造、施工质量千差万别，质量问题引起的法律纠纷频繁出现。

质量问题的存在，向业内外人员的素质水平和职业道德提出了挑战。

三、编制装饰施工组织设计需要注意的问题

实践证明，装饰施工组织设计无论编制得如何完善，一成不变地付诸实施的几乎没有。影响施工进度和组织管理的因素非常多，这就要求施工企业做到：

(1) 要不断提高装饰施工组织设计编制的质量，不但要控制好“不变因素”，还要有预见性地掌握好“可变因素”，并及时根据实际情况进行调整。

(2) 用于投标阶段的装饰施工组织设计与施工阶段的施工组

织设计，在内容和形式上各有侧重，详略有别，要分别组织编写实施，以保证质量并赢得时间。

(3) 提倡装饰施工组织设计编制手段智能化，充分利用计算机管理软件和网络，实现最新资源共享。

(4) 推广 ISO9000 质量认证体系管理办法，使技术及管理人员熟悉与装饰装修行业相关的法律，掌握本行业领域的最新动态与发展方向。

(5) 不断培养具有较宽的知识面、敏锐的洞察力、较强的综合能力和较大的适应能力的复合型人才。

(6) 装饰施工组织设计编制要以人为本。一个好的装饰施工组织设计能够弥补装饰装修设计和施工管理人员的不足，对业主的技术经济运作行为能够合理地融入，要在保证设计效果和施工安全、质量的前提下，有效地降低施工成本、控制好工程造价，这是评定一个装饰施工组织设计成功与否的重要条件。

第六节　建筑装饰工程施工组织设计实例

一、工程概况

某商厦是一座集购物、休闲、餐饮、娱乐为一体的大型现代化商厦，总面积约 15000m^2，座落在市中心繁华地段。商场造型大方、装饰豪华，并配备了中央空调、自动扶梯、电视监控、计算机管理等现代化设施。

某公司现承担该工程的大堂正面吊挂玻璃，以及门、大堂两旁全玻璃幕墙，二~六层条形窗玻璃的安装项目。总施工面积 1118m^2，其中大堂正面吊挂玻璃及门的施工面积为 283m^2，大堂两旁全玻璃幕墙施工面积约为 305m^2，二~六层条形窗施工面积约 350m^2。

二、工程管理及施工方案

(一) 工程管理

工程管理机构图，如图 6-7 所示。

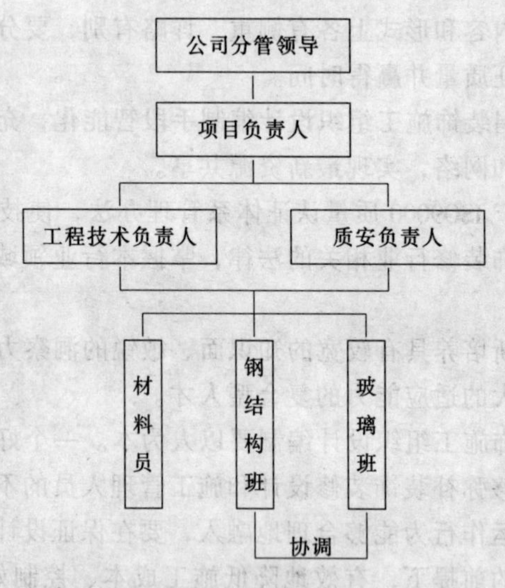

图 6-7 工程管理机构图

（二）裙楼大厅玻璃的施工方案

1. 一般技术措施

（1）大玻璃在工厂检验合格贴上标签后装箱运输，扎紧在玻璃运输车上，在运输过程中应防止擦伤，运到工地后应存放在室内，并保持玻璃面清洁。

（2）吊夹、底座及其他刚性件与玻璃分开放，以防止损坏玻璃。

2. 玻璃安装前的准备工作

（1）在全玻璃幕墙的所在位置，对所有预埋件进行清理，对照玻璃分格尺寸及图纸要求，验收预埋件的位置、尺寸是否符合要求，如偏差超出允许范围，应及时提出并做好修正、补救工作。

（2）测量放线。测量放线是玻璃幕墙施工的开始，也是玻璃幕墙施工的关键。首先由建设单位提供水准点，再用经纬仪引列到各个需要楼层，如发现结构与图纸有出入，应与设计者取得联系，及时解决，用经纬仪和卷尺确定3.66m处顶棚面边梁的内边线后，以此为全玻璃幕墙安装的基准线，并在此基础上放出底座中心线、吊夹中心线和玻璃肋中心线，再由玻璃分格尺寸对照预埋件尺寸进行玻璃分格。

3. 安装

(1) 按照放线的位置，首先安装吊夹位置的钢结构，并进行点焊定位及连接，从吊夹处用经纬仪往下投到底座中心线位置并调整，然后进行底座安装、焊接，待整个框架安装完毕，再反复进行底槽中心线和吊夹中心线在垂直度和水平方向的核正，以确保下一步玻璃安装在垂直度和平整度两方面的质量。核正完毕，进行固焊。焊缝尺寸按图纸规定，如图纸无规定，则取焊缝高度≥6mm，长度≥100mm，焊完后，焊缝处要求敲掉氧化皮，检查焊缝外观和进行防锈处理，焊缝质量应符合施工规范。

(2) 当建筑物无预埋件或预埋件位置不正确时，可按图纸规定用膨胀锚栓将连接铁件与楼房主体结构相连接。待所有玻璃经调整无误后，用点焊将螺杆与螺帽焊牢，并会同质检单位做好隐蔽工程的验收记录。

(3) 由于玻璃在装饰材料中特有的脆性，就决定了玻璃在吊装时的难度。在玻璃进行吊装时，首先应计算出每块玻璃的重量，然后根据每个吸盘的吸附重量确定吸盘个数。为了施工安全，吸盘个数计算必须留有余地，严禁盲目吊装。

(4) 玻璃安装。幕墙玻璃安装时，采用工厂加工、现场装配的方法。即将玻璃运输到工厂，工厂加工好幕墙铝框，在工厂用双组份自动胶结机和双组份硅胶把玻璃和铝框连接好。在打胶之前，用玻璃清洁剂（如丙酮或二甲苯）将玻璃周边和铝合金框表面清洗干净，按施工图用双面胶条把铝合金框准确地贴在玻璃上，在注胶缝两侧的玻璃和铝料上粘贴胶带纸，然后打结构胶，结构胶必须注满玻璃和铝合金框之间的夹缝，不能有空隙和气泡存在，边打胶边用牛骨铲压实刮平。打胶完毕后，撕去胶带纸，将玻璃放平整，养护2~3周，待硅胶完全固化后，方可移动、运输至现场。大玻璃安装前72h，应在玻璃规定安装位置上吊装钢条及特种胶粘牢固定。玻璃起吊应在安全和技术人员的统一指挥下进行。将玻璃安装到衣槽，并将吊夹插入钢条沟中，待全部安装完毕，应进行垂直度和立面平整度的检查调整，确定无误后将吊夹固定在玻璃上，并在底座前后空隙镶填泡沫胶条，然后在各个接口和缝隙处先打结构胶，后打耐候胶，要求缝胶料饱满、均匀，无残留气泡，并自检。

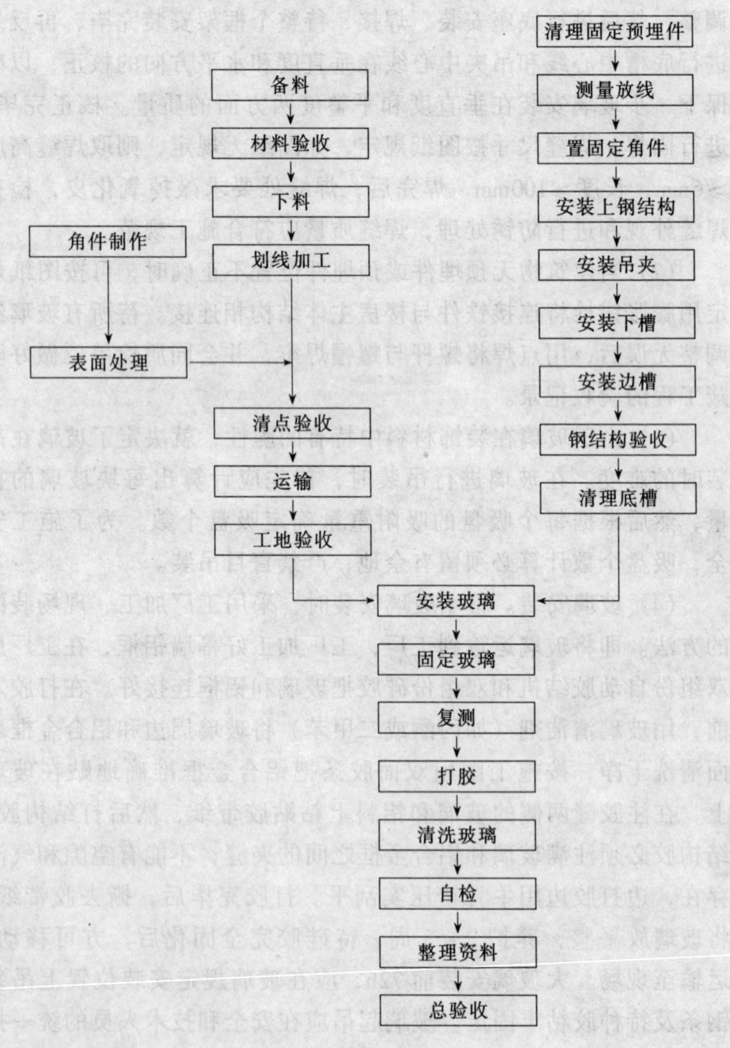

图 6-8 玻璃幕墙施工工艺流程图

(5) 玻璃清洁。玻璃清洁用常规清洗方法，做到玻璃面无斑无痕，干净清洁。

4. 玻璃幕墙施工工艺流程

玻璃幕墙施工工艺流程，如图6-8所示。

(三) 二至六层条形窗的施工方案。

1. 一般技术措施

(1) 二至六层条形窗（以下简称“窗”）立面玻璃在工厂检验合格，贴上标签装箱，封箱后装车运输，在运输过程中应防止擦伤，到达工地后应存放室内，并保持玻璃面清洁。

(2) 上下槽、横梁等要与玻璃分开放，以防损伤玻璃。

2. 玻璃安装前的准备工作

按照图纸给出的玻璃拱所在位置,把所有预埋件都清理出来,并对照玻璃分格尺寸以及图纸要求,验收预埋件位置尺寸是否符合要求,如偏差超出允许范围,应及时提出并做好修正补救工作。

三、施工进度计划

施工进度计划，见表6-10（附后）。

四、技术组织措施

(一) 保证工程质量措施

1. 加强技术管理

加强技术管理，认真贯彻各项技术管理制度，开工前落实各级人员岗位责任制，做好技术交底；施工中认真检查执行情况，开展全面质量管理活动，做好隐蔽工程验收记录；施工结束后，认真进行质量检验和评定，做好技术档案管理工作。

2. 做好进场材料的质量保证

认真做好各种进场材料质量保证的资料，必要时按规定做好抽检工作，并准备好资料，以备甲方查验。

3. 加强材料管理

对玻璃、钢材、不锈钢板、进口结构胶、耐候胶及五金配件，实行“专人保管，限额领料，领取签名”制度，降低材耗，但严禁偷工减料。

施工进度计划 **表 6-10**

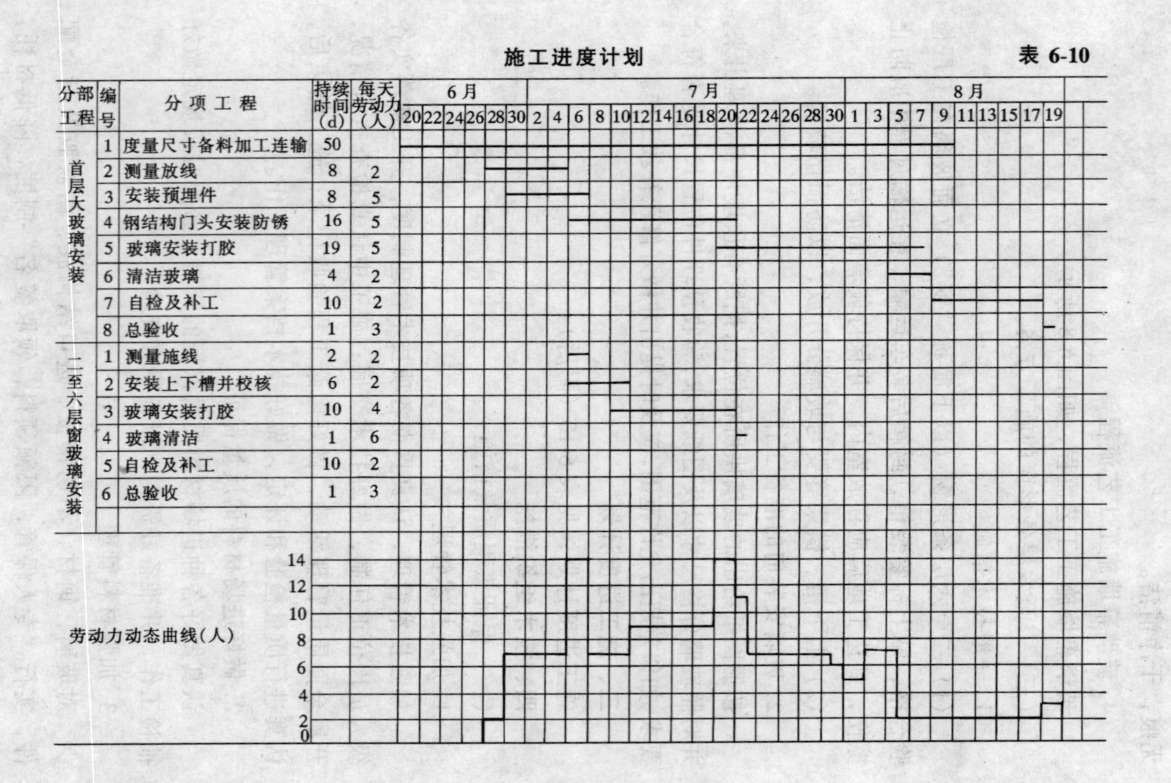

分部工程	编号	分项工程	持续时间(d)	每天劳动力(人)
首层大玻璃安装	1	度量尺寸备料加工连输	50	
	2	测量放线	8	2
	3	安装预埋件	8	5
	4	钢结构门头安装防锈	16	5
	5	玻璃安装打胶	19	5
	6	清洁玻璃	4	2
	7	自检及补工	10	2
	8	总验收	1	3
二至六层窗玻璃安装	1	测量施线	2	2
	2	安装上下槽并校核	6	2
	3	玻璃安装打胶	10	4
	4	玻璃清洁	1	6
	5	自检及补工	10	2
	6	总验收	1	3

4. 严格控制大玻璃立面的垂直度

严格控制大玻璃立面的垂直度，利用铅垂线和经纬仪双重检查，钢结构安装完毕，须经质量检验人员验收签字，方可进行玻璃安装，大玻璃垂直度应控制在千分之一，其最大值不超过8mm。

5. 加强工种之间的衔接配合

加强工种之间的衔接配合，在结构施工中，钢结构应与装配玻璃密切配合；在吊装施工中，玻璃安装应与玻璃打胶密切配合，遵循先结构后吊装，由边到边的安装顺序。

6. 工程质量验收标准

工程质量验收标准，按《建筑装修工程质量验收规范》（GB 50210—2001）规定。

（二）施工安全措施

(1) 按规定进入施工现场，必须戴安全帽，高空作业时须系安全带，不准赤脚，不准穿拖鞋。

(2) 机械设备必须配置齐全有效的安全罩。施工电器应接地良好，电线套安全管，严禁使用无绝缘导线。

(3) 现场机械吊臂下、吊机吊钩前严禁站人，吊玻璃下面严禁站人。

(4) 钢结构或玻璃吊装时，统一指挥，上下左右呼应，动作协调。当要去掉吸盘时须经现场指挥同意，检查证实已装牢后，方能去掉吸盘。

(5) 安装玻璃时，应对吸盘进行吸附重量试验，严禁使用吸附力不足的吸盘，防止玻璃脱落，砸伤行人，造成损失。

(6) 焊接操作时，应严格按照操作规程及施工规范进行，并注意周围环境，清除周围杂物和易燃易爆物品。

(7) 工地所有易燃物品须有专人保管，现场堆放必须符合防火规定，并有“严禁烟火”的警告标志。

(8) 高层施工时，还应注意防火安全，严禁在高层施工时用明火做饭、取暖、使用电炉，避免发生火灾，造成事故。

(9) 在使用施工电梯时，应注意安全，服从驾驶人员的指挥。

(10) 每次施工前必须检查脚手架和工作平台是否安全、牢靠。必须对施工人员进行安全教育。

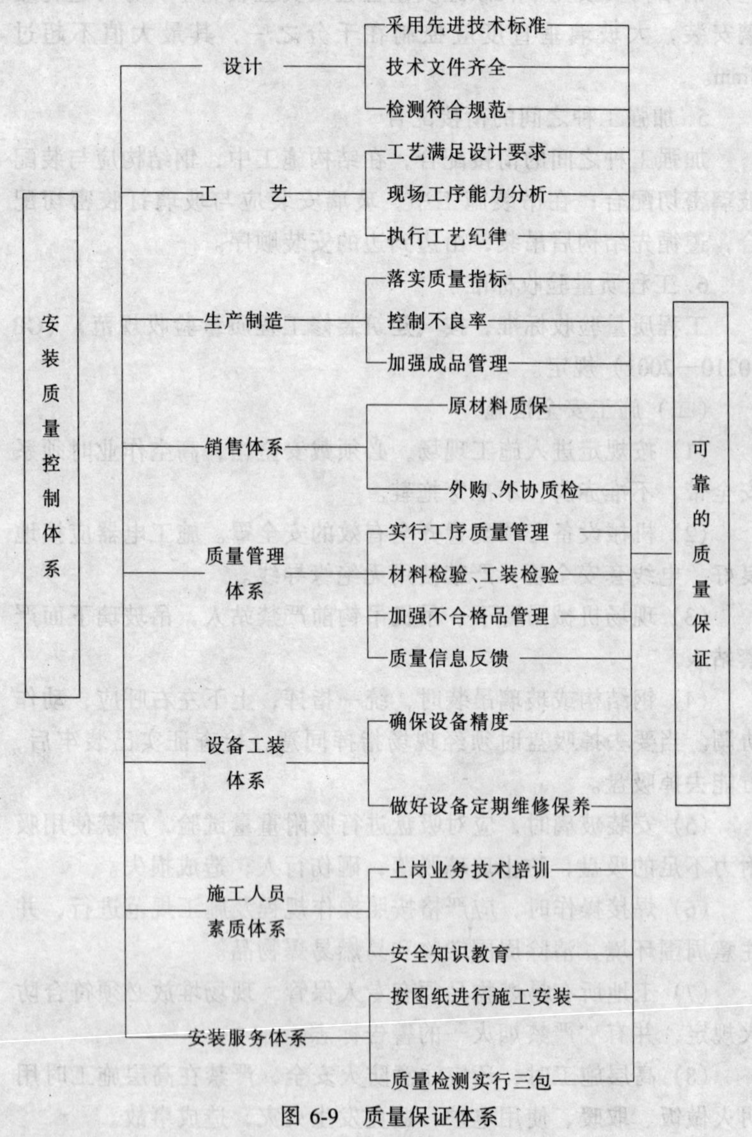

图 6-9　质量保证体系

(11) 施工时如遇强风暴雨，应停止露天作业，等待领导通知。

(12) 施工人员应定期进行安全事故总结，奖优罚劣。

(13) 做好施工日记。

(三) 质量保证体系

质量保证体系，如图 6-9 所示。

(四) 现场管理要求

(1) 建立科学、合理的劳动组织体系，做到管理到现场、服务到现场，每次开工时，必须对班组作技术及安全交底。

(2) 制定现场作业标准，实现作业标准化、操作规范化。

(3) 加强操作人员之间的安全与协调，消除窝工、重复搬运、返工等无效劳动和工时、工效浪费现象。

(4) 不断加强施工人员的安全教育，遵守建设单位工地管理规定，做到文明施工。

(5) 现场物资、器具安放整齐有序，场容整洁，并使每个操作工人对自己的工作内容、职责范围、工作程序能清楚地了解。

(6) 注意施工中的劳动保护。

(五) 施工组织管理网络

施工组织管理网络，如图 6-10 所示。

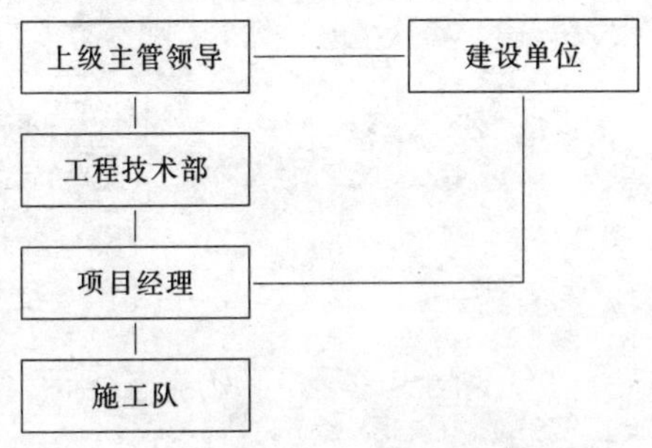

图 6-10　施工组织管理网络

(六) 施工机具一览表

施工机具一览表，见表 6-11。

施工机具一览表 **表 6-11**

名　　称	数　　量	名　　称	数　　量
汽车吊	1台	经纬仪	1台
手动大吸盘	4台	水准仪	1台
电动大吸盘	1部	电焊机	1台
三爪小吸盘	12个	风割机	1台
切割机	1台	手动葫芦	4个
手提砂轮机	2台	手电钻	2部
手钢锯	5把	冲击钻	2台

参 考 文 献

1. 朱治安主编．建筑装饰施工组织与管理．天津：天津科学技术出版社，1997
2. 张长友主编．建筑装饰施工与管理．北京：中国建筑工业出版社，2000
3. 穆静波主编．建筑装饰装修工程施工组织设计与进度管理．北京：中国建筑工业出版社，2000
4. 房志勇主编．装修装饰工程常见质量问题及处理．北京：金盾出版社，2000
5. 庄文华，龚花强主编．住宅装修工程施工质量控制与验收手册．北京：中国建筑工业出版社，2002
6. 纪士斌主编．建筑装饰工程施工．北京：北京工业大学出版社，2002
7. 姜学拯主编．木工．北京：中国建筑工业出版社，1992
8. 阚咏梅主编．木工．北京：中国环境科学出版社，2001
9. 王晓澜，周晔主编．木工手册．南昌：江西科学出版社，1998
10. 黄伟典主编．木工．北京：中国劳动社会保障出版社，1999
11. 李永盛，丁洁民著．建筑装饰工程基础．上海：同济大学出版社，2000
12. 王寿华，王比君编．建筑工人技术系列手册，木工手册．北京：中国建筑工业出版社，1999
13. 张雷著．设计学表现—电脑辅助建筑设计表现技法．北京：中国建筑工业出版社，1997